国家大学生文化素质教育基地教材

《科学与人类文明》丛书

生命科学与人类文明

张　铭　编著

序

中国科学院院士
教育部高等学校文化素质教育指导委员会主任 杨叔子

在千年更替之际，一套以科学发展为主线、展现人类从茹毛饮血的原始社会发展到今天高度发达的文明社会的文化素质教育系列教材——《科学与人类文明》丛书即将出现在我国图书的百花园中。正所谓西湖西子，富有创意。

为了迎接新经济时代的挑战，适应我国向第三步战略目标的迈进，我们急需培养一大批具有创新精神与实践能力的高素质人才，而加强大学生文化素质教育正是在这一背景下提出的。"随风潜入夜，润物细无声。"几年来的文化素质教育工作实践证明，要使文化素质教育工作取得实效，最主要的是必须把文化素质教育贯穿于教学的全过程，融合于教学的各环节。新浙江大学组建后，充分利用其学科优势，重新构建了颇具文化素质教育特色的课程体系，并对文化素质教育选修课程进行了系统规划和建设。即将面世的这套《科学与人类文明》系列教材便是浙江大学文化素质教育课程建设的一项重要成果。

我深信，在我们共同努力贯彻和落实 1999 年全国第三次教育工作会议的精神与中央《深化教育改革，全面推进素质教育》决定的过程中，全国高校的文化素质教育工作将会得到更深入、更全面、更活泼而又更科学地开展，一定会有更多的创造性、标志性成果面世，国家大学生文化素质教育基地也一定会成为我国社会主义物质文明和精神文明建设的辐射源。

欣喜之余，谨为之序。

2000 年 11 月

目　　录

绪　论

生命科学(Life Science)是近年来广泛使用的一个概念,它是在生物科学的基础上发展起来的。从研究生物的结构和功能、系统和演化再深入到研究生命的现象和本质,体现了多学科的交叉和综合,涉及工、农、医、药、环境、海洋等许多领域的多个层面。其共同点是以生物为研究对象和应用对象。生命科学表现出相当明显的同一性,即各相关学科都是以基因理论为指导,应用分子生物学技术,以序列语言来描述生命的本质,以蛋白质行为来解释生命的过程,以细胞活动来演绎生命现象。

上世纪中叶开始,沃森、克里克等一批优秀的生物学家、生物物理学家和生物化学家以分解与综合的研究方法,运用精密的仪器,使生物学研究从描述进入到精确的实验分析、数学建模和重现重建。生命科学研究一方面从个体、系统、器官、组织、细胞、亚细胞进入分子、量子水平;另一方面从种群、群落、生态系统、进入生物圈领域,取得了一系列激动人心的发现:DNA 双螺旋结构,生物中心法则,基因结构与调控,光合作用原理,细胞内物质代谢,能量转换,信息传递,遗传变异机制,单克隆抗体,基因重组,克隆动物,干细胞培养与诱导分化技术及人类基因组揭秘等等。

生命是一个复杂的多分子体系,它的基本单位是细胞,1 立方毫米可以有几百万个细胞,一个细胞内有数万个基因,这些基因分别控制不同的生化反应,产生无数种类的生命物质,并能保持物质、能量、信息流动的有条不紊。我们现在能在分子水平上精确认识生物的结构、控制生命过程、重现生命的现象。这种对于生命的精确认识和把握大大提升了人类对于自然的理解能力、改造能力和和谐相处的能力,直接推动了科学技术的进步和社会生产的发展。

生命科学研究在 21 世纪人类认识自然过程中将起重要的作用,由于生物的多样性和复杂性,生命现象中还有许多未知的领域,地球生命几十亿年的积累,在不远的将来被一一揭示,会产生大批研究结果,在某些方面超越现有的数学、物理、化学规律。生命科学发展将解释和提升现有的人类文明水平。人是生物的最复杂结构,又是文明的载体,人具有主客体二重性,人既是认识的主体，又是被认识的客体，人在认识自然的过程中，认识自我。这种对人类本身的深入了解将对人类社会进步产生深远的影响。

生命科学理论指导的生物技术是一种全新的生产方式，将发挥巨大的作用。由蒸汽机发明而引发的第一次产业革命，由电的发明引发的第二次产业革命，由量子理论引发的第三次产业革命在某种意义上是解决动力问题，是人的功能的外延，而生命科学作为支柱之一的第四次产业革命产生了飞跃。生命科学通过设计加工 DNA 序列，由 DNA 去控制生命过程，由生物体去改变世界，同时完善人类本身，其全部意义目前还很难想像，但是可以预测。

生命科学以人为本，在 21 世纪将扮演重要角色。人们寄希望以生命科学的方法解决人类目前面临的粮食问题、能源问题、人口问题、环境问题和健康问题，生命科学与每一个人休戚相关，从婚前检查到受孕指导，从发育到衰老，从接种疫苗到疾病治疗，从营养保健到家庭园艺，从感冒到爱滋病，无不包涵有生命的原理。因此了解生命科学的基本知识和最新研究结果对每一位生活在 21 世纪的知识者来说都是必需的，了解生命科学知识是每一位大学生应具备的基本文化素质。

为适应这种要求，浙江大学开设介绍现代生命科学知识的课程已有多年，最初是与叶高翔、盛正卯老师合开的“现代科学技术”，以后是“生命科学与生物技术”，再后是“生命科学导论”，最后形成“科学与人类文明”的系列课程。在教育过程中我深深为学生广泛表现出来的对现代生命科学的浓厚兴趣与求知热情所感动，并明显地看到学生们通过修此课程在认识科学和认识自我方面的提高。缺憾的是一直没有一本适合的教材能深入浅出地、生动地将现代生命科学知识系统准确地介绍给大家。又能结合大学生的思维特点和文化基础，在介绍知识的同时，能激发他们对科学的兴趣和求知欲，了解和建立一些科学的思维方式，引导他们对社会进步和文明发展的思考，在生命科学理性认识基础上形成正确的世界观、人生观和幸福观，增强社会责任感。在授课其间常有动手编写一本教材的冲动，但一直没有勇气。因此，在此我要感谢浙江大学出版社陈晓嘉副社长，是她迅速认可了本书的体系，并不断督促。在此我也要感谢姜祖韵、沈颖、郑春静、陆洋、严文静等帮助我做了大量资料和文字整理工作，特别是姜祖韵，如果没有她的帮助，我现在不可能完成此书。也要感谢明镇寰老师审阅了全书。生命科学是一个庞大知识领域，有其丰富的内涵和科学系统，要想在一本小册子中介绍其全貌几乎是不可能的，再者作者水平有限，难免挂一漏万，不当之处恳请专家、读者批评指正。

第1章 生命现象与研究方法

仰观宇宙之大，俯察品类之盛，在广袤的自然界中，处处都有生命的踪迹。参天蔽日的大树、匍匐丛生的小草、飞禽走兽、游鱼爬虫、体积以吨计的鲸鱼、肉眼看不见的细菌和病毒，各种生物无不在一定的时空中呈现出盎然生机。

生命是我们所知的最为复杂的现象，而人类又是生命中最复杂的生物体。认识生命、认识自我是最有意义的，也是最富挑战性的事情。正如爱因斯坦(Albert Einstein)所说"我们只求满足于生命永恒的奥秘，满足于察觉现存世界的神奇结构，窥见它的一鳞半爪，并且以诚挚的努力去领悟在自然界中显示出来的那个理性的部分，即使只是其中一小部分，我也就心满意足了"。

1.1 自然界的生命现象

生命是物质的特殊组成形式，是物质周而复始的变化过程，是物质在一定地球时空尺度上的有序运动。

1.1.1 地球生命的形成

地球是太阳系的一颗行星，是漂浮在太空中的几十亿颗星球中的一个，形成已有46亿年。化石证据表明，38亿年前地球上就已经出现了原核生物，它们主要以蓝藻的形式在海洋中潜伏了几亿年，努力地固定太阳能并为地球制造氧气。20亿年前出现了真核单细胞生物。大约在5亿年前，地球生物发生了大爆炸，在海洋中似乎是突然间形成了和现在一样多的生物种类。这些海洋生物迅速登陆，为地球披上了绿装，让大地生机勃勃。2亿年前恐龙时代出现了原始哺乳动物。6 500万年前恐龙灭绝，鸟类和哺乳类兴起，灵长类出现。人起源于400万年前的南方古猿，经能人、直立人，到25万年前出现智人。晚期智人和现代人差别不大，又称新人，是距今4万年前开始的。生命的最高境界——人类的文明，其历史还不到 1 万年。现代文明的缔造者——科学技术，只有几百年的历史。基因芯片、网络出现的时间更短，最多不过几十年。

从生物的演化过程，我们可以清晰地看到生物经历了一个从简单到复杂、由低等到高等、从水生到陆生的发展过程；物种也由少增多，先后出现了约 1700 万种生物。无数生物个体分布于地球的每一个角落，生长、繁殖，和谐相处，生生不息。

1.1.2　生命现象

地球生命现象是由各种生物组成的，生物是有机物的特殊组成方式。生命是一种现象，一个过程，犹如一条长河，河水永不停息地流动。水的循环、蒸发、降落、泾流、冲击、跳跃，汇聚成河，然后归入大海。从历史的角度看，生命就是这样一条长河，组成生命长河的不是水，而是由细胞构成的生物体，是蛋白质和 DNA。它们分裂、增殖、遗传变异，组成个体、种群、群落、生态系统、生物圈。生物体靠生殖繁衍，前赴后继，形成生命长河。每一个生物个体都是有一定寿命的，但子子孙孙，延绵不息，奇妙无比。在同一时刻里，有的在新生，有的在衰老，或者死亡。这种生命的呈现，就像一个个音符，都只在一定的时间、空间里跳跃旋转，过后就消失了。然而，正是这许许多多连续的音符，组成了恢宏的地球生命交响乐，引人入胜。自从地球上出现了生命后，生命现象就再也没有停止过，并以其特有的生命力覆盖了整个地球。人类出现后，还创造了生命乐曲中最华丽的乐章——物质文明和精神文明。

生命现象由生物体组成。一个生物体只是生命历史中很小的一个环节，它们的时空占有有的才几分钟，有的达几百年。然而不管是长或是短，它们都会经历生与死，爱与繁殖的过程。它们常常无声无息地获取、转化和释放，然而从微观角度看，却又是那么轰轰烈烈，因为所有的生物同样都拥有生命和生命力。它们来自自然，然后又回归自然，无怨无悔。当它们离去的时候，好像永远消失了，但又并没有走，它们留在历史的记忆里，留在化石的印迹中，留在 DNA 的序列上，在遗传信息中永远记载了它们曾经的生命历程。这种记录随物种基因的复制而存在，随物种的繁衍而延续，永远地流淌，并在流淌中变化。

1.1.3　生命的理论

关于生命的理论,历史上曾有过活力论(vitalism)。活力论把生命归结为一种非物质和超物质的力量。在宗教界,这种超物质的力量就是神的旨意,这也是特创论(special creation)的基本观点,然而长期以来一直无法证明活力的存在。与活力论相对的是机械论(mechanism)和还原论(reductionism),它们认为生物和机器是相类似的。生物的所有属性都可以用分子和分子间相互作用的规律来说明,这种观点对于认识生命过程起了非常大的作用,但是分子的物理、化学性质与复杂的生命结构和生命过程仍有区别,至今还不能用各种元素合成生命,这说明生物与化学物质还是有区别。但是可以肯定生命是物质的,生命是物质运动的特殊形式。

生物学家认为,生命通过生物体表现,生物体是由蛋白质和核酸等分子组成的复杂体系,它们都有确定的结构,一般能够通过新陈代谢来完成生长发育,通过遗传变异来复制自己和适应环境。以物理学的观点看,生命是负熵。熵(entropy)是体系能量分散程度的状态函数,也可以说,熵值代表一个体系散乱无序的程度。热力学第二定律告诉我们,任何自发过程总是朝着使体系越来越混乱、越来越无序的方向,即朝着熵增加的方向发展。生物体系与一般物理体系不同,它是高度有序的。为保持生物的有序,生物必须从外界吸取称之为低熵状态的物质和能量,通过新陈代谢把它转化为高熵状态后排出体外,同时保持自己的负熵,通过使环境中的无序性增加,来创造并维持自身的有序性。一旦负熵的增加趋近于零,生命也就趋向于终结。在这个意义上,生物是一个开放系统,它需要不断地与外界进行物质和能量的交换,一旦交换停止,生命也就停止。生物体的物质交换是由生物体内的遗传信息和环境提供的条件决定的。生物体是物质、能量、信息的统一体,物质和能量在生命活动中保持平衡,而生物信息则在生命链中传递。

1.2　生物体的基本结构

生物体是生命现象的组成单位。生物体千差万别、形形色色,但它们都由各种元素组成,都是以细胞为基本结构单位的多层次有序结构,都有类似的新陈代谢途径，一般都使用 64 种相同的遗传密码，都有生长、发育、应激性、适应等特征，都能繁殖并通过遗传变异来适应环境，保持物种的延续。生物体的共同属性也是生命的属性。

1.2.1　生长发育和新陈代谢

生物大致可以分为两类，一类是单细胞生物，一类是多细胞生物。在它们的生活过程中，经过生长发育阶段，即细胞分裂生长，分化成不同的细胞，形成组织、器官和个体，达到成熟。有性生殖生物从受精卵发育成个体。不同的生物有其不同的发育模式和特定的程序，如细菌 20 分钟繁殖一代，而人类经历了母亲的十月怀胎，发育为成人需要 16—18 年。这种程序是由遗传基因决定的。生长发育需要适宜的条件，如一颗银杏的种子需要在适当的温度和水分条件下才能萌发，需要有水、二氧化碳、光照和营养才能生长。这种生长过程不是外界物质的堆积，而是外界物质经吸收后被生物体自身改造而成的。

生物与外界不断进行物质交换和能量流动。一些物质被生物吸收后，在生物体内发生一系列变化，有的成为生物体的组成成分，有的被排出体外。这个过程中产生的能量，或直接供生命活动需要，或贮藏起来为以后所用。这就是新陈代谢(metabolism)。生物的新陈代谢是一个复杂的生化反应过程，它有严格的时间和空间分布，常常在直径十几微米的细胞内 1 秒钟就能进行几万亿次反应。酶作为过程的节点，调控并辅助完成各种反应。这个过程是高度有序的。新陈代谢是一种微观的动态的物质与能量的平衡体系。在常温下，组成生物体的所有物质分子都在进行热运动，都在走向无序，新陈代谢提供的物质和能量对更新细胞的结构，保持生物体内分子运动的有序性是十分重要的。一旦新陈代谢停止，细胞物质和能量就会不平衡，细胞就要崩解，生物体就会死亡。

1.2.2　繁殖和遗传

生长、发育、衰老和死亡是生物的基本特征；繁殖(reproduction)与遗传(heredity)也是生物的基本特征。只有通过繁殖和遗传，物种才能得以延续，生物才能适应变化的环境，整个生物世界才会繁荣。有的生物似乎将繁殖自己作为来到这世界的惟一任务，它们长时间的努力和积累，似乎只是为了一次繁殖的机会，一旦完成交配，它们就死去了。许多生物繁殖下一代的能力惊人，一颗小小的石斛蒴果中大约有 10 万粒种子，一个马蛔虫生殖节段中竟会有几亿个卵，在理想条件下，一颗小草种子经几年繁殖就可以将地球覆盖。这种靠大量的生殖过剩来实现生存竞争，以求在地球生物大家庭中占有一席之地的策略在生物界是十分普遍的。生物进化到哺乳动物，由于胎生，繁殖成功率大为提高，就不需要将大量的能量耗费在生育上，而可以更多地用于构造更为完善的生物机体。当发展到人，生育数就更少了，生育间隔也更大，可以将更多的能量提供给脑，促进大脑的发达和智慧的开启。到现代文明时期人提出了优生优育的理性策略，实现这一政策将进一步提高人类的素质。

繁殖是生物世代交替的重要环节，在繁殖过程中，亲代将其生物特性传给后代，所谓"种瓜得瓜，种豆得豆"，子代秉承了亲代的特性，就是遗传。然而子代之间或子代与亲代之间也存在着不同，这就是变异。生物的遗传变异有其复杂的机理。通过研究已经明确，在繁殖过程中亲代遗传给子代的是 DNA，遗传信息记录在 DNA 上，可遗传的变异也是由遗传信息决定的。

1.2.3 应激性和运动

应激性(irritability)是生物对环境刺激作出的普遍的反应。在漫长的进化过程中，生物发展出了这种"趋吉避凶"的机制。对于动物而言，应激性由神经系统通过感受器和效应器来实现。动物对各种刺激有很迅速的反应能力，能在瞬间完成，有的甚至是本能反应，如烟熏时的流泪、刺激时的躲避、恐惧时的喊叫等等。植物还未被证实有神经系统，但植物也会对周围的刺激产生反应，如植物茎尖的向光生长、捕虫草的在昆虫的刺激下启动捕虫机构等。

运动是动物所有的特性。动物以其柔软的肢体获得运动能力，凭借发达的神经系统和运动系统可以扩大活动范围，觅食、求偶、游戏、躲避敌害。

1.2.4 适应和内稳态

适应是生物的基本特征。生物作为一个开放体系，其结构功能只有适应于生活环境时，才能生存和延续。鱼有鳃，能适于水中生活；猫头鹰对光很敏感，适于夜间观察、捕食；羚羊善于奔跑，能够逃避敌害；鸟有翅膀，可以飞翔；甘蔗适应温暖湿润的热带气候；雪松适应寒冷、干燥的气候。适应是生物突变和长期自然选择的结果。比如青藏高原的牦牛，毛长皮厚，能够抵御世界屋脊的暴风雪，是适应的体现。最初，一些毛长得长一些的牛能在寒冷的气候中存活了下来，它们的后代就具有长毛这个特性，在这些牛群中由于部分发生突变，毛更长的牛能更好地适应寒冷的环境而存活，于是它们的后代逐渐成为现在能适应高寒多雪气候的牦牛。其他地方的牛到了青藏高原，并不会因为那里的气候寒冷而使毛长长。

生物体的内稳态（homeostasis）是长期适应的结果。生物体作为一个蛋白质结构体是很脆弱的，只有在很窄的物理条件下才能生存。催化生物体内的许多代谢反应的酶系统也是蛋白质，必须在一定的条件下才能充分发挥其活性。而生物的生存环境是在变化的，有时会很严酷。生物为适应外界变化的条件，发展出了保持其体内环境稳定的机制，我们称之为内稳态，比如无论在南极还是赤道，甚至高温的炼钢炉旁，人的体温都是恒定在 37℃ 左右，心跳、血压等生理指标也都是基本稳定的；又如生物体内 pH 值一般也是恒定的，有的盐碱植物能把吸收的盐分分泌出去，人也可以通过排尿把盐分排出来维持人体酸碱度的恒定。一旦生物体的内稳态被打破，就会出现代谢紊乱，严重的甚至会导致死亡。

1.3 生物科学的研究方法

生物科学作为自然科学中的一个基础学科，经历了从博物学、生物学、生物科学到生命科学的发展过程，从对自然生物的描述逐渐进入了结构功能、系统演化、现象本质的研究，建立了生物科学知识体系。

生命科学是一门实验和理论紧密结合的学科。从李时珍品尝百草、达尔文环球考察、孟德尔用豌豆杂交、摩尔根进行果蝇试验到沃森和克里克对富兰克林 X 衍射照片进行分析，建立了 DNA 双螺旋结构的模型，以及现代在大规模进行 DNA、蛋白质测序，并利用大型计算机对的大量生物信息进行比对分析等，形成了一整套生命科学研究的方法。

1.3.1 观察与分析

观察和分析是生命科学研究的最基本方法，通过观察和分析发现了生命科学的许多重要的规律。中国历史上的 24 节气，就是通过观察许多自然现象与动植物活动规律编制的，与长江中下游的农作规律十分吻合。林奈通过观察建立了植物分类系统；列文虎克利用自制的光学显微镜发现了细胞的存在；哈维通过解剖观察发现了血液循环系统；科学家还利用电子显微镜观察证实了细胞膜和细胞骨架的存在。孟德尔观察豌豆杂交试验结果，并进行数学分析，建立了遗传学理论；摩尔根通过观察发现了红眼果蝇中突变的白眼果蝇，并对之进行了一系列的实验和分析，最终发现了伴性遗传的规律；麦克林托克观察了玉米上的有色斑点，经过分析，发现了跳跃基因的存在，进一步深化了基因的理论。

应用观察和分析的方法在生命科学领域中有重大建树的例子不胜枚举。然而，为什么许多重要的科学规律仅为少数的几位科学家所发现呢？这是因为生物观察是一种高超技能，常需要借助一定的仪器设备，只有训练有素的人，才能观其门道。观察要有实事求是的态度，必须排除先入为主的主观片面性，客观真实地记录观察到的现象，并反复加以验证。在观察过程中，既要尊重已有的科学研究成果，也不为已有的结论所限制，揭示客观的真实。再要进行分析，引入数学模型，分析的结果还要进一步验证，才能从现象深入到本质，发现科学规律。

1.3.2　培养与重现

科学规律是能够重复验证的。生物培养是重现生命过程的最好途径。培养是人工模拟细胞或微生物的生长条件，使其在人工环境下快速生长来获得产品。弗莱明通过细菌培养发现青霉素；哈里森通过神经细胞培养揭示了突触发生规律；巴斯德通过培养证实了腐败与微生物生长的关系；怀特通过培养烟草组织证实了植物细胞的全能性；威尔穆特通过细胞培养和细胞核移植培育了克隆羊；汤姆森通过培养建立了人胚胎干细胞技术；癌细胞的培养可以说明癌症机理和进行抗癌药物的筛选。这些生物培养推动了生命科学的研究水平。

生物是一个复杂体系，生物的生长，特别是从个体中取出少数细胞培养，需要满足其生存生长的温、光、水、气营养等多种条件，难度较大。这就需要研究者具有广博坚实的专业知识，仔细、严谨的工作作风。随着研究工作的深入，现在对于细胞生长的规律已有了比较深入的了解，不但能培养神经细胞、心肌细胞、角膜细胞、干细胞等，而且还能培养心脏、肝脏等器官，培养没有胸腺的裸鼠等，来进行生理学、药理学研究。通过细胞、组织、器官、个体不同水平上的活体培养来重演生物过程，为生命科学的发展提供了依据。

在生物科学实验中可以通过培养建立许多模型，如用鼠的高血压、高血脂模型、糖尿病模型等。计算机将生物结构的三维图像数字化处理，构建生物的数字模型，虚拟生物，并把它做成一个实验系统。随生物信息学科的建立和发展，数学模拟正成为生物科学中有效的研究方法。

1.3.3 假设与验证

科学是求是的过程，是自然现象的抽象，是在大量占有调查资料的基础上，进行由表及里、去伪存真的思维加工以发现事物发展变化规律的过程。一般的科学研究过程是：提出问题、查找资料、调查分析、提出假设、实验验证、修改假设、再行验证、得出结论，结论被普遍接受则为规律。在这个过程中假设和实验是最为重要的。假设是在对自然现象进行了系统而详细地观察之后，再查找已有的研究结果，经过大脑的分析、提升而得到的对事物本质的一个飞跃性的认识，它常带有发现性。实验是指条件控制和结果观察，它可以相对固定许多因素，把复杂体系分解简化，增加其确定性。比如说，草鱼易得一种出血病，症状表现为肌肉、皮肤和肠道出血，死亡率很高。是什么原因引起这种出血病呢？经过研究排除了细菌、真菌作为病原菌的可能，根据其病理特性和传染方式，科学家提出由病毒引起的假设，通过分析，果然在草鱼患病的组织中分离到了一种病毒，再将这种病毒注射于健康的草鱼，同样导致出血病症状，经反复验证，确定这种病毒是草鱼出血病的罪魁祸首。

几乎所有的生物研究都大致经历了这样的认识过程。这里要强调的是，在知识经济和网络经济时代，科学研究在全世界范围内快速展开，已有很多的知识积累。我们要善于学习和利用前人的研究成果，同时又要特别注意尊重和保护知识产权。生物学历史中有一则佳话：孟德尔在发现分配定律和自由组合定律之后的35年里，并不为人知晓，直到1900年，三位植物学家分别在三个国家同时作杂交实验得到了同样的结论，并都找到了孟德尔已经完成的工作文献，他们都毫无保留地将这科学的发现归功于孟德尔，使孟德尔成为遗传学之父而名垂青史。这种尊重科学、尊重他人的精神是人类文明的标志。

1.4 人类文明的形成和发展

人类文明是人类特有的行为方式，是人类思维和人类活动的产物，它伴随着人类智慧的发展、财富的积累和社会的进步而发展。不同的社会阶段有不同的文明水平和文明标准。人类文明可以分为物质文明和精神文明，他们互为依存、互相促进。人类文明是人类社会健康有序发展的保证。

1.4.1 文明是人类的高级活动

文明是什么？文明是相对野蛮而言的，是现代人类所特有的行为方式的总合。

当人类走出森林，在腰下围上兽皮起，就开始了文明的历程。群居、感官刺激、本能冲动的克制、隐私的尊重，使人从自然的猿或是野蛮的猿脱颖而出。原始人的项上挂上了兽牙和奇石做成的项链，脸上涂抹着并不规则的矿物颜料，甚至在漆黑的肌肤上割出道道鲜红的疤痕，这些都使现代人类学家惊叹他们对美的强烈追求。当考古学家发现各民族的神秘图腾，更叹服他们对自然的想象和对自己的描绘，甚至产生追溯他们奇异思想的冲动。当我们欣赏着达芬奇、莫扎特、毕加索的杰作，游历在埃及的金字塔、中国的长城、希腊的神庙之中，会觉得文明的发达程度真是令人难以想像。当我们享受着现代都市生活，仰视摩天大楼，穿越海底隧道，驾驶空中客车，驰骋在互联网上，想像着登月和外星人的时候，我们会对自己大脑产生种种的猜测：文明作为人的高级活动，它在最近的几百年中发展如此之快的现象应如何解释？是人类生存的需要？是基因的作用？还是人脑本身功能发挥？

1.4.2 人类文明形成的条件

人是智慧高度发达的动物，人能制造工具进行劳动，人能组成社会，并以社会的力量改造客观世界和主观世界。自然界的变迁和人类自身的变迁，形成并推进了物质文明和精神文明。文明是人类进化的产物，由于社会财富的积累和社会组织的进步而飞速发展。人类文明的形成，首先需要有发达的大脑和高超的智慧，文明是人的体验在大脑中综合升华的表现。人类的语言、文字是在劳动中和社会交往中根据需要而产生发展的，大脑中的许多中枢为这种发展提供了可能。文明发展依赖于社会化生产和分工、社会的约定和规范。文明还是一种社会公共的评判标准和道德标准。

物质文明由劳动创造。埃菲尔铁塔、卢浮宫、金门大桥和故宫博物馆等建筑都是艺术的体现，也是财富的堆积。现代物质文明是科学技术水平的体现，其本质是人类在自然界获得自由能力的发展和体现。生产力水平的提高推动了物质文明建设，物质文明促进精神文明的发展。

1.4.3　人类文明的发展

人类文明是随着社会进步而发展的，它在本质上适应生产力发展水平和社会发展水平。从母系社会到一夫一妻制家庭，从刀耕火种、捕鱼狩猎到集约化生产，从穴居到生态住宅，从奴隶主对奴隶人身的全部占有到自由、平等、博爱的提倡，从角斗到人与人之间的友好关系，从封建愚昧到崇尚科学，人类文明不断发展，并从人生的权力、人被关爱的权利，发展到尊重他人，爱护善待其他生命、保护地球环境高度的文明水平。文明是人类社会的生命力，它使社会更为有序、更和谐、更美好，并将文明的力量延伸到其他生物，延伸到整个地球环境。

第 2 章　生物多样性与生物系统

生命自地球上产生以后，从简单到复杂，从低级向高级发展，经过数 10 亿年的演化，先后形成了大约 1700 万个不同的物种，其中经过科学描述的有 250 万种。上至十几万米的大气尘埃，下到地下几千米的油田，甚至一万多米深的海沟，无论是沙漠、荒原、极地，还是江河湖沼、温泉、盐滩，到处都有生命的踪迹。生物按其结构特征一般可以分成植物界、动物界、真菌界、原生生物界和原核生物界，在生物系统内还可以分成基因、细胞、组织、器官、物种、种群、群落、生态系统、景观等多个层次，每一层次都有其丰富的结构和变化。

2.1　生物多样性

生物有共同的起源，分布在不同的环境中，由于遗传变异、自然选择，形成了不同的物种和丰富的遗传组成，构成了复杂的生态系统，将精彩纷呈的自然界呈现在我们面前。

2.1.1　物种多样性

生物多样性最基本的是物种(species)的多样性。物种是生物分类的基本单位。根据形态、结构、生理生化的区别，生物可分为不同的物种。在有性生殖的生物中，只有同属一个物种内的生物个体之间才可进行生殖。地球现有数百万种生物，其主要类群数目如表 2.1 所示。

物种在全世界各地的分布并不均匀。热带、亚热带地区物种丰富，巴西、哥伦比亚、厄瓜多尔、秘鲁、墨西哥、扎伊尔、马达加斯加、澳大利亚、中国、印度、印度尼西亚、马来西亚这十二个国家拥有了全世界 60%～70% 的物种，有的地区在 1 平方米的范围内就有几百种生物。对于大多数陆生植物和动物来说，在热带雨林中物种多样性最高。随着海拔升高，物种类型逐渐减少，极地的多样性最低。同一物种在世界各地的分布也不均匀,这取决于该物种对生态环境的适应能力。

表 2.1　地球主要物种数目

类群名称	中国已知种类	世界已知种数	百分比	世界估计种数
哺乳动物	499	4181	11.9	5000
鸟　类	1186	9040	13.1	11000
爬行动物	376	6300	5.9	11000
两栖类	274	4010	7.4	11000
鱼　类	2804	21400	13.1	28000
昆　虫	4000	751000	5.3	1500000
高等植物	30000	285750	14.5	300000
菌　物	8000	69000	11.6	1500000
细　菌	500	3000	16.7	30000
病　毒	400	5000	8.0	130000
蕨　类	5000	40000	12.5	60000

生物的遗传变异、复杂的气候变化、长期的地理隔离、生物之间的相生相克等因素是物种形成的原因。生存空间、能量供给决定物种的消涨。在生物演化过程中,物种的数量是不恒定的。从大的时间尺度来看,物种多样性是增加的,但某些类群在某一时期也有显著的下降,如在被子植物种类增加的同时,蕨类和裸子植物的数目在下降趋势。物种数目变化的主要因素有:

1. 生物学机制,包括种间竞争、捕食、病菌及病害流行等。

2. 物理学机制有地质变化、气候变迁和灾变事件等。例如二叠纪和三叠纪交界时期,超级大陆的形成,使大量生存在大陆架上的海洋生物灭绝,同时又为陆地生物的进化创造了条件。晚白垩纪全球气候干旱化,使 38% 的海生生物灭绝。第三纪始新世末期,由于气温迅速变冷,许多在古新世后期和始新世占优势的植物类群灭绝。海啸、火山爆发、造山运动、小行星与地球的相撞、超新星爆发等突发事件都对物种灭绝影响很大。

3. 人类活动导致物种灭绝的速度比自然灭绝速度快约 1000 倍。一些大型动物由于被杀戮而绝种,更多的动植物种类由于无法适应巨大的环境改变而灭绝。

2.1.2 遗传多样性

遗传多样性是指地球上所有生物携带的遗传信息的总和。数百万物种的形成和保持是由遗传多样性决定的。理论上讲，同一物种之间的生物可以进行交配，它们的遗传物质是相通的，但由于地理隔离和环境压力，会形成地理亚种和生理亚种，它们的遗传物质也会有一些差异。种内个体是有差异的，这种差异有的是由基因决定的。基因是一段DNA片段，因此DNA序列的不同造成遗传多样性，DNA的序列变化导致生物形态、生理、生化等各方面的变异，也决定了生态特征。以人为例，地球上60亿人是一个种，互相间可以通婚，但在历史上由于地理原因，分成黄种蒙古利亚人(Mongoloid)、白种高加索人(Caucasoid)、黑种尼格罗人(Negroid)、棕种澳大利亚人(Australoid)，不同人种之间有基因的差异。中国人属于蒙古人种，中国又有56个民族，民族虽然是由传统文化风俗习惯来划分，但由于长期种族内通婚，也有基因频率的差异，甚至每个人之间也有DNA序列的差异。人类基因组有30亿对碱基，理论上，每一对碱基变化都可能产生性状改变。每一物种的个体，除了孤雌生殖、同卵双生以及无性繁殖外，在有性生殖过程中基因型不相同的亲本基因组之间会产生不同的组合，DNA复制中会偶尔出现错误或突变等，生物界几乎没有两个个体具有完全一样的基因。

遗传多样性都起因于DNA分子水平，但这并不意味遗传多样性只表现在DNA分子水平。根据DNA $\xrightarrow{\text{转录}}$ mRNA $\xrightarrow{\text{转译}}$ 蛋白质(酶) $\longrightarrow$ 细胞(组织) $\longrightarrow$ 器官(个体)的原理，遗传多样性可以在细胞、器官、生理代谢以及形态学水平上表现出来。如人在脸部特征、皮肤色素、身高、体重、外形等方面表现出差异。丰富多样的野生动植物和微生物是遗传多样性珍贵的宝库，地方品种、野生近缘种对遗传多样性研究也有重要意义。农牧品种的遗传一致性造成疾病大流行和大爆发的教训，说明保护遗传多样性的重要性和迫切性，也暗示了遗传多样性的丰富程度，决定了物种对环境变化的适应能力和进化潜力。遗传多样性和濒危动物保护有很大关系，遗传多样性缺乏是不利于大熊猫生存的原因，同样也可以通过遗传分析克服近亲繁殖的弊病。个体细胞又是基因的载体，当一个物种灭绝了，这个物种在地球上多少亿年演化积累的基因资源就全部消失了，再也不可能恢复，因此生物保护有不可替代的作用。

生物多样性保护的关键之一是保护物种的遗传多样性。种内遗传多样性或变异性愈丰富，物种对环境变化的适应能力愈大，其进化的潜力也就愈大。遗传多样性是生物长期进化积累而来的宝贵财富，同时也是生物进化的物质基础。

2.1.3 生态系统多样性

生态系统(ecosystem)是生物群落与其环境形成的生态复合体，是自然界的基本单位。生态系统多样性是指生物圈内生境、生物群落和生态过程及变化的多样性。生境(habitat)主要是指无机环境，如地貌、气候、土壤、水文等，这些因素的复杂组合形成各种不同的生境。生境的多样性是生物群落多样性乃至整个生物多样性形成的基本条件。生物群落的多样性主要指群落的组成、结构和动态方面的多样化。生态过程主要是指生态系统的生物组分之间及其与环境之间的互相作用或相互关系，主要表现在系统的能量流动、物质循环和信息传递等方面。地球上有无数大大小小的生态系统，大的如一个高原，小的像一个池塘。

生物多样性在时间和空间中演化并不是很平稳的，它与地壳、水圈和气圈的演化息息相关。在有记录的 38 亿年的地球生物历史中，经历了多次生物大爆发和大灭绝。每次物种大灭绝后，物种多样性的恢复需要经历千百万年。一般来说，大灭绝之后，是生物多样性的增加，新的生物物种出现。生物多样性变化与冰川形成、海平面升降、大陆漂移、山体形成等多种复合因素有关。

2.2 生物的系统分类

生物在演化过程中，为适应不同的生存环境，形态、结构和功能方面出现了差异，变异积累，出现生殖隔离，形成物种。物种又因地理环境等不同的压力，演化出了新的物种，由于演化途径不同，常常形态迥异的物种之间也可能有一定的亲缘关系。为了对浩瀚的生物类群进行比较研究，首先需要对各式各样的生物进行分类，确定它们之间的演化关系，这就是系统分类。

2.2.1　分类等级

物以类聚，同类生物具有相似的结构和功能。根据生物体的形态结构，如植物的花和种子、动物的内部构造及生理功能等特征，可以对各种生物进行分类。研究生物系统分类使用最广泛的是瑞典生物学家林奈(Karl von Linnne, 1707—1778)的双名法(binomial nomenclature)。双名法一直沿用至今。双名法规定每个物种的科学名称(即学名)由两部分组成，第一部分是属名，首字母大写；第二部分是种名，种名后应有定名者的姓名，姓名可以省略。双名法表示均为拉丁文，在书写格式上，用斜体，最后的命名人用正体。如：

大肠杆菌	*Escherichia coli*
狼	*Canis lupus linné*
人	*Homo sapiens* L.

生物分类把生殖隔离作为种的主要划分标准，把彼此相似的种合称为属，彼此有关的属合归为科，再把一些相似的科合归为目，目上加了纲、门，门之上为界，这样就形成了界、门、纲、目、科、属、种共 7 个分类等级。在每一级之下，可插入亚级，如亚界、亚门等。有时，在特别庞大的等级如昆虫纲内，设有超目、超科等。另外，种下也可分亚种、变种等，组成分类系统。

每一个生物在分类系统中都有其确定的位置，如表 2.2 所示。

表 2.2　人和雏菊在分类系统中的位置

	人	雏菊
界(Kingdom)	动物界(Animalia)	植物界(Plantae)
门(Phylum)	脊索动物门(Chordata)	维管束植物门(Tacheophyta)
纲(Class)	哺乳纲(Mammalia)	双子叶植物纲(Dicoty ledonae)
目(Order)	灵长目(Primates)	桔梗目(Campanulales)
科(Family)	人科(Hominidae)	菊科(Compositae)
属(Genus)	人属(*Homo*)	菊属(*Chrysanthemum*)
种(Species)	(真)人(*H. sapiens*)	雏菊(*C. leucanthemum*)

2.2.2　生物的分类系统

生物有共同的起源。物种在生物演化过程中是在变化的,新种形成,原种灭绝。物种之间既有区别,又有联系,存在着明确的亲缘关系。按物种存在年代、形态、结构、生活世代和蛋白质结构等异同可以确定它们之间的亲缘关系。把物种按亲缘关系远近用图形表达而成的树状系统称为系统树(phylogenetic tree)。图 2.1 所示的是根据 rRNA 序列比较得出的 3 支并列的系统树。亲缘关系最近的物种被划在同一分叉点上,因此,从系统树可以看出物种演化的过程和方向,从而更深入地认识物种间的关系。

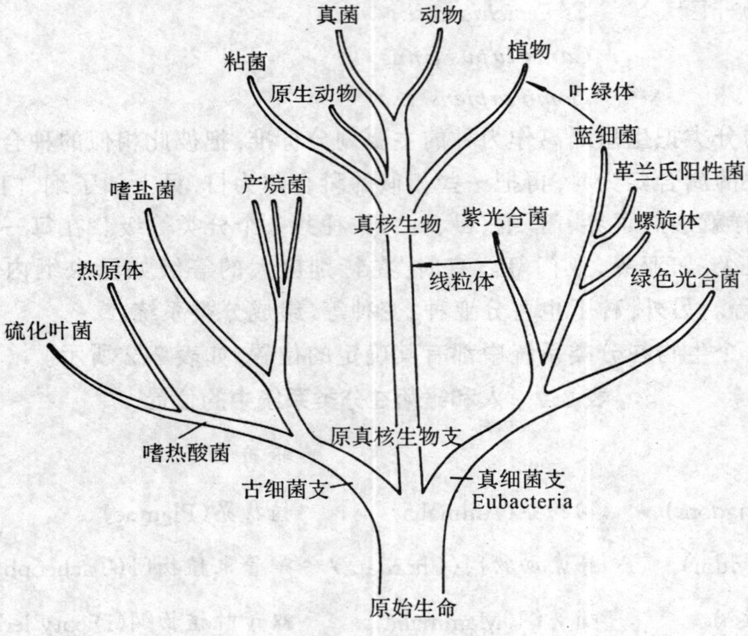

图 2.1　生物系统树

历史上曾有不少生物分类系统。最早,人们根据生物是固着不动的或是能自由行动的,将其分为植物和动物两大类,林奈的分类系统就是如此。1886 年,德国生物学家海克尔(E. Haeckel)把生物分为动物界、植物界和原生生物界,后者包括了单细胞生物和简单的多细胞生物。1969 年魏塔克(Whittaker)

依据细胞结构和营养类型，将生物分为原核生物界、原生生物界、植物界、菌物界、动物界，五界的特征如表 2.3 所示。

表 2.3　五界系统的主要特征

	原核生物 （细菌　蓝藻　原绿藻）	真核生物			
		原生生物	菌　物	植　物	动　物
细胞结构	原核细胞	真核细胞	真核细胞	真核细胞	真核细胞
叶绿体	无，只有类囊体	有或无	无	有	无
细胞壁	胞壁酸（细菌）	有或无	几丁质和多糖，无纤维素	纤维素和其他多糖	无
纤毛和鞭毛	细菌鞭毛	9+2	如有，9+2	配子鞭毛 9+2	如有，9+2
细胞数	单细胞或群体	单细胞或群体	多细胞	多细胞	多细胞
神经系统	无	无	无	无	有
营养方式	异养，光合异养，光合自养，化能自养	光合自养，异养（吸收及吞噬）	异养（吸收营养）	光全自养	异养（吞噬）
基因重组方式	细菌：转导，转化	接合，受精，减数分裂或无基因交流	受精，减数分裂或无基因交流	受精，减数分裂	受精，减数分裂

注：9+2 指鞭毛和纤毛的微管排列模式

我国生物学家陈世骧以后又提出了六界系统，把病毒划分到了无细胞界。

植物界约有 30 多万种。绝大多数植物自养，有叶绿体，可直接利用太阳能将二氧化碳和水合成有机物，同时释放氧气。按大小、形态结构、生活习性、营养方式、生态适应的不同，分归于藻类、菌类、地衣、苔藓、蕨类植物、裸子植物和被子植物等多个类群（表 2.4）。植物分布极广，从热带雨林、亚热带常绿阔叶林、温带针叶阔叶混交林到寒带的草甸；从海底森林——褐藻、平原栽培植物、丘陵地森林到高山矮灌丛。寿命长的银杏可生活 1000 多年，短命菊只需一周就可完成整个生活史。最简单的衣藻只有一个细胞，种子植物则具有复杂的根、茎 、叶、花、果实等器官。

有的植物之间有共生、寄生和附生关系。地衣就是一类多年生的藻菌共生体，通过藻类进行光合作用，依靠真菌吸取水分、无机盐和氧气，两者相互依存。寄生植物通常要借助根、茎等特殊的器官从寄主植物吸取水分和养料，对寄主的危害极大，如菟丝子利用其茎上的吸器穿过大豆的茎表面吸取营养。附生植物如雨林中的苔藓和松萝，它们只在空间上和寄主有关，而无营养上的争夺和分配。

表 2.4　植物各大类群特征

类群	植物体基本特征	繁殖方式(或生活史) 有性	繁殖方式(或生活史) 无性	生长场所	分　类	分　布
藻　类	单细胞、群体、丝状体及叶状体,自养	雌雄配子→合子→新植物	孢子(2*n*)→新植物	大多数生长于淡水和海水或潮湿土表	7个门(蓝藻、裸藻、绿藻、金藻、甲藻、红藻和褐藻),约3万种	世界各大洲各大洋
地衣植物门	蓝绿藻与真菌的共生体,有丝状、叶状和鞘状三种形态,自养	按真菌的进行	孢子(藻类)+真菌菌丝→新植物	生于无空气污染的岩石、树皮及土壤表面(城市难见到)	3纲,约2.5万种	世界各大洲
苔藓植物门	小型的叶状体或有茎叶分化的植物体,具假根,无真正的根;配子体发达,孢子体寄生于配子体上;受精需要水	孢子(*n*)→萌发形成新植物体(配子体)→颈卵器和精子器→产生雌雄配子→合子→胚→2倍孢子体→减数分裂形成孢子		生于潮湿的土壤表面	2纲,约2.3万种	世界各大洲
蕨类植物门	具有根、茎、叶分化的草本植物(少数木本),产生了维管系统;孢子体发达,配子体简化,都能独立生活;受精仍需要水	孢子(*n*)→萌发形成心型配子体(1～3mm大小)→颈卵器和精子器→产生雌雄配子→合子(2*n*)→胚→2倍的孢子体→减数分裂形成孢子(*n*)		陆生,多生于森林,少数生于淡水	5亚门或4纲,约1.2万种	世界各大洲
裸子植物门	具有根茎叶分化的木本植物,产生了种子,但裸露,维管系统进一步发达;孢子体更发达,配子体进一步简化,寄生于孢子体;花粉管受精,脱离了水	种子(2*n*)→萌发形成植物体(孢子体)→大小孢子叶→分别产生退化的颈卵器和花粉囊→减数分裂产生雌雄配子→合子(2*n*)→胚→种子		陆生	5纲12科,约800种	世界各大洲,多分布于温带和高山
被子植物门	具有根、茎、叶分化,有各种木本和草本,有了真正的花,产生了有子房包被的种子;维管系统及孢子体高度发达,配子体非常简化,寄生于孢子体;双受精,产生了果实	种子(2*n*)→萌发形成植物体(孢子体)→花→雌蕊和雄蕊→减数分裂分别产生简化的雌雄配子体→卵细胞和2个精子→1个精子与卵结合成合子(2*n*),另1个精子与极核结合成3倍体胚乳→合子发育成胚→种子→果实		多陆生,部分水生	11亚纲383科,约30万种	世界各大洲陆地和湖泊

在植物生长发育过程中，除了利用水、无机盐和有机物来维持自身生长外，还需要微量的激素来调节和控制代谢过程。植物激素主要有生长素、赤霉素、细胞分裂素、脱落酸和乙烯五大类。秋天时树叶凋零，就是由于脱落酸的分泌增加；放在仓库里的青香蕉、番茄能用乙烯催熟。在植物体内，通过激素相互作用来调节生长发育过程。

植物一般分成低等植物和高等植物两大类。低等植物是指无根、茎、叶分化，常生活于水中或潮湿地方的植物，如菌类、藻类和地衣。高等植物包括苔藓、蕨类、裸子和被子植物4个门，各门的主要特征如表2-4所示。

被子植物又分成双子叶植物和单子叶植物，其生活史从种子（孢子）萌发，经幼苗、成株、开花、双受精（double fertilization）、形成合子直到发育成新的种子（孢子）其间，分为营养生长和生殖生长两个阶段，如图2.2所示。

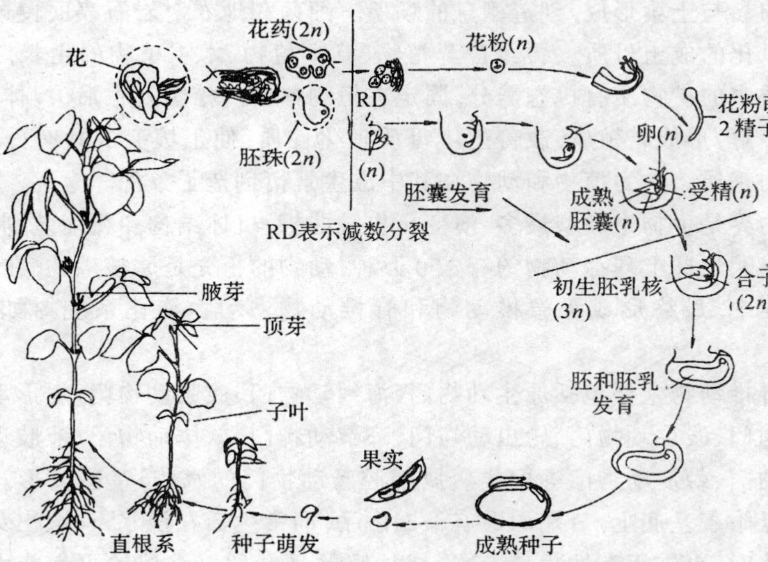

图2.2 被子植物的生活史

植物与人类生活关系密切，人类赖以生存的粮食、果蔬、药材以及观赏的奇花异草都是植物。褐藻门的海带能富集海水中的碘，是我们补充碘的好食品。水稻在我国种植已有6000～7000年历史，我国科学家袁隆平培育成功杂交水稻，大幅度提高了水稻的产量，为解决粮食问题做出了巨大贡献。豆科的很多种植物为我们提供了大量的植物蛋白质。兰科约有2万种，兰花叶雅花淡，幽幽暗香，有很高的观赏价值，而其中的石斛、天麻等具有名贵的药用价值。双子叶植物有苹果、李、桃、玫瑰等，其中很多常见的果蔬和观赏植物都属于蔷薇科植物。

植物是第一生产者，绿色植物在自然界物质循环中起着非常重要的作用。绿色植物固定太阳能将二氧化碳和无机物变成糖、蛋白质等有机物，供给异养生物，没有植物就没有异养生物，也就不会有人类。细菌、真菌等分解动植物尸体、排泄物等，释放二氧化碳。另外动植物呼吸、物质燃烧、火山爆发产生的二氧化碳又可供绿色植物利用，形成了自然界碳的相对平衡，在氧和其他元素的循环也有植物的参与。植物通过吸收、合成、分解、释放等生命活动，促进了自然界的物质运动和变化。人类日常利用的煤炭、石油、天然气等能源物质，主要是由绿色植物直接或间接形成的。

植物参与土壤形成，创造栖息的场所。细菌和地衣对岩石表面侵蚀，形成了初步风化的成土母质。再经苔藓植物、草本植物、木本植物的生长，其根系吸收母质中的矿物质有机态养分，固定在植物体中。植物死亡后，尸体经异养微生物分解，形成腐殖质，改善土壤母质理化性质，使土壤变成具有一定结构和肥力的基质。这为植物和动物在其中滋生繁衍创造了条件。

动物界是生物中类型最多，演变历史最曲折，机体结构和机能差别最大的一个大界。地球上现存动物约有 150 万种，动物的祖先是原核生物，在漫长的演化过程中，最终形成无脊椎动物和脊椎动物。动物演化系统树如图 2.3 所示。

无脊椎动物主要包括原生动物门、海绵动物门、腔肠动物门、扁形动物门、纽形动物门、线虫动物门、轮虫动物门、环节动物门、软体动物门、节肢动物门、腕足动物门、棘皮动物门等门类。属于腔肠动物门的水螅，呈圆筒形，由反口端的基盘附着基底上，口端周围有一圈触手，通常生活在淡水，一般出芽生殖，环境不适时，也进行有性生殖，会形成休眠的受精卵。水螅的再生能力很强。扁形动物门的涡虫，吃小动物或尸体，靠体表交换气体，靠腹面表皮上的纤毛进行运动，神经系统呈梯状，有特定的排泄器官——焰细胞，以有性生殖为主。有贝壳保护的软体动物，如牡蛎已经出现了专门的呼吸器官——鳃，血液循环为开放式。蚯蚓是环节动物门的代表。呈辐射对称的海星属于棘皮动物门。

原生动物都是单细胞或单细胞群体，海洋、湖泊、沼泽、土壤中均有原生动物分布，现存约 25 000 种，如草履虫、变形虫、有孔虫、放射虫等。有些种类营寄生、共生或共栖。原生动物中有不少种类是病原体，能进入人体内引起严重

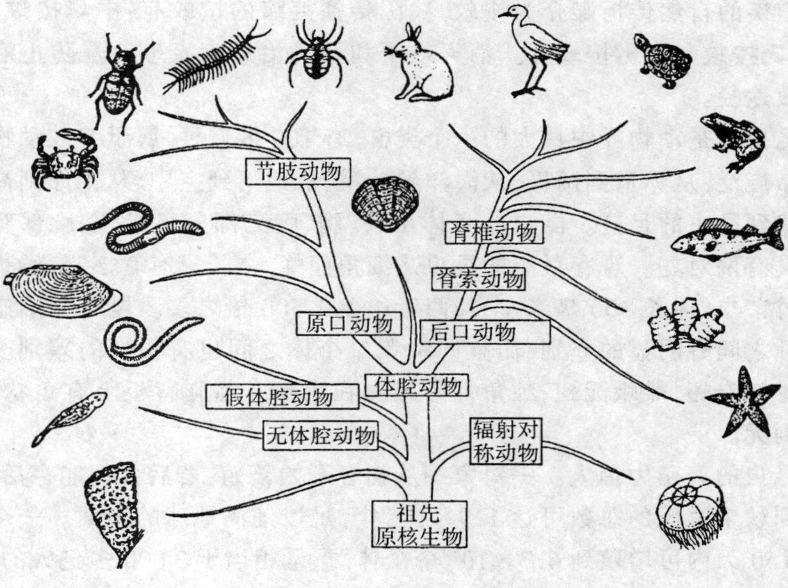

图 2.3　动物演化系统树

的寄生虫病，如疟原虫会引起疟疾。疟原虫子孢子随按蚊唾液注入人体后，在30分钟内侵入肝细胞进行裂体增殖。一周左右，肝细胞内的裂殖体发育成熟，成熟的裂殖体内含大量的裂殖子。肝细胞破裂后，释放出大量裂殖子，一部分裂殖子被吞噬细胞吞食而消灭，一部分则侵入红细胞内发育繁殖，重演其无性生殖。疟原虫在体内繁殖引起疟疾，疟疾主要表现为间歇性寒颤、高热、出汗、脾肿大和贫血等症状，恶性疟疾还有侵犯内脏引起凶险发作的倾向。各种疟原虫的裂体增殖有很准确的周期性，间日疟与卵形疟为 48 小时，三日疟为 72 小时，恶性疟为 36～48 小时。疟原虫在红细胞内经过 5 代增殖后，部分裂殖子虫体逐渐增大，但不分裂，而发育成雌、雄配子体。患者的血液被雌蚊吸入其胃内后，原虫无性体被消化、破坏，配子体则继续发育。雄配子体在抵达胃部后数分钟即进行核分裂，并从细胞质内伸出数根鞭毛状细丝，成为雄配子，雄配子钻入雌配子内交配受精，形成合子。不久合子变长并能蠕动称为动合子。动合子穿过蚊胃壁在弹性纤维膜下发育成圆形囊合子。囊合子在25℃左右，约经 10 天，孢子增殖发育成孢子囊，内含成千上万个子孢子，子孢子从孢子囊逸出，经过体腔大部分进入蚊唾液腺内，此时的按蚊即具有传染性。疟疾的自然传播媒介为按蚊，我国传播疟疾的按蚊有：中华按蚊、微小按蚊、雷氏按蚊和大劣按蚊等。消灭蚊子和及时治愈疟疾患者是防止疟疾发生的有效途径。

昆虫纲是动物界中最大的一个类群，有100多万种，属于节肢动物门。昆虫分布广泛，从赤道到两极、从海洋到沙漠、从地下到空中、从平原到高山到处都能找到昆虫的足迹。昆虫的身体由头、胸、腹三部分组成，在胸部有三对足并常具有两对翅。现存最小的昆虫是细角卵蜂，体长只有0.2毫米，最大的昆虫是竹节虫，体长300毫米左右，两者相差1 500倍之多。昆虫的形态不仅在种与种之间有明显的差别，而且同种雌雄个体之间也有很大的差别。例如蓑蛾的雄蛾有翅，雌蛾无翅；独角仙的雄虫在头部及前胸背板上有角状突起，而雌虫则无。

昆虫的繁殖力惊人。一对家蝇从初春开始繁殖，若后代都能存活和繁殖，那么到秋末家蝇的总数可达1.9×10^{20}个，足以铺满地球的表面。一个雌性棉蚜在150天内可增殖到6.7×10^{20}个个体，重量相当于3 000多亿人的总体重。当然在自然界中昆虫决不能繁殖到如此之多的数量，由于气候、天敌或各种人为的因素，昆虫的死亡率也是惊人的。

由于昆虫的类别繁多、种族昌盛、分布广泛、繁殖迅速，所以许多昆虫与人类的关系十分密切。蚕吐丝织锦，形成丝绸文化。蝗虫引发的蝗灾可以遮天避日，所到之处寸草不留。有的能给人类以某种启示，在生产中加以应用，如蜻蜓翅的结构对航空器的设计有启示。所以了解和掌握昆虫的有关知识，对于防治害虫、利用昆虫资源和仿生工程都有着很重要的意义。

脊椎动物成体由脊椎取代脊索支持身体，现存约44 000种，分为无颌纲、鱼纲、两栖纲、爬行纲、鸟类和哺乳纲。在较高等的脊椎动物中，脊椎连成了脊柱，起支撑保护作用，神经管已经分化成了脊髓和复杂的脑，感觉器官集中，头骨构成了明显的头部，呼吸器官由消化管前端的部分形成鳃或肺。消化系统、循环系统、排泄系统、生殖系统等结构都有了进一步加强。其中，无颌纲的七鳃鳗是脊椎动物中最低等的，它终生保持脊索，脊椎骨只位于脊索上的软骨片上。它的头两侧有七对鳃裂，靠头部吸盘吸附在鱼体上，吸取鱼类的血液。从鱼纲开始，脊椎代替了脊索，流线型的体型，颌与成对附肢的出现，头的分化，神经系统、感觉器官的发展，使鱼类有将近21 000种，扩展到世界各地的水域。鱼类又分软骨鱼和硬骨鱼两类，软骨鱼没有鳔，必须时刻游泳，否则就会下沉。

使脊椎动物从水生迁徙到陆地的先锋是两栖类动物，如青蛙和蝾螈等。它们的幼体用鳃呼吸，成体才用肺和皮肤呼吸。虽然已经登陆，但它们的皮肤无覆盖物，生殖过程如排卵、受精和胚胎发育等都不能离开水。

爬行纲动物是完全适应了陆生的脊椎动物，一般体表有鳞或甲，可以防止水分蒸发，羊膜卵的出现摆脱了水环境的限制。龟、鳖、蛇、鳄及化石恐龙都属于爬行纲，现在生活的爬行纲动物约 6 000 种。

鸟类是从爬行纲分化出来的高等脊椎动物，恒温，全身覆盖羽毛，前肢特化成翼，长骨中空，坚硬而轻，气囊伸入其中。胸骨正中有龙骨突，发达的胸肌附着其上。颈椎多可以转 180 度。视觉神经发达。无齿，有角质喙。直肠短，无膀胱，输尿管直通泄殖腔，排尿酸，随时随地大小便。目前鸟类大约有 8 700 种。

哺乳纲共约 4 200 种，多数哺乳动物有胎盘，幼子出生后靠哺乳取得营养。胎生和哺乳使得哺乳动物繁殖成功率大为提高。哺乳类是从古代爬行类进化而来的。从爬行类分化出来后，哺乳动物分三支继续发展。最早的一支为原兽类，又称单孔类，如澳洲的鸭嘴兽和针鼹等，它们是惟一一类保持卵生的哺乳动物。第二支为后兽类或称有袋类，如澳洲的大袋鼠，有袋类无胎盘，幼仔还未发育成熟时就被产出，迅速爬进母兽腹面的育儿袋内，口衔母兽乳头继续发育，成熟后才跳出育儿袋。这两类都是低级类型，它们的分布只局限于澳洲、新几内亚和南北美洲等地。除此以外的哺乳动物均属真兽类或称胎盘哺乳类。特点是：有胎盘，胎生，有发达的乳腺，幼子出生后哺乳，体外披毛，体温恒定，有异型齿，即门、犬、前臼、臼齿 4 种类型。哺乳动物分布很广，水里游的，地上爬的，天上飞的，无处不是。我国的特产白鳘豚便是一类淡水中的哺乳动物，分布在洞庭湖内外至长江口，现在存活的已不到 100 头。另外，大熊猫、白头叶猴、白唇鹿等也都是珍稀保护动物。

自古以来，人类与动物就有一种和谐的共存关系。当然，人类为了生存，总在食用动物，但也饲养动物。为了利用动物和防止动物的危害，人们很早就开始关注动物的行为。动物行为是动物体感受外来信息之后，表现出来的有规律的适应性活动。这种活动有的是单一的反射性动作，如用小棒刺激水螅或甲虫，水螅或甲虫立即收缩或停止行进。有的行为是由一连串的动作按顺序组合而成的，例如鸟类的作窠、求偶、交配、产卵孵卵、抚育幼鸟等。动物行为主要包括以下几个方面：

求生行为，包括各种防御与逃避敌害的行动方式。如母鸡一旦发现天空中有老鹰出现时，立刻会发出一种警戒的鸣叫声，让雏鸡躲起来，这是一种防御行为。一些动物采取保护色或拟态逃避敌害，如变色龙、形如树枝的竹节虫和一些枯叶蝶等。又如乌贼会喷墨汁，制造"烟雾"。

索食行为，素食和肉食动物都有多种多样的取食方式。很多动物能集群合作猎取食物，大的如狼、狮子，小的如蚂蚁。

传种行为，包括筑巢、求偶、婚配、抚育幼子等等行为。动物的生殖有明显的年龄和季节，有的动物还要求有特定的生育环境。有些鱼类有生殖洄游习性，在繁殖季节到来之前，雌雄鱼经过数千公里的长距离的洄游，到达固定的河流和特定的产卵场，然后雌鱼接受雄鱼的追逐，排卵，受精，受精卵发育成幼鱼，小鱼再游入大海。我国特有的大黄鱼和带鱼就属于沿海洄游鱼类。松花江的大麻哈鱼、扬子江的鲥鱼、华南沿海的鳗鱼为溯河生殖洄游种类。鱼类为什么要洄游，怎样能记住洄游路径，千山万水跋涉而不迷失方向，其机理目前并不清楚。鸟类中有一部分是候鸟，它们也要定时地飞回产卵场所生殖。动物的求偶行为和占有异性的行为随物种不同而有区别。鸟类有展现、婚舞、鸣呼、求爱等形体动作，兽类有追求、展示、争斗等行为，通常是雄性追逐雌性，但也有雌性追逐雄性的。

一些昆虫和大多数鸟类都有营巢的行为，各物种营巢地点，并不相同，有的在土中、有的在水底、有的在地下、屋旁或树上。营地的选择，材料的选用，巢穴的筑法也不完全一样。有些巢穴精美实用，就地取材之高明，令人叹服。

反应性行为，包括动物对外来刺激的规律性的反应和一些习惯性活动。例如，家犬见到生人即吠叫，动物在日常活动中有搜索行为等等。

昆虫可以利用信息素(pheromone)来引诱、警告、联络同类，进行通讯。信息素是昆虫分泌到体外的具有挥发性的化学物质。侦察工蚁若发现过大的食物不能一次运回巢内时，就回去招引同伴，一路上它的腿部和腹部末端腺体不断把追踪信息素散布在地面上形成一条"臭迹"，招引来的蚂蚁就很容易跟踪追击找到食物源。蜜蜂也会分泌追踪信息素，在工蜂找到蜜源后，回巢时把大腭腺分泌的信息素按一定的间隔涂抹在沿途的叶面、树枝和其他物体上，留下一条不连续的气味道路，其他工蜂循迹就可找到蜜源。性信息素是昆虫在性成熟期分泌的，用于引诱同种异性个体前来交配的化学物质。舞毒蛾、红铃虫、玉米螟、白菜粉蝶等许多蛾类的雌蛾在性成熟后，常在夜间向体外释放出性信息素，通过空气的流动，扩散到四面八方，同种雄蛾的触角感觉到这种化学物质后就飞向雌蛾进行交配。

目前，人们对昆虫信息素中的性信息素的研究和了解最多，如应用性信息素作为引诱剂诱集大量的雌性或雄性害虫，加以集中消灭。或在田间释放大量人工合成的性信息素，使雄虫无法辨认雌虫的方向，从而干扰它们的正常交配。随着科学技术的发展，性信息素作为害虫综合防治的一种新型武器一定会发挥出更大的作用。

微生物(microorganism)是一大类形体微小、结构简单的低等生物的统称。微生物十分庞杂，包括原核微生物、真核微生物和非细胞微生物三大类群。原核类如细菌、放线菌、支原体、立克次氏体、衣原体和蓝细菌(过去称蓝藻或蓝绿藻)；真核类如菌类(粘菌、酵母菌、霉菌和蘑菇等)、原生动物和显微藻类；非细胞类的有病毒、类病毒和朊病毒等。大多数微生物是单细胞个体，如细菌、酵母菌等。部分是多细胞组成的个体，如霉菌等，但其细胞间的分工不明确，所以结构仍十分简单。病毒的结构更为简单，一般仅由核酸和蛋白质组成。

细菌(bacteria)是原核生物界的主要类群，它们几乎无所不在，能在土壤、水、空气、动植物的体表及与外界相通的腔道中找到它们，能在沸腾的岩浆、温泉、雪地、沙漠以及深海中发现它们。1 克沃土中含有几倍于地球人口数量的活的细菌，生活在人的消化道内和皮肤上的细菌数量超过人体内的细胞数。在温暖潮湿的有机质或培养基上，可以看到细菌繁殖成了一个个群体，即菌落。有些细菌长到一定的阶段，可在细胞内形成一个圆或椭圆形的抗逆性结构，即芽孢(endospore)。芽孢壁较厚，能对不良环境如高温、干燥、紫外线、化学药品等起抵抗作用。在干燥条件下，芽孢的代谢活动极低，呈休眠状态，可保持几十年的生活能力。细菌表面是有由肽聚糖组成的细胞壁，它的抵御能力很强。细胞壁赋予细菌特定的形状，杆状菌(bacillus)如工业上用来生产淀粉酶的枯草杆菌；球菌(coccus)如引起化脓性感染的金黄色葡萄球菌；螺旋菌(spirilla)如引起霍乱的弧菌。一些细菌还具有荚膜、菌毛、鞭毛等特殊结构，利于抗逆、识别、吸附和运动。

肠道杆菌是一大类群居住在人和动物肠道内的共生菌，多数是肠道内的正常菌群，但在宿主免疫力下降或该菌寄居部位改变时，也可引起疾病，因此是条件致病菌。以大肠杆菌(*E. coli*)为例，它有鞭毛，能运动，寄居于肠道。婴儿出生后，数小时肠道就出现此菌，并伴随终生，大肠杆菌能合成维生素 B 和维生素 K，供人体利用。产生的大肠杆菌素能抑制痢疾杆菌等致病菌的生长，对人体有益。但当机体免疫力下降或大肠杆菌进入肠外组织器官，可引起肠道外感染。饮用酸奶等能增加肠道内的乳酸菌、双歧杆菌的数量，可以调节肠道的微生态平衡，促进健康。

真菌(fungi)不分根、茎、叶,不含叶绿素,是真核细胞化能异养型微生物。在自然界的物质循环中起着重要的作用,它们同细菌和放线菌一起,构成了物质循环中的释放者。真菌大多数是腐生的,以分解动、植物尸体或坏死的组织获得有机养分。但是也有一些真菌种类过寄生生活,从动、植物活体掠夺生活资源,如人类真菌性皮肤病就是由于真菌引起的,这些疾病往往十分顽固。真菌能分泌一些酶类如纤维素酶、蛋白酶等来获取营养。工业上常利用真菌来生产各种酶制剂。很多种类的真菌可以食用和药用,一些真菌多糖类有防治恶性肿瘤的功能。

真菌分布极广,已知的有70 000多种,常见的有藻菌纲的毛霉、根霉。这些真菌的菌丝不分隔,菌丝体蔓延,生在有机物块上呈现为白毛团并不断扩大面积,可造成食品的污染。子囊菌纲的酵母用于造酒、发面包、食用等。曲霉用于糖化、食品加工等。青霉的一种用于生产青霉素。霉菌也有引起植物病害和衣物污损的种类,黄曲霉污染花生、玉米,产生黄曲霉毒素,是一种强致癌物质。担子菌是较大型的真菌,菌丝按一定规律编组成为子实体,如菇类、银耳、木耳、灵芝、茯苓等。担子菌生殖时产生担孢子,由担孢子产生出菌丝,如图2.4。

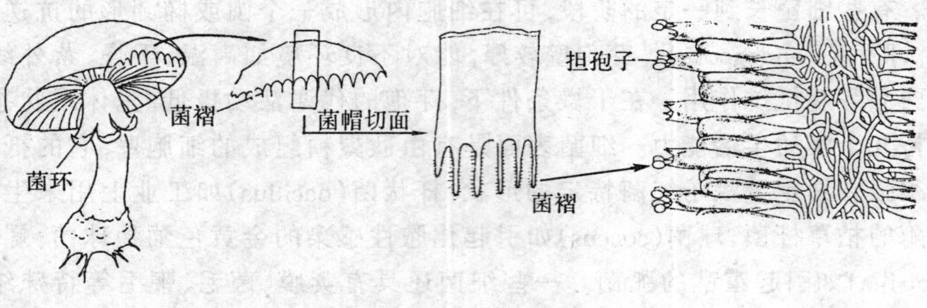

图2.4 蘑菇

非细胞型病毒(virus)种类很多,如图2.5所示。基本结构都是由蛋白质衣壳包裹着核酸。每种病毒只含一种核酸,又分为DNA病毒和RNA病毒。病毒只能在活细胞内专性寄生,靠宿主细胞的代谢系统协助,复制核酸、合成蛋白质,然后再装配,得以增殖。在离体条件下,病毒可以结晶,能以化学大分子状态长期存在并保持其侵染活性。

人类的许多疾病,天花、流感、疱疹、麻疹、肝炎、脊髓灰质炎以及人们谈之而色变的艾滋病等都是由病毒引起的。这些病毒属于动物病毒,其中疱疹病

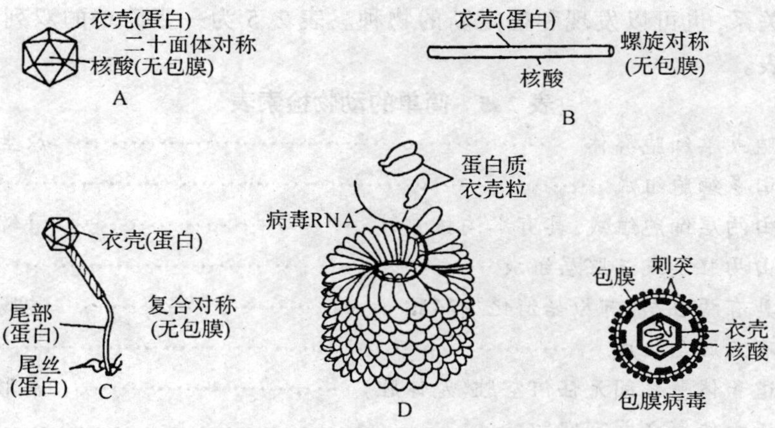

图 2.5　病毒的基本形态

毒是双链 DNA 病毒，而引起艾滋病的是一类逆转录病毒，能以自身的 RNA 为模板，逆转录出 DNA。

植物病毒会引起植物的病毒病，可使许多重要的经济作物遭受严重损失，如水稻黄矮病、烟草花叶病、番茄丛矮病、马铃薯退化病、玉米、油菜和苹果的锈病等。

有些病毒仅是线状或闭合环状的单链 RNA，完全没有蛋白质外壳，称为类病毒(viroids)。它是寄生于高等生物细胞中的一类最小的病原体。朊病毒(prions)是一种不含任何核酸的小分子蛋白质分子，能侵染动物并在宿主细胞内增殖。朊病毒可引起寄主中枢神经系统病变，并导致死亡。如羊搔痒症、疯牛病、人类的库鲁病和雅克布病。

不含蛋白质的类病毒和不含核酸的朊病毒的发现说明生命现象十分错综复杂，有待于我们探索。由于微生物是个体微小、比面积大、物质转化能力强、快速自我复制的生命系统，而且还具有物种、遗传、代谢和生态类型的多样性，因而在人类生产和生活中发挥了不可替代的作用，其应用潜力是无穷的。

2.2.3　物种检索

在大量分类学知识的基础上，将各物种特性归类，建立了物种检索表。应用物种检索表，可以很容易地确定研究对象的分类地位、特征及其与其他物种的亲缘关系,也可以发现和确定新的物种。表 2.5 为一张简单的双列式动物界门类表。

表 2.5　简单的动物检索表

1. 单细胞或单细胞群体 ………………………………………… 原生动物门
　身体由多细胞组成 ………………………………………………… 2
2. 身体由两层细胞组成,具有水沟核骨针 ……………………… 海绵动物门
　身体由两胚层或三胚层组成 ……………………………………… 3
3. 身体具有两胚层,有原始消化循环腔 ………………………… 腔肠动物门
　身体有三胚层组成 ………………………………………………… 4
4. 消化道和体壁之间无任何空腔(无体腔) ……………………… 扁形动物门
　消化道和体壁之间有空腔 ………………………………………… 5
5. 消化道于体壁之间的空腔完全封闭 …………………………… 线形动物门
　消化道于体壁之间的空腔有孔道与体外相通 …………………… 6
6. 无脊索和咽鳃裂 …………………………………………………… 7
　具有脊索和咽鳃裂 ………………………………………………… 10
7. 幼体两侧对称,成体辐射对称,海洋生活 …………………… 棘皮动物门
　非如此 ……………………………………………………………… 8
8. 同律分节,通常闭管式循环 …………………………………… 环节动物门
　异律分节,开管式循环 …………………………………………… 9
9. 身体柔软,通常具有石灰质外壳 ……………………………… 软体动物门
　体被几丁质外骨骼,具有分节附肢 …………………………… 节肢动物门
10. 终生具有脊索和发达的咽鳃裂 ………………………………… 文昌鱼
　脊索、咽鳃裂或退化或只在某一时期存在 ……………………… 11
11. 无颌,鳃裂具有 7 对 …………………………………………… 圆口纲
　有颌 ………………………………………………………………… 12
12. 终生以鳃呼吸,脊索退化,具有偶鳍,水生 …………………… 鱼纲
　鳃裂和脊索只在胚胎期存在 ……………………………………… 13
13. 体外受精,繁殖和发育离不开水,通常能适应水陆两栖 ……… 两栖纲
　体内受精,繁殖为瓣膜卵,发育在陆地 ………………………… 14
14. 变温,体外被骨质鳞片 ………………………………………… 爬行纲
　恒温,体外被羽和毛 ……………………………………………… 15
15. 前肢变后翼,卵生 ………………………………………………… 鸟纲
　四肢发达,胎生和哺乳 …………………………………………… 哺乳纲

在我们获得动植物标本后，首先观察它们的特征部位结构，然后检索，确定它的分类地位。植物的花是重要的分类器官，应注意采集并及时记录。在动物中，我们应注意解剖结构。一般是按纲、目、科、属、种顺序逐渐细分确定。

2.3　生物的起源与演化

生物是如何起源和演化的问题，至今还是自然科学的一个谜。天体物理学告诉我们，地球形成初期的物理环境并不适宜生物生长。实验证明无机分子可以形成有机分子，再形成复杂的大分子体系。化石证据表明，在 38 亿年中，生物由低级到高级，由简单到复杂，由水生到陆生最终形成人和人的智慧。

2.3.1　生命的化学起源

宇宙大约始于 150 亿年前的一次突发的大爆炸，出现了由氢和氦组成的巨大星云，这个星云分裂成许多较小的星云后，开始缓慢地收缩，并发生旋转。由于星云内部收缩较快，逐渐形成了一个密度较大的实体，称为原始星。由于引力收缩，密度加大，温度上升，中心发生极高的压力，氢原子在高温下发生热核反应，释放出巨大的能量，就形成了恒星。太阳就是这样形成的。

在原始星周围还有大量的气体和尘埃，一部分彼此吸引、碰撞而聚合成为小的团块。这些小的团块在旋转过程中吸引外部的物质而逐渐增大，导致许多行星的形成，地球就是这样形成的一颗行星。行星吸引附近更小的物体，成为它的卫星，月亮就是被地球捕获的一个小的球体。

元素是构造生命的基础。离大阳最近的四颗行星都是重元素行星，地球是第三颗。只有在这样的岩石行星上，才有可能产生多种元素组合的生命。要使元素演化出生命复杂的结构，就要让很多的元素“粘”起来，成为既复杂又稳定的元素团。从无机物到有机物，从小分子到大分子的过程中，碳元素扮演了绝对重要的角色，碳原子外层有 4 个电子，可与多种原子形成 4 个共享电子对，形成既结合牢固，又柔软可动的复杂分子或长链分子。既有活性，又有极大的记录容量。目前我们所知道的生命形式都是以碳元素为核心的，因此地球生命也可称为碳生命。

地球初期大气层不含氧，都是氢的化合物，如氨(NH_3)、甲烷(CH_4)、硫化氢(H_2S)等,也没有河流与海洋。大气层中的饱和水蒸气,冷却形成雨水降落到地面上,聚集而成河流海洋。大气中的一些其他气体被溶解到了水里,地壳表面的一些可溶性化合物溶解到水中,因此原始海洋里积累了许多化合物,包括最原始的有机化合物(甲烷),这就为产生更复杂的化合物打下了物质基础。生命发生所需的能量,可能来自紫外线和闪电、地壳放射性同位素的衰变以及火山、温泉放出的热等。地球上的氧气增多主要应归功于藻类,它们在海洋中从事这项巨大的工程,长达几十亿年。氧气大约在寒武纪的时候注满了海洋,氧气使细胞活跃,并且能组合成更大的组织和器官。人们把在寒武纪突然出现了许多生物种类的现象叫做生物大爆炸。最具有权威性的发现地址之一是中国的云南澄江县的帽天山,它位于美丽清澈的抚仙湖之畔,海拔约 2 000 米左右。作为一种寒武纪海底存在,地球上千千万万的动物种类,都是在这个时代被“设计”出来的。这里生存过真正的开山鼻祖,一共发现了 30 多个门。门反映了动物对进化起点的选择,现在的地球上,统计出的动物的门,只有 25 个。换言之,寒武纪给予动物演化的设计模式,要比今天有更多的选择。

2.3.2 化学和化石进化的证据

科学家米勒(Miller)进行了生命起源实验证明,他安装了一个密闭的循环装置,其中充以 CH_4、NH_3、H_2 和水蒸气,用来模拟原始的大气。在密闭装置的一个烧瓶中装水,用来模拟原始的海洋。然后他给烧瓶加热,使水变为水蒸气在管中循环,同时又在管中通过电极放电,模拟原始时期天空的闪电放能,使管中气体发生反应。管上的冷凝装置使反应物溶于水蒸气中而凝集于管底。一星期之后,他检查管中冷凝的水,其中果然溶有多种氨基酸及乙酸、乳酸,尿素等有机分子。有些氨基酸如甘氨酸、谷氨酸、天冬氨酸、丙氨酸等和组成天然蛋白质的氨基酸是一样的。氨基酸、核苷酸等在海水中经长期浓缩,在适当条件下,如吸附在无机矿物粘土上,通过聚合作用而形成原始的蛋白质与核酸。

生物化学家奥巴林(Alexander Oparin)认为,蛋白质和核酸在一起时,可形成团聚体小滴,这种多分子体系,是生命的萌芽。团聚体能从周围的介质中吸取不同的物质,这样的团聚体可以“生长”,长到一定程度时团聚体还能“生殖”,分出小团聚体来。团聚体吸取外界物质似乎还有选择性。团聚体内部有一定结构,团聚体如吸取了酶,酶可以在团聚体内合成或分解某些物质。团聚体与周围环境有一个明显的界限，这是原始膜形成的一种方式。有人曾在数百米至数千米深的海中发现类似于团聚体的物质，这被认为是一个直接证明。奥巴林关于生命起源的团聚体学说的物理架构是：先有细胞，也就是油滴，再有蛋白质的出现，蛋白质将乱七八糟的分子在油滴中组织成代谢循环，最后出现基因。现在还有理论认为生命起源于 RNA。

生物演化的直接证据是化石。化石是古代埋藏在地层中的动、植物遗体或遗迹，在一定条件下，矿物质沉积其中，变硬、石化，而成为化石。动、植物较坚硬的部分，如茎、叶、骨骼、牙齿、外壳等最易保存，因而化石最多。生物的躯体，躯体印在软泥上的痕迹，如恐龙足迹、动物的粪便等排遗物在一定条件下也能硬化而成化石。此外，有些古代生物在冰层或冻土中被“低温保存”下来，如在西伯利亚和阿拉斯加等地掘出的生活在 25 000 年以前的猛犸（哺乳类，长鼻目）冰尸，保存十分良好，肉尚可食！还有埋藏在琥珀中的蚂蚁、小蜘蛛以及小树叶等也是。琥珀是松树的分泌物，刚分泌出来的时候是流体松香，能将昆虫等包埋，变硬后其中的昆虫等即被完整保存而不腐烂。这些都和化石一样，是研究生物进化的好材料。琥珀保存生物的作用已被用作于“侏罗纪公园”等幻想小说的科学依据。

地球自形成已约有 46 亿年的历史了，地质学家把地球度过的这一漫长岁月划分成 4 个宙（Eons）。最早为冥古宙，然后依次为太古宙、元古宙和显生宙。从 6 亿年前到现在都属显生宙，显生宙分为 3 个代（Eras），即古生代、中生代和新生代，每代分若干纪（Periods），每纪又分若干世（Epochs）。表 2.6 所示的是地质年代和生物历史大事表。

研究地质年代的主要方法是同位素测定法。同位素是处在同一元素周期表位置，有相同的电子数和不同的中子数的元素，会自发的衰变。同位素有一定的衰变速度，这个速度不受环境条件的影响，利用这一特点，可以比较准确地测定地质年代。最常用的是同位素^{238}U。火山岩浆喷出、冷却而成火成岩，其中的同位素^{238}U 渐渐衰变成^{206}Pb。同位素的衰变速度可用半衰期（half-life）来计算。半衰期是指一个样品中某一同位素原子衰变一半所需的时间，^{238}U 原子的半衰期为 45 亿年，因此测定岩石样品中^{238}U 和^{206}Pb 的含量比值，就可推算出这一样品的年龄。又如^{40}K 衰变成氩和钙的半衰期是 13 亿年，^{14}C 的半衰期是 5568 年，利用这些半衰期长短不一的同位素，就可以分别测得各新老地层和化石的年龄。

表2.6　地质年代和生物历史表

宙	代	纪	世	从100万年前到100万年后	气候及生物
显生宙	新生代	第四纪(Quarter-nary)	现　代	0～0.01	冰期已过，气温上升，被子植物繁茂，草本植物发达，人类发展
			更新世	0.01～2	4个冰期，北半球冰川，气温下降，直立人、早期智人，很大多型兽类绝灭
		第三纪(Tertiary)	上新世	2～5	喜玛拉雅山、安第斯山、阿尔卑斯山建成，大陆各洲成型
			中新世	5～25	气候冷
			渐新世	25～38	被子植物取代裸子植物，繁茂，杨、柳、桦、榉等成林
			始新世	38～55	恐龙绝灭，鸟类及哺乳类大发展，适应辐射
			古新世	55～65	类人猿出现，南方古猿
	中生代	白垩纪(Cretac-eous)		65～144	造山运动，火山活动多，大陆分开，后期冷。裸子植物衰退，被子植物发达，恐龙绝灭，多种有袋类绝灭，胎盘哺乳类及鸟类兴起，灵长类出现
		侏罗纪(Jurassic)		144～213	温暖，湿。有内海，大陆漂浮。裸子植物为主，被子植物出现。爬行类繁茂，恐龙、鱼龙、翼手龙等，始祖鸟，单孔类多，原始有袋类出现
		三叠纪(Triassic)		213～248	气候温和干燥，晚期湿热。裸子植物成林(苏铁、银杏、松柏等)，炭化成煤。无尾两栖类出现，爬行类恐龙占优势，原始哺乳类出现
	古生代	二叠纪(Permian)		248～286	造山运动频繁，干热，Pangeue开始分裂，蕨类衰退，裸子植物繁茂。三叶虫及多种无脊椎动物绝灭，爬行类兴起
		石炭纪(Carboni-ferous)		286～360	造山运动，气候温湿，蕨类繁茂，裸子植物兴起。陆生软体动物，昆虫辐射适应，两栖类繁茂，爬行类兴起
		泥盆纪(Devon-ian)		360～408	陆地扩大，干旱火热，蕨类繁，盛鱼类繁盛，昆虫、两栖类兴起，三叶虫少
		志留纪(Silurian)		408～438	造山运动，陆地增多，裸蕨、陆生维管植物、珊瑚多，三叶虫衰退，无翅昆虫、甲胄鱼
		奥陶纪(Ordovi cian)		438～505	浅海广布，气候温暖，蕨类、笔石珊瑚、三叶虫、腕足类，苔藓虫，头足类等，甲胄鱼
		寒武纪(Camb rian)		505～590	浅海扩大，气候温和，多化石，蕨类、三叶虫繁盛，海绵、珊瑚，腕足类，软体动物，棘皮动物
元古宙				590	叠层石，温暖浅海，蓝藻、真核藻类，后生动物起源，低等无脊椎动物
太古宙				3 800	大气圈和水圈，细胞形成，有微生物化石，叠层石。光合自养厌氧微生物
冥古宙				4 600	初级大气圈，化学进化

在澳大利亚西部 Warawoona 找到的丝状体化石，可能是 35 亿年前的微生物遗体化石。在澳大利亚 Biller Springs 地区的元古宙晚期地层中，发现了保存完好的 9 亿—7 亿年前的绿藻化石。在澳大利亚厄底卡拉地区的 6 亿年前地层中还发现了大量多细胞动物，如分节蠕虫等的化石。进入寒武纪后，在约 500 万年的短时间内出现了多种多样的无脊椎动物的化石。这些无脊椎动物的有些类型在以后绝灭了，有些则是后来的无脊椎动物的始祖类型。在寒武纪地层中还发现了原始脊索动物的成员，是当时海洋中的一种浮游动物，体小，构造简单，背部已有一条脊索。距今 5 亿多年前地球上的生命出现了大型化的飞跃，但是在大型化之后，这些已经使用氧气的生命仍然在海洋中"憋"了 1 亿多年，它们偶尔露出水面的眼睛无限羡慕而又渴盼地眺望着高高隆起的坚实的地壳，但是它们仍须等待，等待氧气在海洋中饱和，等待有 3 个氧原子的臭氧把紫外线控制在氧分子的振动之中。这个在地球的 5 万米上空进行的庞大的工程大约在 45 000 万年前完成，于是，地球进入了它的生命最辉煌的时期，大地开始变绿。生命的进化和适应是攻无不克的武器，大约用了 5 000 万年，生命就在海洋和陆地之间实现了过渡。但是，古老的生命对盐分的需求还是被保留住了，这就是在现代生物的血液里，流动的其实还是海水，血永远是咸的。然而，使血变咸可以用不同的方式进行，可以喝淡水，然后再吃盐，让它们在动物的身体内部再进行融合。所以地球上的动物必须吃盐，为盐进行的斗争往往不惜以生命为代价。到奥陶纪，首次出现了脊椎动物——甲胄鱼。古生代中期，即志留纪和泥盆纪，是裸蕨类和鱼类的时代。

古生代晚期，即石炭纪和二叠纪，是蕨类和两栖类繁盛的时代，它们以惊人的速度向内陆推进，形成宏伟的沼泽森林。鳞木、封印木、芦木等高大的蕨类乔木均为参天大树，是古生代主要的成煤植物。石炭纪出现了原始的裸子植物如种子蕨和科达树。进入二叠纪后，出现了银杏、松柏、苏铁的早期类型，并逐步走向繁荣。在古生代晚期茂密的森林里，各种昆虫也发展起来了。

中生代是裸子植物和爬行类繁盛的时代。蕨类植物为苏铁、银杏和松柏等裸子植物所取代。在白垩纪后期，被子植物逐渐发展起来。动物也向适应陆生干旱环境发展。爬行类适应辐射的结果，在侏罗纪成为占统治地位的动物，有如水中的鱼龙、蛇颈龙，飞行的翼龙，以及陆生的各种恐龙等。中生代末，恐龙突然绝灭。三叠纪末期出现了原始的哺乳动物。有名的始祖鸟化石是在侏罗纪地层中发现的。

到了新生代被子植物发展起来，出现了适应于热带、温带、寒带、高山、平原、沼泽、荒漠等各种环境的类型。与此同时,昆虫也得到大发展。新生代还是哺乳类和鸟类大发展时期。经过多次适应辐射,它们都演变出形态、习性各不相同的多种多样的类型。在新生代的第四纪,哺乳动物灵长类中的一支,逐渐进化为人类。

2.3.3 人类的起源与进化

人为万物之灵,有特别发达的大脑,因而有智慧,能制造工具。从生物学的观点来看,人是由动物进化而来的。在林奈的分类系统中,人、猿、猩猩等都属灵长目,人属于人属人种。

根据人在形态上与类人猿很相似的特性,赫胥黎、海克尔分别于 1863 年、1866 年就相继提出了人来源于古猿的设想。达尔文于 1871 年发表了《人类的由来》,详细地讨论了人类进化的问题。1876 年恩格斯提出劳动创造了人类本身这一观点。

人科不同于猿科的一个重要特征在于人科是灵长类中惟一能两足直立行走的动物。在大约 500 万年前,灵长类动物中的一个小系,它们的前肢离地而起,采取两足直立的姿势,并发生了与之相适应的身体构造上的变化,这个灵长类的小系就走上了人科进化的道路。

关于人类的起源问题,古人类学家根据大量的人类化石,为我们描绘出大致的图景:第一阶段是南方古猿,大约出现在 300 万—440 万年前;第二阶段是能人,大约生活在 160 万—250 万年前;第三阶段是直立人,大约从 160 万年前持续到 20 多万年前;最后一个阶段是智人,其中晚期智人的形态与现代人类基本一致。

直立人是根据爪哇人和北京人的化石所确定的。旧石器时期的早期文化主要是直立人所创造的。直立人已经有了一定的语言能力,由于大脑语言中心的发育,大脑的两个半球出现了不对称性。智人是在德国尼安德特河谷发现的(1856 年),也称为尼人。尼人能够制造较进步的石器工具,并能人工取火。以后在亚洲、非洲也发现了早期智人化石。我国发现的早期智人有陕西大荔人、广东马坝人、湖北长阳人及山西丁村人等。晚期智人又称新人,在距今约 4 万年前开始出现。最早发现的新人化石为克罗马农人,是在法国克罗马农村发现的,形态非常接近现代人。

到目前为止,人类第一和第二阶段的化石仅发现于非洲,因此在科学界比较一致地同意非洲很可能是人类的发源地。人类是在发展到直立人阶段后，活动能力提高，开始走出非洲。100 多万年前进入中国，中国的古人类是连续进化的，"北京人"是我们的祖先，但同时也附带了少量与境外人群的杂交。连续进化使得这里的人群保持了易与其他人群区别的特征。中国的化石人不论其早晚，颜面部都是比较扁平的，鼻梁不高，眼眶呈长方形，眼眶外侧的颧骨比较多地朝向前方，颊部骨骼的下缘弯而不直，头颅最宽处在中间稍偏后的地方等。特别值得注意的是上门牙的背面两边各有一条脊，中央凹陷，仿佛一把煤球铲子，被称为铲形门齿。

有一种"非洲夏娃"的理论。根据线粒体主要是母性遗传的，在长期的复制传递过程中，会出现一定的变异，变异越多表示历史越长的观点，提取的线粒体 DNA，发现非洲人的变异最多。根据突变发生的频率，计算出非洲现代人历史大约为 20 万年，欧亚大陆现代人历史最多 13 万年，于是推论说，全世界现代人有一个共同的女性始祖。很多中国遗传学家赞成"夏娃假说"适用于中国，并具体推论出，一部分非洲人大约 6 万年前从亚洲东南部往北迁移到达中国，越过长江进入华北和东北，成为现代中国人的祖先。其主要根据是，华南人群的基因变异大于华北，某些种类的基因变异仅存在于南方群体中。同时，中国迄今为止没有发现 5 万—10 万年前的人类化石，这恰好是地质史上最后一个冰川期。解释是第四纪冰川期结束后，来自非洲的移民便乘虚而入。

现代人类主要的体质特征是：(1)发达的脑；(2)两足直立行走；(3)有利于散热的皮肤；(4)灵巧的双手；(5)独特的脸部；(6)缩小的颌部和牙齿；(7)适应于说话的咽喉；(8)两性异型程度减小；(9)幼体成熟；(10)成熟延迟。

正是这些体质特征使得人类成为地球上惟一同时具有生物性和文化性的高等动物。人类的生物特征和文化特征相互影响，相互促进，共同推动着人类文明的进程。

第3章　细胞——生命的基本结构单位

人类认识生命从生物个体开始，生物个体由细胞组成。细胞是由膜包裹着的生物大分子体系的精细结构。1665年，英国学者胡克（Robert Hooke）用显微镜观察软木薄片，发现了细胞，打开了生命微观世界的门窗。1838—1839年，德国学者施旺（Schwann）和施莱登（Schleiden）提出了“细胞学说”（cell theory），认为“一切动植物都是由细胞发育而来，并由细胞和细胞产物所构成；细胞来自于细胞”。细胞理论的建立，实现了生物科学的第一次统一。生命开始于细胞，生命活动只有在细胞结构中才能实现，一旦细胞死亡，生命也就停止了。如果我们将细胞放大，再放大，就会发现细胞是一个奇妙的大千世界！

3.1　膜与界

生物从细胞起源，在演化过程中为适应不同需要而特化成各种细胞，如传导冲动的神经细胞、自律跳动的心肌细胞、携带氧气的红细胞、提供能量的肌肉细胞、吞噬病菌的白细胞等等。细胞直径一般有10～30微米，但体积小的支原体只有0.1～0.3微米，而章鱼的神经细胞有几米长。细胞的共同点是都有细胞膜（cell membrane）。细胞膜是一个有序的、动态的、开放的、具有选择性的结构，它不仅是生命结构与非生命结构的边界，也是细胞内许多独立结构的边界。在不同的膜上，进行物质交换、能量流动和信息传递。膜是支持细胞正常生命活动的最基本结构。

3.1.1　膜与物质交换

50年代初，在电子显微镜下看到了细胞膜的超微结构。随着生化研究的深入，1972年，辛格（Singer）和尼克松（Nicolson）提出生物膜的流动镶嵌模型（fluidmosaic model）。该模型主要强调：由磷脂双分子层组成的膜骨架上，镶嵌着各种不对称分布的蛋白质，两层磷脂分子尾部相对，头部朝外，厚约 5 纳米。磷脂和蛋白质极其活跃，邻近磷脂分子和分子之间的位置交换快达 1 000 万次/秒，如图 3.1 所示。如果把细胞比作地球，那么细胞膜尤如大海的波涛，汹涌澎湃，只要瞬间蛋白质就可以从东半球渡到西半球。是什么因素控制细胞膜分子的有序活动，我们尚不知道。细胞膜具有自我封闭和流动性，一般能透过脂溶性物质。

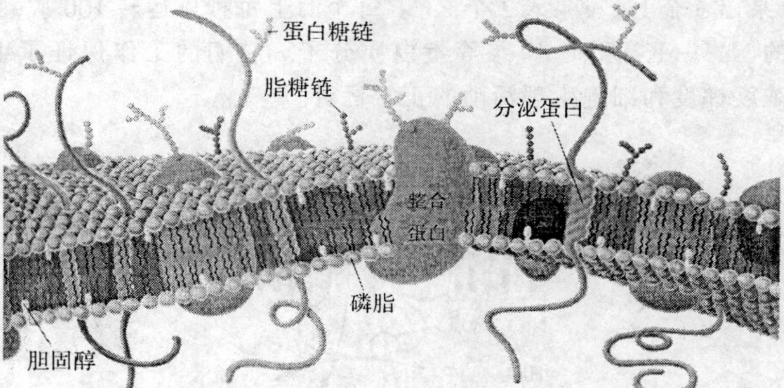

图 3.1　细胞膜结构

细胞内外水溶性的物质如糖、氨基酸或其他营养物质的交换及细胞内代谢产物的排放都要通过膜上特殊通道。细胞外小分子物质进入细胞，主要通过简单扩散(simple diffusion)、协助扩散(facilitated diffusion)、主动运输(active transport)和基团转移(group translocation)等方式，而大分子和颗粒性物质主要通过内吞作用(endocytosis)进入。

简单扩散和协助扩散，都属于不需要能量的被动运输(passive transport)，指小分子或离子依靠浓度梯度而进行的跨膜运动，即从高浓度向低浓度运行。简单扩散不需要蛋白协助，如水分子、氧气、氮气和苯等就是以这种方式进出细胞的。协助扩散需要膜上的特殊蛋白质来“协助”，即一种物质借助另一种物质扩散提供的能量而被携带进出细胞。比如通常细胞外的 Na^+ 浓度比细胞内部高 20 倍，在其通过某种载体蛋白进入细胞的同时，“推动”这种载体蛋白把另一种物质运入或运出细胞。葡萄糖就是这样借助膜上的转运蛋白进行扩散的。协助扩散的结构特异性较强。转运蛋白又分两类，一类为载体蛋白(carrier proteins)，如葡萄糖转运膜蛋白；另一类称通道蛋白(channel proteins)，它们在质膜表面形成了通道结构，在一些特殊的闸门的控制下，会允许一定大小的分子或离子通过。

主动运输是需要能量的，是一类逆浓度梯度的物质跨膜运动方式，如同将水从低处抽到高处一样，这个过程必须直接提供能量。有一种 Na^+—K^+ ATP 酶，如图 3.2 所示。在 ATP 提供能量的条件下，能将细胞内低浓度的 Na^+ 泵到高浓度的细胞外，同时将 K^+ 逆浓度梯度泵回到细胞内。每水解 1 个 ATP 分子，可泵出 3 个 Na^+，泵入 2 个 K^+。每个酶上每秒可运转 100 次，膜上有许多这样的 Na^+—K^+ 泵、Ca^{2+} 泵等蛋白质分子。它们的工作保证了细胞内外的离子浓度梯度和细胞生理活动的正常运行。

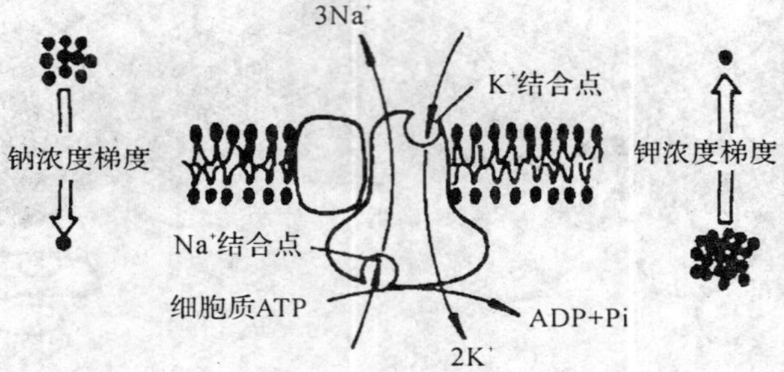

图 3.2　Na^+—K^+泵的结构

有的分子在运转时被修饰，如加上一个磷酸基团等，这样它虽然不断地被运入细胞，但运入胞内的已是另一种物质，原被运输的物质浓度并没有增高。这样就不会产生浓度增高的现象，使反应得以进行。这称为基团转移，也是一种主动运输的方式，它除了需要细胞膜上的特异载体蛋白外，还需要几种酶或蛋白质的参与。

大分子与颗粒物质是通过内吞和外排作用来进出细胞的。内吞作用是通过细胞质膜内陷形成囊泡(endosome)，将外界物质包裹进入细胞的过程。如胆固醇的跨膜运输就是和细胞表面的特异受体结合，受体移动成簇，凹陷形成内吞小泡进入细胞内。其中，细胞摄入颗粒物质的方式称为吞噬作用(phagocytosis)，而摄入水或水溶液则称为胞饮作用(pinocytosis)。摄入的内吞泡，在细胞内部和溶酶体融合，溶酶体内的酶对吞入的食物加以消化。分解产物被细胞利用，不能利用的就通过外排作用(exocytosis)将其排出细胞，细胞内的分泌物或其他一些衰老的细胞器分解后，残存的物质也是通过这样的方式运出细胞的，这好比我们家里买进袋装食品和扔出垃圾袋。

3.1.2　膜与能量代谢

生物与外界进行物质交换的一个重要原因是吸取能量，保持自身低熵，来维持生命体高度复杂有序的结构。生物所需要的能量存在于物质的化学键中，通过代谢将其释放，供生命活动需要。大部分物质代谢在细胞质内进行，能量转换，主要在线粒体内实现。

线粒体(mitochondrion)是真核细胞的"动力站"。它的结构包括外膜、内膜、膜间腔和内腔，如图 3.3 所示。内腔中的物质称基质，基质中有核糖体、DNA、RNA 和多种酶类，线粒体内膜向基质内折叠成嵴，嵴使线粒体获得了很大的内膜表面。细胞内线粒体的数量，大小和嵴的多少都随细胞的能量需求而有变化，一个细胞内线粒体可以是零到几十万个不等。

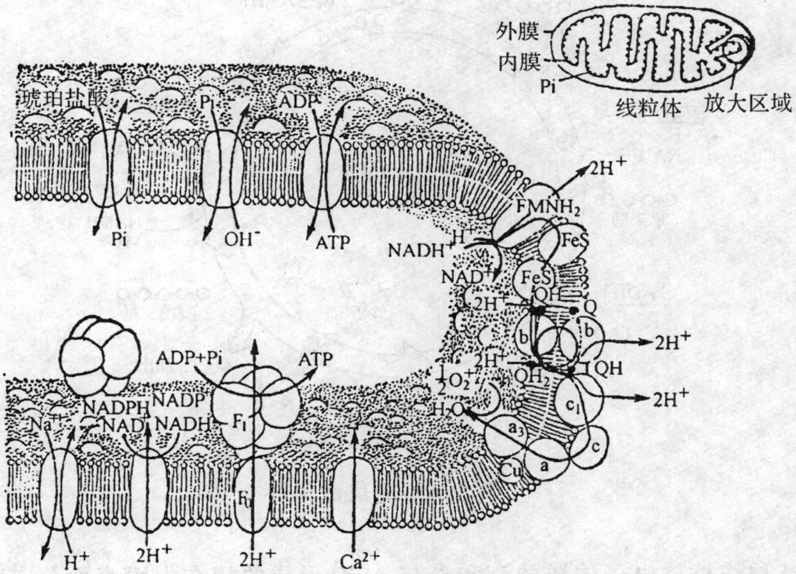

图 3.3　线粒体进行氧化磷酸化的模型

细胞内糖、氨基酸、脂肪酸分解产物最终在线粒体基质中彻底氧化为无机物，其过程为三羧酸循环(tricarboxylic acid cycle, TCA)如图 3.4 所示，包括呼吸链(respiratory chain)电子传递和氧化磷酸化(oxidative phosphorylation)三个相互联系的过程。在有氧条件下，葡萄糖被氧化成丙酮酸，丙酮酸进入线粒体，在线粒体基质中脱羧生成乙酰辅酶 A，乙酰辅酶 A 进入三羧酸循环，最终释放二氧化碳和水，并经线粒体内膜上的呼吸链把释放出的能量贮存在高能化合物三磷酸腺苷(ATP)中，ATP 可以穿出线粒体运转到细胞的各个部分。细胞活动，如收缩运动、物质合成、主动运输、神经传导等需要的能量大部分是由线粒体中合成的 ATP 提供的。当氧气供应不足时，葡萄糖不进入三羧酸循环，而是通过糖酵解过程，转变成乳酸，也能产生能量，但一分子葡萄糖只能产生 2 个 ATP，而一分子葡萄糖彻底氧化能产生 38 个 ATP。人在剧烈运动中，局部氧供应不足，体内葡萄糖进入糖酵解途径，释放出能量，同时产生乳酸，这就是腿酸的原因。

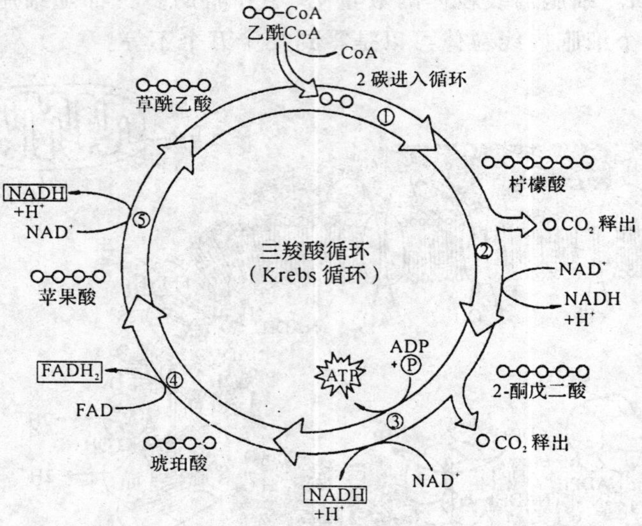

图 3.4　三羧酸循环

参与线粒体电子传递的酶和参与 ATP 形成的酶在内膜表面分布，这些酶是精确定位的，它们的空间排列对呼吸和能量转化至关重要。ATP 合成酶(ATP synthetase)是线粒体中最重要的酶，其结构就像一个小蘑菇，可以分为三个部分，即头部、柄部和膜部。头部又称为 F_1 因子，由 5 种多肽合成，朝向基质。膜部又称 F_0，是由镶嵌在线粒体内膜的疏水性蛋白质组成。中间的柄部无催化活性，起连接作用。三羧酸循环中产生的 NADH，经过电子传递链，把基质中的 3 对 H^+ 泵到膜间腔，因而膜间腔 H^+ 浓度增高，当膜间腔中的 H^+ 浓度高于基质，内膜两侧形成 H^+ 浓度差而产生质子动力势时，每进入 2 个 H^+ 可以驱动 1 个 ADP 和磷酸合成一个 ATP 分子。

线粒体是一种半自主性的细胞器（semiautonomous organelle），有自己的 DNA 和核糖体。线粒体 DNA 与细菌的类似，是环状裸露的，能编码一些蛋白质，但它仍然受到核基因的控制。线粒体的大多数蛋白质是按照从细胞核送出的指令在细胞质里合成后进入线粒体的。所以很多科学家认为线粒体是某些远古的原核细胞，被吞入真核细胞后，没有被消化，而为真核细胞提供能量，两者之间形成了一种共生关系，最终成了细胞不可缺少的一种细胞器。

3.1.3　膜与信号传递

从微观生物学角度看，细胞是个非常复杂的世界，细胞内的结构变化、物质代谢、物质能量分配都是井然有序的，细胞与细胞之间的作用也是有序的。细胞对外界物质的吞食和趋避、细胞的运动、细胞内物质合成和分解、细胞衰老和死亡，以及单细胞生物之间的结合生殖，多细胞生物中细胞的游走或分化，这些有序的活动是怎样控制的？靠什么来传达指令和接受指令？答案已经清楚：细胞有一个庞大的通信网络，通过信息分子信息传递来实现这种功能。外界或细胞本身能分泌一些物质即信号分子（signal molecule），它们像是通讯兵，带着指令在细胞间进行交流。细胞通讯的一个主要环节是识别（recognition），识别是胞外信号分子和特异受体选择性相互作用的过程，最终导致细胞内的一系列生理生化变化，表现为细胞整体的生物学效应。细胞信号分子种类繁多，包括蛋白质、肽、氨基酸、脂肪酸、核苷酸、甾类、萜类等，一些可溶性气体，加 NO、CO_2 和乙烯也被证明是信号分子。

受体（receptor）是存在于细胞内膜或细胞表面的一类特殊的蛋白质。一般细胞质膜外有糖脂、糖蛋白组成的细胞外被、细胞外基质及一些特化结构，好像田野上的作物、花卉、森林和灌木丛。这些结构有的相互缠绕，如同藤木攀援于高大树干之间，有的又互相交织构成了一张精细的网。

这些受体像室外的天线，时刻准备接受信号。一旦特异的信号分子出现，它们就像钥匙找对了锁一样匹配在一起。这种结合通常能改变受体原来的构型，引起一系列生理效应或激活体内其他信号分子。一个受体只能接受一定数目的信号分子。在不同的组织中，受体的数目是不同的，不同的受体识别不同的信号分子。受体具有饱和性、组织特异性、高亲和性和结合可逆性等特征。我们将细胞外信号物质称为“第一信使”，第一信使与受体作用后在细胞内最早产生的信号物质称为第二信使(second messenger)，如 cAMP、磷酸肌醇等，第二信使将信号放大后再传递下去。

信号传递一般有两种方式。一种是信号分子直接穿过细胞膜和胞内受体结合，如甾醇类激素，能改变受体蛋白构象，提高其活性，形成激素受体复合物，然后穿过核膜进入细胞核内，对 DNA 表达进行调节。另一种是和细胞膜上的特异受体结合，产生效应。有些受体自身具有催化功能，在与信号分子结合后，会产生酶的活性。

3.2　细胞的结构与功能

生物的一个基本特点是结构和功能的统一。细胞是生物的基本结构单位，虽然它小得肉眼看不见，但内部结构精密、运动有序。根据其进化地位、结构的复杂程度、遗传装置的类型与生命活动的方式，可以分为原核细胞(prokaryotic cell)与真核细胞(eukaryotic cell)两大类。原核细胞没有典型的核结构，遗传信息的载体仅为一个裸露在细胞中的环状 DNA。几乎所有的原核生物都由单个原核细胞构成，包括支原体、衣原体、立克次体、细菌、放线菌与蓝藻等许多种类。它们出现在各种生物体内，还能侵入到最不适宜一般生物生长的环境，如高温的温泉和几乎干枯的死海盐地。

真核细胞结构复杂，一般在 1 个细胞中有 1 个细胞核，1 到几百个叶绿体，几千几万个线粒体和高尔基体，几十万个核糖体，无数的溶酶体，内质网布满了整个细胞，构成了膜系统、遗传信息表达系统和细胞骨架系统，使细胞具有高度的程序化与高度的自控性。构成植物王国和动物王国的细胞大多都是真核细胞，如图 3.5、3.6 所示。

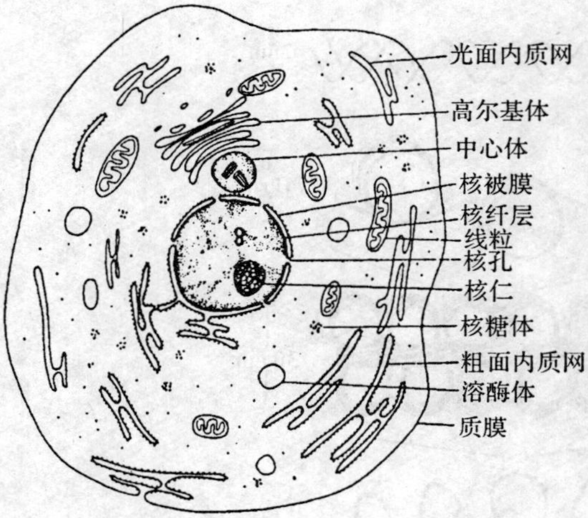

图 3.5　动物细胞模式图

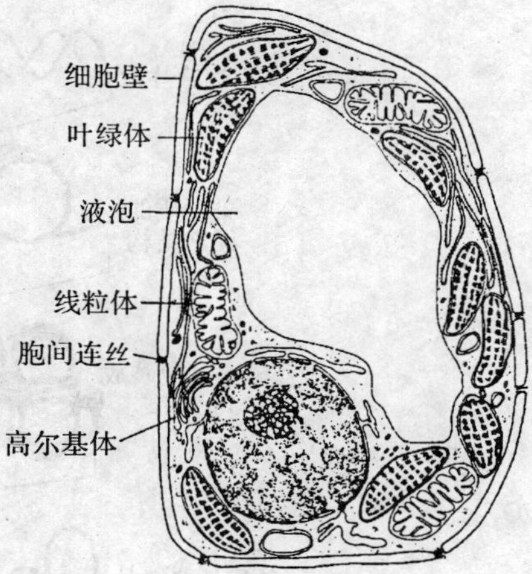

图 3.6　植物细胞模式图

3.2.1　细胞核与遗传信息

细胞核(nucleus)是真核细胞内最大、最重要的细胞器，大多呈球形或卵圆形，大小一般在 1～20 微米之间，约为细胞总体积的 10%左右。双层核被膜(nuclear envelope)将核质与细胞质分开，保护细胞核里的遗传信息。核膜上有结构复杂精细的核孔，是核内外物质与信息交换的通道。除高等植物韧皮部成熟的筛管和哺乳动物成熟的红细胞等极少数细胞没有细胞核之外，一般说来，真核细胞失去细胞核将导致细胞的死亡。

细胞核含有染色质(chromatin)，染色质是由 DNA 和蛋白质组成的细丝。DNA 与组蛋白结合，形成核小体(necleosome)，核小体相连成念珠状，直径约为 11 纳米。每六个核小体盘绕形成直径为 30 纳米的螺旋管，再由螺旋管形成 DNA 复制环，进而形成超螺旋管，再结合许多非组蛋白，最终形成能在显微镜下观察到的直径约为 400 纳米的染色体。通过这层层的折叠和螺旋化，DNA 被压缩了 8 400 倍，图 3.7 示 DNA 的四级结构。染色体只有在细胞分裂的中期才能看到，它有利于遗传物质均等地分配到两个子细胞中去。中期染色体具有比较稳定的形态，由两条相同的姐妹染色单体(chromatid)，彼此以着丝粒相连，一般着丝粒将染色体分出了四条臂。臂的顶端是一种特化的结构，

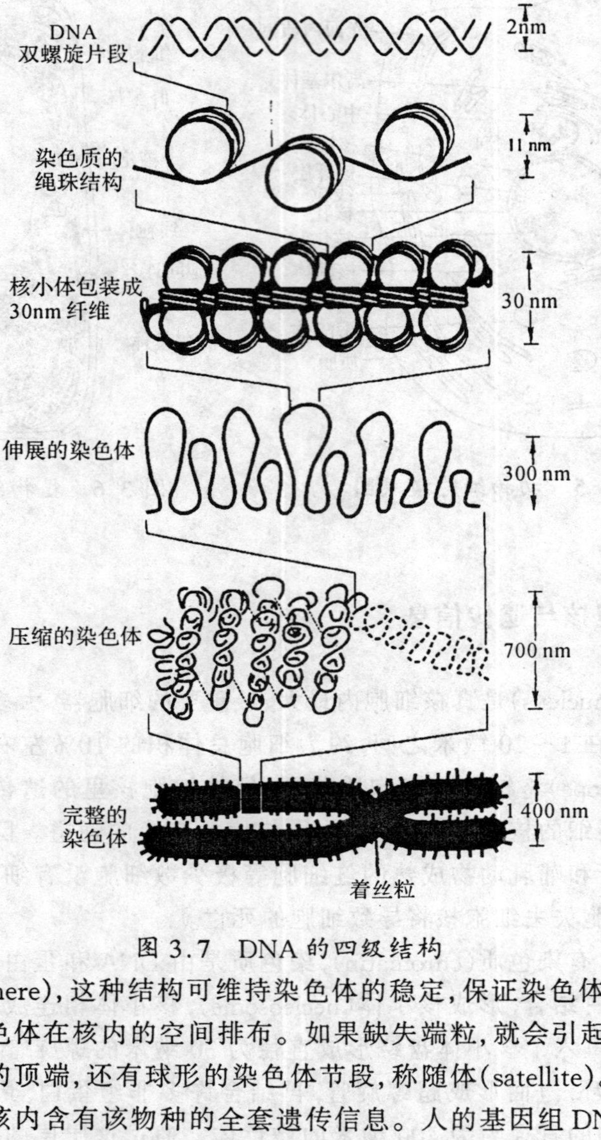

图 3.7　DNA 的四级结构

称为端粒(telomere),这种结构可维持染色体的稳定,保证染色体 DNA 的完全复制及参与染色体在核内的空间排布。如果缺失端粒,就会引起细胞的衰老。在一些染色体的顶端,还有球形的染色体节段,称随体(satellite)。

一个细胞核内含有该物种的全套遗传信息。人的基因组 DNA 由 30 亿对碱基组成,大约 3 万多个基因,可记录 50 亿比特的信息量,相当于 2 000 万册图书。如果假定 DNA 的一个核苷酸有一个乒乓球那么大的话,那么一个人细胞内 DNA 的长度可绕地球两圈。每次细胞分裂之前,DNA 必须先复制一次,再折叠形成染色体均等地分配到两个子细胞中去。DNA 上的遗传信息通过转录、翻译成蛋白质来控制遗传表型。DNA 上数万基因的有序的表达组成生命的节奏。

在光学显微镜下观察细胞核，可以看到单一或多个匀质的球形小体，即核仁(nucleole)。核仁的大小、形状和数目往往随生物的种类、细胞类型和细胞代谢状态而变化。核仁是 rRNA 合成、加工和核糖体亚单位的装配场所。蛋白质合成旺盛，生长活跃的细胞，如分泌细胞、卵母细胞的核仁大，可占总核体积的 25%，不具蛋白质合成能力的细胞如肌肉细胞、休眠的植物细胞，其核仁很小。

细胞核骨架由纤维蛋白构成。DNA 复制、基因表达、病毒复制、染色体构建都是在一定的核骨架系统上进行。

3.2.2 细胞器

新陈代谢等生命活动都是在细胞内进行的，一个细胞内有成千上万种生化反应。要实现物质、能量、信息的有序流转，细胞发展出了不同的亚细胞结构——细胞器来分工执行。这些细胞器相互关联，协同作用，共同执行生命功能。

核糖体(ribosome)是细胞内合成蛋白质的场所。它由两个不同大小的亚单位构成。真核细胞核糖体的沉降系数为 80S，由沉降系数分别为 60S 和 40S 的大小亚基组成，大亚基的分子量约为 3×10^6，小亚基则是它的一半。大亚基由 49 种蛋白质和 3 种核糖核酸构成，而小亚基由 33 种蛋白质和 1 种核糖核酸构成。原核生物的核糖体为 70S，由 50S 的大亚基和 30S 的小亚基组成。游离核糖体大小亚基分开，但合成蛋白质时，小亚基先与 mRNA 结合，大亚基再结合上去，于是两个亚基之间形成一“隧道”，使 mRNA 通过，指导蛋白质合成。细胞中多个核糖体可与信使 RNA 连接起来形成多核糖体结构，犹如一串念珠。很大一部分核糖体附着在内质网膜的表面，形成粗面内质网。

内质网(endoplasmic reticulum, ER)分布在细胞质中，它是由膜围成管状或扁平囊状，互相连通的网状结构。粗面内质网常分布于细胞核周围，呈同心圆状排列，参与蛋白质的合成与运输，在合成分泌蛋白质旺盛的细胞里，如浆细胞和胰腺细胞内十分发达。光面内质网多呈网状分布的小管，在一定部位与粗面内质网相连接，其内有与粗面内质网不同的酶系，参与脂肪、磷脂胆固醇、糖原的合成和分解。肝细胞内光面内质网还有解毒作用。光面内质网也能把粗面内质网上合成的分泌蛋白转运给高尔基体。内质网与核膜、质膜相连，其网腔犹如装配运输线，这种组织结构和汽车工厂的生产组织十分相似，来自于各个车间的生产部件，在装配线上组装在一起，蛋白、脂质、糖链在内质网腔初步装配好，然后以小泡形式分泌。

高尔基体(Golgi body)是意大利医生高尔基于1898年在神经细胞内发现的。它位于细胞核的附近，是由膜围成的扁平囊和大泡、小泡三种结构组成的。多个扁平囊互相重叠在一起，形成的扁平囊群，形状似一叠大而有双层壁的碟子。这种扁平囊群的凹面向着细胞膜，分布有大泡，称为成熟面(maturing face)；凸面向着细胞核，分布有小泡，又称形成面(forming face)。小泡又称运输泡，其中含有分泌蛋白。小泡与高尔基体扁平囊融合后，将分泌蛋白带入高尔基体，在扁平囊内加工、浓缩，至扁平囊边缘膨大脱落而成大泡，也称浓缩泡。这些大泡有的成为溶酶体，分布于细胞质内；有的作为分泌颗粒，逐渐移向细胞膜与细胞膜融合将所含的内容物排出细胞外。因此高尔基体的作用如同一座加工厂，加工、浓缩和运输蛋白质。此外，还能合成糖类等物质。糖在高尔基体中能与蛋白质结合，形成各种糖蛋白。

溶酶体(lysosome)是一种泡状结构，外包一层膜，内部含有各种水解酶，能分解各种生物大分子，如蛋白质、核酸、脂类和多糖等，其特征性酶是酸性磷酸酶。刚刚由高尔基体扁平囊的边缘膨大脱落下来的泡状结构称初级溶酶体(primary lysosome)，此时的溶酶体内的酶处于无活性状态。当初级溶酶体的吞噬泡或胞饮泡融合后，便形成了次级溶酶体，原溶酶体内的酶被激活；溶酶体的主要功能有消化吞入细胞内的大分子营养物质、细菌、病毒；将消化后的营养物质扩散到细胞质，供细胞生命活动，残渣再排出细胞外，由此起到了营养和防御的作用。细胞内退化的细胞器为内质网包围构成自噬体，也在与初级溶酶体相遇后被进一步消化利用。动物饥饿时经常会出现自体吞噬泡，用细胞自身的物质作营养，来更新必要的成分，以避免自身的永久性伤亡。必要的时候还会接受指令使细胞自溶，如蝌蚪晚期发育过程中尾部的退化，就是尾部细胞的溶酶体自行破裂放出水解酶将细胞溶解的结果。

核膜、内质网、高尔基体、溶酶体等都是由膜包裹的细胞器，在执行各自功能时，互为联系，互为补充，形成膜的流动，称为“膜流”，使各个细胞器组成生命活动的统一体，如图3.8所示。内质网是合成膜的主要部位，大多数磷脂和胆固醇都是在这里合成的，许多膜蛋白也在此合成。它们通过内质网表面时，将内质网膜包裹在自己身上，然后就像乘车旅行一样，到高尔基体，这辆膜性车便成为了高尔基体的一部分，在高尔基体内蛋白质进行再加工，加工完的蛋白质或者到溶酶体，或者运输到质膜或其他结构中。就这样，通过膜的流动实现物质的运输更新，膜也不断得到再生、流转。

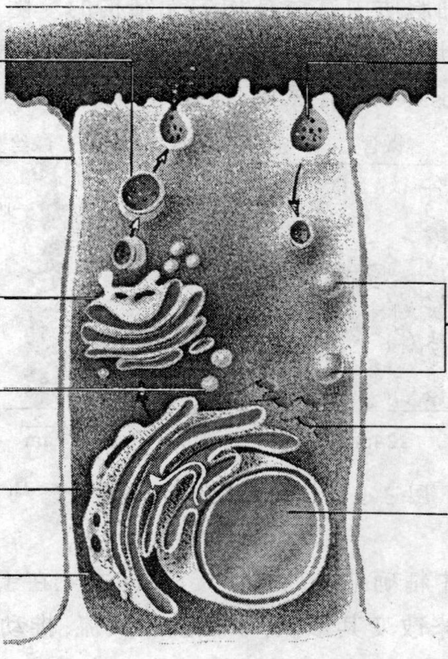

图 3.8　细胞分泌过程

叶绿体(chloroplast)是植物细胞特有的细胞器，它能吸收、固定太阳能，是生命的基础，也是文明的基础。有了它，生命的长河才得以流淌。高等植物的叶绿体形状似凸透镜，外面有两层光滑的膜，两层膜间具有空间。膜内充满流动状态的基质，其中有许多片层结构。片层是由膜围成的闭合的扁平囊，叫做类囊体。在类囊体膜中有序排列着叶绿素、类胡萝卜素和多种电子载体蛋白质。光合作用就在叶绿体内进行。

叶绿体也是一类半自主细胞器，基质中含有 DNA、核糖体以及多种酶，它的来源和线粒体很像。叶绿体内的核糖体与原核生物蓝藻一样也是 70S 等结构特点。推测它可能起源于蓝藻，蓝藻被真核生物吞噬后，存活下来并与寄主共生关系，为寄主提供能量，形成了现在的叶绿体结构。

3.2.3　细胞骨架

最初，人们认为细胞质中基质是均匀无结构的。随着电子显微镜技术和蛋白质化学技术的发展，人们发现细胞内原来充满着由微丝、微管和中间纤维构成的细胞骨架(cytoskeleton)，见图 3.9。它们像是穹顶的钢梁或建筑的室

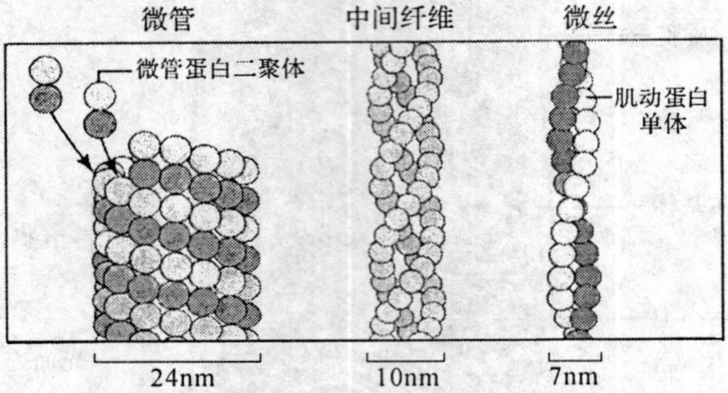

图 3.9　构成细胞骨架的三种结构

内脚手架，在细胞质中精确地排列和连接。不同之处在于细胞骨架总是一刻不停地在组装和拆卸，来改变其形状，以产生胞质流，推动颗粒，弯曲细胞膜，使细胞能游走、蠕动、游泳、蜷缩、铺展或挤过狭窄的裂缝。细胞骨架不仅在维持细胞形态中起作用，而且对细胞生理活动也是不可缺少的。细胞运动、物质运输、能量转换、信息传递、细胞分裂、基因表达、细胞分化、酶反应等生命活动都必须在细胞骨架的特定部位进行。

微管(microtubule)是由微管蛋白组成的中空管状结构，直径 20～25 纳米。微管蛋白有 α、β 两种不同的亚基，它们相间排列，构成螺旋状的结构。微管是纤毛、鞭毛、神经突起、中心粒、纺锤体的主要构成成分，它的功能是保持细胞形状、细胞运动和细胞内的物质运输等。纤毛和鞭毛都是细胞运动的辅助结构，有复杂的结构，有的外侧是一圆柱套，内部由九个平行的微管二联体组成，中间是由两根中央微管构成。鞭毛的运动是波浪式的，精子就是利用鞭毛游动。草履虫表面的纤毛在电镜下观察就像阵阵微风下翻滚的金色麦浪，这种摆动，足以引起细胞的运动。在高压或秋水仙素等物理、化学因素作用下，微管结构容易发生解体，染色体制片过程中，用秋水仙素处理就是破坏微管而阻断纺锤丝的形成，使细胞中期相时间延长而可以得到更多的中期染色

体材料，也有利于制片时染色体分散。

微丝(microfilament)又称肌动蛋白纤维，直径 5～6 纳米，和肌球蛋白、肌钙蛋白和原肌球蛋白组成粗丝和细丝，构成肌肉收缩系统。每个肌球蛋白分子是由两股像绳索一样的结构缠绕在一起，形成杆部，在其顶端是 2 个膨大的头部，称为横桥(cross bridge)，具有 ATP 酶的作用，被激活时能释放能量。6 组这样的杆部横向聚集成束，形成粗丝的主轴。肌球蛋白头部螺旋排列，每 6 组上升一圈。细丝由原肌球蛋白、肌动蛋白、肌钙蛋白构成。当 Ca^{2+} 和肌钙蛋白结合时，导致其形状发生改变，这种变化“传递”给了原肌球蛋白，使它也发生相应的改变，结果暴露出肌动蛋白上可以和粗丝上横桥结合的位点，两者一结合，ATP 水解释放能量，横桥带动肌动蛋白摆动。当然，这种滑行的距离是极其微弱的，但一次摆动后，横桥和细丝脱开，再和另一个位点结合，通过反复的结合、摆动，再结合，再摆动，使得肌肉收缩，如图 3.10 所示的是肌肉滑行的示意图。这种活动是极快的并受神经支配的，所以我们能随意地运动肌肉。由于这种滑动发生在很多位点，因此合力也是很大的。此外细胞的移动，细胞质的川流运动，以及细胞的吞噬，分泌物的排出和神经递质的释放等功能也与微丝相关。

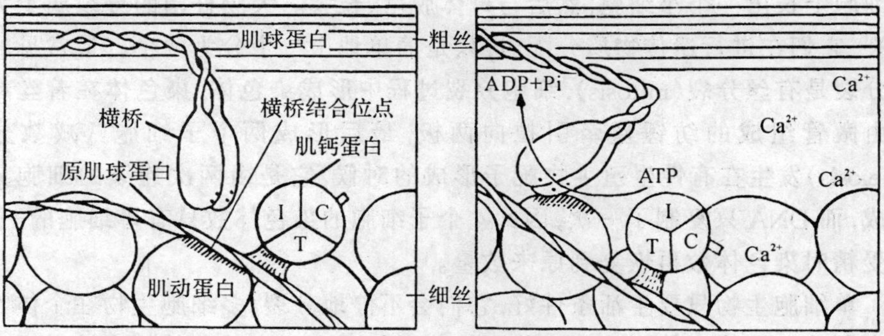

图 3.10　肌肉滑行过程

中间纤维(intermediate filament)大小介于微管和微丝之间，直径 7～10 纳米，一般分为角蛋白纤维、波形纤维、结蛋白纤维、神经元纤维和神经胶质纤维五大类。以角蛋白纤维为例，它是由上皮细胞分泌产生的一种富含硫的纤维状蛋白质，极其坚韧，是皮肤、生皮、毛发、角、指甲、鳞片、羽毛等结构的主要部分，也是脊椎动物的一切外皮和附属物。目前，我们生产的人造纤维，还没有一种可以和安哥拉山羊毛的角蛋白纤维相媲美。

微梁(microtrabecular system)是近年发现的一类遍布于细胞内的直径为 2～3 纳米的细密的立体网架结构,能够联系各个细胞器,并且赋予了细胞溶质相当大的结构刚性和组织性。

3.3　细胞分裂、繁衍与生命力

细胞只能来源于细胞,细胞通过分裂来繁殖自己,生命靠细胞的分裂延续。细胞繁殖是在适宜的生活环境中细胞的自发行为,它体现了细胞的生命力。细胞有多种分裂方式,每种方式都与不同生物的生存演化相适应。细胞分化是由细胞内外环境决定的。

3.3.1　细胞分裂

细胞增殖是生命的重要特征。细胞增殖有多种方式,酵母的出芽生殖,在母细胞上长出一个小细胞,然后与母体脱落、长大。大肠杆菌的分裂属于无丝分裂,它们在进行遗传物质分配时,只是简单地由一个分为两个。最常见的细胞分裂是有丝分裂(mitosis),细胞分裂过程中形成染色体,染色体在着丝粒处被由微管组成的纺锤丝牵引拉向两极,最后形成两个子细胞。减数分裂(meiosis)发生在有性生殖生物配子形成的时候,它是由两次连续的细胞分裂组成,而 DNA 只复制了一次,因此 4 个子细胞的染色体数只有母细胞的一半,在受精时染色体数再恢复到原来数量。

单细胞生物只要生活条件好,它们会不停地分裂;多细胞生物在个体长成后大部分细胞停止分裂。停止分裂的休眠细胞在一定的条件下会被激活而再发生分裂,如大多数骨髓干细胞。终端分化的细胞不再发生分裂直到死亡,如神经细胞、肌纤维细胞等,只有一小部分细胞保持连续的分裂能力,如生殖细胞、上皮细胞和造血细胞。人体每秒钟有数百万新的血细胞产生来补偿血细胞。小肠黏膜和皮肤细胞的衰老、死亡和脱落保持机体细胞数量的相对平衡。

一个新分裂产生的细胞经过生长到它再次发生分裂成两个细胞的这一段时间,我们就称为一个细胞周期(cell cycle),或称为一个细胞世代(cell generation)。一个细胞周期包括细胞间期和细胞分裂期(M),细胞间期又包括间期

1(G_1)、DNA 合成期(S)和间期 2(G_2)三个时期,如图 3.11 所示。

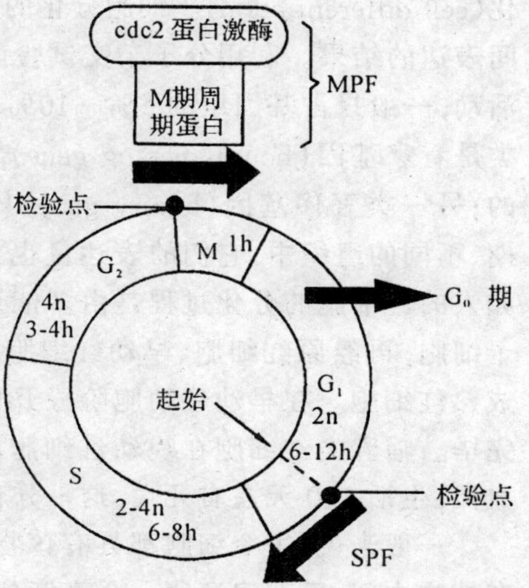

图 3.11　细胞分裂周期图

分裂后的细胞有两种可能,一是进入休眠 G_0,也称稳定期。另一条路是进入 G_1 期,G_1 期也称细胞分裂后期。在 G_0 期和 G_1 期之间有一个控制点,进入 G_0 期的细胞如果被激活,跃过该控制点,就能进入 G_1 期,为 DNA 复制做各种准备。G_1 期持续的时间一般为 6～12 个小时,但在不同的细胞中差别较大,生长旺盛的细胞 G_1 期较短,老化的细胞 G_1 期较长。

细胞进入 S 期之前,还需通过一个检验点。这个检验点是由一种控制周期的蛋白 SPF 决定的。进入 S 期的细胞便开始 DNA 的复制,这个过程大约需要 6～8 个小时,结果是 DNA 的含量增加了一倍。

DNA 复制完毕后,细胞就进入了 G_2 期,也称细胞分裂前期,大约需要 3～4 小时。这个时期主要是遗传物质的表达,包括 mRNA 的生成和转录,蛋白的合成,以及能量的准备。G_2 期的细胞也必须通过一个检验点,才能真正进入 M 期进行细胞分裂。这个检验点是由促成熟因子(MPF)进行调控的。

由此,我们知道细胞生长和分裂是细胞自身控制的,它是细胞生命力的体现,它也是一个复杂的过程,受到很多限制和内外因素影响的调控。以大肠杆菌为例,一个大肠杆菌的重量为 10^{-12}克,在完全理想的条件下,每 20 分钟分裂一次,一天就能达到 4×10^6 千克,两天其重量就会超过地球。由此可见细胞周期调控一直在起作用,而避免这种状况发生。这种调控规律对于工业发酵、癌症防治和组织再生等有很重要的意义。

3.3.2　细胞分化

多细胞生物个体内的细胞有不同的分工,在发育过程中形成各种形态功能不同的细胞,如人体的细胞就有 200 余种。这些细胞都是由一个受精卵分裂分化而来的。细胞在形态、结构和功能上发生稳定差异的过程称为细胞分化(cell differentiation)。细胞分化的本质是由于特定的基因在一定的时间、空间表达的结果。利用分子杂交试验证明了在任何时间细胞中只有少数基因在活动，一般只占基因组的 5%～10%。基因组中的基因大致可以分为两类：一类是看家基因(house-keeping gene)，它们一直表达，是维持细胞生存所必须的；另一类奢侈基因(luxury gene)只在特定组织选择性地表达，在不同的时期、不同的组织中，它们的表达量也是不同的。细胞分化一般是不可逆的，例如人的红细胞的分化过程是由多能造血干细胞开始的，首先分化为单能造血干细胞，再经原红细胞、早幼红细胞、中幼红细胞、晚幼红细胞阶段，最后成为成熟红细胞。在早幼红细胞阶段开始合成血红蛋白，至晚幼红细胞阶段合成完毕。哺乳类红细胞在晚幼红细胞阶段，排出细胞核。人的无核红细胞进入血流，生活 120 天左右死亡，这一分化过程是不可逆的。

一般来说，每个细胞都具有该物种的全套基因，可以形成一个生物个体。在植物中间，已普遍证明一个高度分化的细胞能分化成为胚性细胞，然后再分化形成一个完整植株，这就是植物细胞的全能性(totipotency)。在动物细胞中还尚未证明可以由一个体细胞发育成为一个个体，动物体细胞克隆技术仅证明一个分化的体细胞的核具有全能性，可以指导胚胎发育和个体建成。1998 年，科学家证明了人的胚胎干细胞(embryomic stem cell, ES)具有发育成为包括生殖细胞在内的各种细胞的能力。胚胎干细胞来源于早期胚胎，能在体外大量培养繁殖，具有正常的二倍体细胞特性，并可以进行遗传操作，即转入或敲除一些基因；也可以在液氮中长期保存，由于胚胎干细胞在适当条件下能分化成为造血细胞、免疫细胞、神经细胞等各种细胞。又由于干细胞具有很强的原始生命力，并可回输到体内作为生命源防治疾病，因而受到科学界的特别关注。最近科学家又发现了多种组织中存在具有分化多能性(pluripotency)的组织干细胞。干细胞不仅可用于细胞分化、个体发育、衰老机理的研究，肿瘤发生和肿瘤治疗的研究，制造人工脏器的组织工程，动物克隆和生物反应器，也可以作为药物特别是天然药物筛选的细胞模型，更重要的是它直接可以作为治疗剂用于免疫缺陷、老年痴呆等疾病的治疗。从某种意义上讲，干细胞有更新机体生命的功效，因而有巨大的经济和社会效益。

3.3.3 细胞凋亡与转化

细胞如同个体一样，也会衰老死亡。细胞随着分化程度的增进，细胞分裂能力逐渐下降，细胞对环境因子的反应能力也逐渐下降。人细胞体外培养一般只能传50代，在一定的分裂次数之后，正常细胞都会衰老。细胞衰老是细胞生理、生化发生复杂变化的过程，如呼吸速率减慢，酶活性降低，细胞膜出现裂隙，黏度增加，细胞的间隙连接明显减少，细胞表面电荷的负值减小，内质网排列变得无序，膜腔膨胀扩大，染色质进一步固缩，线粒体数减少，体积增大变形，细胞核体积增大，蛋白质合成速率降低，高尔基体数目增多，溶酶体数目和体积增加等等。在众多因素中，许多学者更倾向于线粒体DNA的编码可能是决定衰老的生物钟。

细胞衰老发生的原因很复杂，有损伤积累论、生物大分子交联论、体细胞突变论、DNA损伤论、转录翻译错误积累成灾论、自由基理论、线粒体损伤论和细胞程序死亡理论等等，也可能是由多种因素共同作用引起。其中，自由基理论认为细胞代谢过程离不开氧的存在，生物氧化过程是细胞获得能量的过程，然而在生物氧化过程中，会产生一些高活性的化合物，如 HO_2^-，最终导致细胞结构和功能的改变。

近年来的研究表明细胞衰老和死亡是受基因控制的，是一种程序性过程。所有的细胞都有生命的极限。当细胞走完了它们正常的生命历程，或者受到外界信号的诱导，会自己启动死亡程序。细胞在一定阶段出现正常的自然死亡，称为细胞程序性死亡(programmed cell death)，又称为细胞凋亡(apoptosis)。细胞程序性死亡与细胞病理死亡的区别在于自我控制，例如在两栖类胚胎发育过程中，蝌蚪的尾和鳃逐渐自然消失，就是由于细胞程序性死亡。产妇乳腺退化过程中，大多数产奶的分泌型上皮细胞死亡而消失都是受生理控制的细胞程序性死亡。许多因素如X-射线、γ-射线、肿瘤坏死因子(TNF)以及一些调控基因均可诱导细胞程序性死亡。这种作用既可以被启动，又可以被抑制。细胞凋亡有典型特征，如核内染色质浓缩，DNA降解成片段，形成凋亡小体等。因而细胞凋亡可以被检测和利用，可以通过诱导肿瘤细胞凋亡或延迟功能细胞的凋亡来改善人类健康水平。细胞凋亡是当今生命科学研究的一个热点。

在正常情况下，除原始生殖细胞外，体内细胞都逐渐进入终末分化状态，执行特定的功能，直至死亡。但是也会有一些细胞受外界因素的影响，背弃了正常分化程序而发生转化，变成生长不受节制，不断分裂、转化(transform)变成恶性肿瘤细胞，即癌细胞。癌细胞的产生和消灭是一个复杂问题。

3.4　细胞社会学

细胞是可以独立生活的单位，但多数生物是多细胞个体，即使是单细胞生物也常形成一个群体，因此，细胞大多是在群体中生活。细胞群体结构的微环境是不同的，为适应环境和最大程度利用环境条件，细胞在群体之间有分工，有联系，相互协作，相互制约，组成细胞社会，就像人群要组成的社会，社会形态不断发展。细胞社会与人类社会是相通的，都是由生命的本质决定的。

3.4.1　细胞间的连接

一个生物个体中的细胞数以亿万计，在细胞之间要建立确定的关系首先要能互相识别，然后形成固定的连接。

1907 年，维尔森（Wilson）用海绵验证了细胞之间会相互识别。海绵是最简单的多细胞动物，仅由 5～6 种细胞构成，用机械的方法可将海绵体游离成单个细胞。当把颜色不同的两种海绵细胞混合时，游离细胞迅速重聚成团，每个聚合体只含一种颜色的细胞。这种相互识别的特征也表现在不同的物种上，如将鸟和哺乳动物的肝脏细胞分散重聚时，同物种的细胞相聚；将同种动物的肝脏和肾脏细胞分散重聚时，同器官的细胞聚合；植物花粉与柱头的识别，只有同种花粉才会萌发；精子和卵子的识别，也只有同物种才能受精等等。可见细胞间的识别是普遍的，且有物种、器官和发育过程等的特异性。细胞之间的特异识别的分子基础是细胞表面的糖复合物，现在已经知道细胞表面黏附分子都是跨膜糖蛋白，分子的大部分在胞外，常有糖链，跨膜部分可以单次跨膜，也可以多次跨膜；胞质部分一般较小，它起信号传递作用或信号放大作用。

经过识别会形成稳定的细胞聚合，形成细胞间的连接，根据不同的组织功能，细胞之间发展出相应的连接方式。细胞连接（cell junctions）是指多细胞有机体中相邻细胞之间通过细胞质膜相互联系和协同作用的重要组织方式，同时它也是一种附加的支持结构，如图 3.12 所示。细胞按照不同的方式，组成护套状、簇状等种种多细胞排列。

在小肠上皮细胞或脂肪细胞中，存在一种封闭连接（occluding junction）或

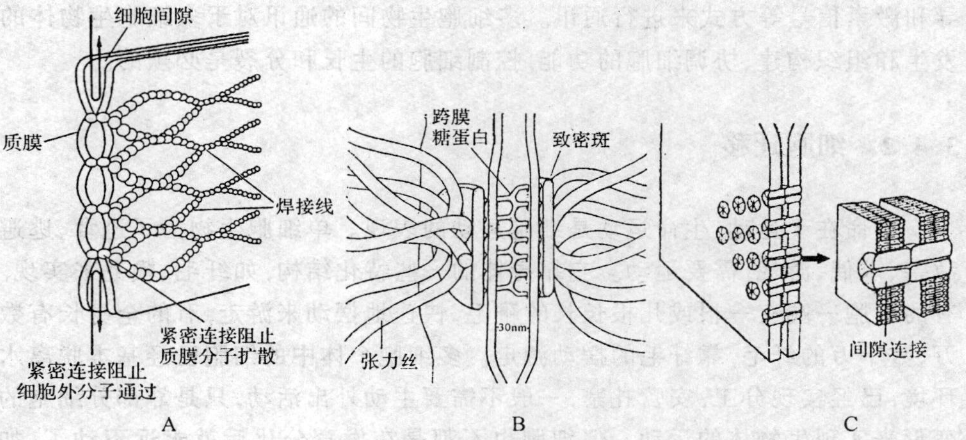

图 3.12 细胞连接
A. 紧密连接 B. 桥粒 C. 间隙连接

称为紧密连接(tight junction)的结构。它是相邻细胞的细胞膜上镶嵌着的由特殊蛋白组成的焊接线紧紧结合在一起而形成的结构,就像一扇紧闭的大门,起到封闭隔离作用,以保护内部组织不受侵害;同时将上皮组织联合成为一个整体,阻止了可溶性物质从上皮细胞的一侧扩散到另一侧。

在上皮组织、心肌、子宫颈等组织结构中存在一种锚定连接(anchoring junction),主要存在于皮肤、口腔、食管等处的复层鳞状上皮细胞中的桥粒结构和小肠上皮细胞间的黏合带结构。桥粒是细胞中最强大的连接,在两个细胞间形成了钮扣式的结构。桥粒处的细胞质膜约有 30 纳米的间隙。质膜胞质面的盘状致密斑上面附着有横向的张力丝,相邻的致密斑有跨膜蛋白相互将细胞铆接在一起。

间隙连接(gap junction)这种方式存在于肝细胞中,是由一排坚硬而空心的圆筒形的结构蛋白将细胞连接起来。这种结构的筒长约 15 纳米,直径 8 纳米,内径为 1.5～2.0 纳米,圆柱的两端插入相邻的细胞中。存在 2～3 纳米的细胞间隙的两个细胞依赖这一结构形成的中空过道,进行离子和小分子的交换。

在植物细胞中,因为有细胞壁,在实现细胞间的通讯时发展出了胞间连丝。胞间连丝是细胞壁连接植物原生质体的通道。

在识别和连接的基础上,细胞之间可以通过直接通讯或连接通讯、神经传导和激素信号等方式来进行通讯。多细胞生物间的通讯对于多细胞生物体的发生和组织构建、协调细胞的功能，控制细胞的生长和分裂是必须的。

3.4.2　细胞迁移

生命在于运动，生命运动是细胞运动的表现。单细胞生物为了进食、逃避敌害、求偶、游戏，需要运动。它靠身体的一些特化结构，如纤毛、鞭毛来实现。有的细胞一端有一根或几根长长的鞭毛，快速地摆动来游走，有的全身长有数万、数十万的纤毛，靠纤毛的摆动游走。多细胞个体中的细胞已经基本脱离水环境，已经实现分工，安营扎寨，一般不需要主动外出活动，只是靠部分细胞的变形来实现生物体的运动。但细胞也不都是在发育分化后就永远不动了，如血液细胞，它由骨髓中的造血干细胞分化形成后就走出脊髓，进入血液循环，迅速地流向身体各个部分。血液中的很多种白细胞会走出血管，进入机体各种组织细胞中，好似人类社会的公安人员，巡视各种细胞的生长情况，消灭入侵的病原体，清除自身衰老、死亡、变异的细胞。与白细胞迁移相似，肿瘤细胞由于细胞表面特化而长出很多微绒毛，也能在很多组织间游走、落户，形成新的肿瘤，这是一种癌症转移的机制。一些血液细胞、神经细胞等还能在体内某些信号的诱导下，向一些特定的部位运动、生长。这些生长特点与损伤修复、肿瘤发生、炎症消除都有密切的关系。此外，在动物胚胎发育的形态建成中伴随有大规模的细胞迁移。体外培养的细胞也能在基质表面移动，这些细胞迁移主要是变形运动，它是通过微管微丝的聚合和解聚，细胞内局部区域的凝胶和溶胶互变来实现的。

3.4.3　细胞全息理论

生物体的每一个细胞都有该物种的全套遗传信息，即使是十分特化的细胞或只行使专一功能的细胞也是这样。这是否是一种浪费！它们的生物学意义是什么？这一直是生物学家思考的问题。细胞全息理论的提出，给了我们一些线索。多细胞生物体的每一个细胞都具有自己特殊的职能，并忠实地执行着各种工作任务。哺乳动物的成熟血细胞和神经细胞都是进入了终末分化的不再分裂的细胞，红细胞服务 120 天就献出了生命，而神经细胞却要工作几十年或者上百年。在工作中，细胞能感知整个生物体的状态，并接受指令完成各种任务。

在生物体需要的时候，一些已经休眠几十年的细胞也会重新分裂，如我们的皮肤、肌肉受伤后会长出新肉。新生的细胞好像知道原来的结构图一样，长到原样就停止了，能在整体中自己定位。1 立方厘米组织中可能有上亿个细胞，其中每一个新生细胞是如何知道和执行功能的；还有多细胞生物体的各个细胞间独特的联系是靠什么来维持的，人们正在研究。

中医的一种治疗方式“耳针”，在耳廓的某些部位针刺，可以治疗全身各脏器疾病，它实质就是利用了细胞组织之间的一种联系而达到诊治疾病的目的。用短毫针刺激耳穴，以诊治眼、耳、鼻、舌、心、肺、脾等各种疾病。像有一个小人，倒挂在人的耳朵上。同样的道理，还有足疗，它实际上也是根据细胞组织之间的联系，人体的很小的部位，甚至一个细胞就能感知到全身各个部位的异常情况，通过刺激局部的细胞就能调节整体机能，这是一种生物全息规律。现在多数研究认为，这种独特的联系是由人体内生物电沟通的，生物电作用的机理要比目前主要进行的生物化学信号之间的联系更为深入。

许多神奇的生物现象乃至生命本质的阐明，可能更多地依赖于细胞全息理论的生物物理探索，因此，细胞间、细胞与个体之间的信息流通的关系是当今生命科学研究的热点之一。

第4章　生物体的物质基础

世界是物质的，物质是由原子构成的。原子不同的排列与组合，形成了分子、大分子、大分子体系，而复杂的大分子体系再组成我们所看到的细胞、组织、器官、生物个体乃至整个生物圈，呈现出千姿百态、五彩缤纷的生物世界。本质上讲，生命现象都不能离开组成它们的物质属性。各种元素，各种分子在复杂有序的生命体系中相互作用，周而复始地扮演着各自精彩的角色。

4.1　生物体的结构物质

生物体是物质的，构成生物体的元素称为生命的元素。各种元素组成蛋白质、核酸、糖、脂类、维生素、矿物质等多种成分。它们以水为介质，固、液、气三相共存，以细胞为结构单位，在千变万化的生物体中有规律地重排和重演，并以生物体的繁衍实现元素的循环和能量的平衡。

4.1.1　生物体的元素组成

地球上有100多种元素，但组成生命体的却只有30多种，它们是重要元素：氮、氢、氧、碳；大量元素：磷、硫、钠、钾、镁、钙、氯；微量元素：铁、氟、锌、硅、硒、锰、碘、钼、铬、钴、镍、砷、钒、锡、硼、铝等。为什么只有这30多种元素参与构建生物体，现在我们还不知道，只知道这30多种元素大部分位于元素周期表的上部和中部。

有些元素如硅(Si)，在地球表面的含量极为丰富，但在生命体中的含量却很低，而与硅化学性质很相似的碳(C)却是组成生命的最重要的元素，几乎全部重要的生命分子的骨架都是由碳原子组成的。碳原子比较小，第二层电子轨道有4个电子能分别与不同的原子或原子团形成4个强的共价键，这些共价键既可以是有刚性的，又可以有柔韧性，这就形成了多样的分子结构。除碳之外，生物体中氢(H)、氧(O)、氮(N)含量也很高。氢和氧组成水，又是糖、脂等分子的主要组分，氮元素则是组成蛋白质、核酸的重要成分。磷(P)和硫(S)也是组成蛋白质的重要成分，钙(Ca)是骨骼和牙齿的重要组分，钠(Na)、钾(K)、氯(Cl)、镁(Mg)等对保持体内盐分平衡和在神经传导中有重要意义。镁(Mg)、锰(Mn)、锌(Zn)是一些重要酶类的必要成分。碘(I)是甲状腺素的必要成分，铁(Fe)是血红蛋白的重要成分，氟(F)与牙齿健康有关。铬(Cr)参与糖、脂代谢调节，相当一部分糖尿病患者是因为铬摄入不足或利用不当而引发疾病的。硒(Se)有对抗自由基、保护细胞膜完整性的功效。有些元素如钼(Mo)在地球上的含量极少，但它却是大豆根瘤菌固氮酶类等重要酶类的必需成分，为什么在生物形成和进化中选用了它，这一现象引起了人们对于宇宙生命起源的思考。

人们在对生命元素组成的认识基础上，发展了营养学说。如人类为了健康需要摄入足够的蛋白质和碳水化合物，还要适当补充铁、锌、钙等微量元素。长期饮用去离子水，会发生骨质疏松或微量元素缺乏症，因此应鼓励饮用矿泉水。

生物体内元素组成有一定的规律，我们只有按比例提供足量的生命元素，生物体才能健康生长。有些元素，特别是重金属元素对生命是有害的，严重的会致死，而且积累在生物体内的重金属会在食物链中传递，因此我们要严格监控粮食、蔬菜、水果和畜产品中的重金属含量，重视食品安全，防止伤害事故的发生。

4.1.2　生物体的分子组成

地球的碳生命是在水环境下形成发展的。水是生命的介质，又是生物体的组成成分，没有水就没有生命。水分子(H_2O)中，氧质子有很强的吸引电子的能力，它和氢形成有极性的共价键，氧的一端常带有负电荷，氢的一端则带有正电荷。由于水分子是极性的，因此每个水分子带负电的氧会吸引另一些水分子上带正电的氢，形成氢键。这种氢键很脆弱，易断裂，也易形成。许多水分子靠氢键连接成片，表现出一些水特有的性质，如水具有较强的内聚力和表面张力，内聚力可以在上百米的参天大树的输导组织中形成连续的水柱，以蒸腾带动水循环。水分子的极性使它与其他极性分子有亲和力，因此水是最好的溶剂，可以包容不同的物质。水还可以附着在纤维素、淀粉、蛋白质等多种分子上进行代谢反应。

水在升温时能吸收较多的能量，从而使细胞的温度和代谢的速率保持稳定。在 100℃时，水由液态转变为气态，必须打开氢键，此时，1 摩尔水需要 2 259.6 焦耳的热量，因此生物体能够靠蒸发降低体温。固态水分子密度低，因此浮于水面，这有利于隔离温度，使生活在下层水中的生物存活。水还可以解离成 H^+ 和 OH^-，H^+ 的浓度与水的酸碱度有关，我们用 pH 表示溶液的酸碱度。水的这些特性使生命活动能在水环境中稳定地进行，可以说没有水就没有生命。

糖是生物体中分布最广，含量最多的一类有机物，几乎所有的动物、植物、微生物体内都含有糖类物质。在化学上，称多羟基醛或多羟基酮为糖，其分子式通常用 $C_n(H_2O)_n$ 表示，因为多数糖分子中氢原子数与氧原子数比为 2∶1，所以也称糖为“碳水化合物”。其实，并非所有的糖分子中氢原子数和氧原子数之比都是 2∶1，也不是所有的糖都是甜的。对于不同的糖分子结构，有不同的命名。含 3 个碳原子的单糖为丙糖，4 个碳原子的为丁糖，5 个碳原子的为戊糖，6 个碳原子的为己糖。糖分子中不同碳原子上连接的基团可以有不同的取向。以己糖为例，若以醛糖 5 碳为准，在其投影结构式中，第 5 碳的羟基在右侧的被称为 D 型糖，共 8 个，第 5 碳的羟基在左侧的称为 L 型糖，亦有 8 个，因而可以形成 16 种同分异构体，它们的分子量相等，而结构不同，所以有 16 种不同的糖。常见的己糖有葡萄糖(glucose)和果糖(fructose)，如图 4.1 所示，其分子结构十分相似，但其甜度和生物利用却不同，生物体内有很严格的识别机制。葡萄糖和果糖可以以游离状态存在，亦可以结合状态存在，游离态的葡萄糖存在于动物、植物细胞中，游离态的果糖多存在于果实和蜂蜜中。D 型糖和 L 型糖是两个镜面对映体，天然的单糖大多是 D 型糖。生物体内的单糖是重要的能源物质，也是合成寡糖和多糖的原料，也可以通过分解多糖来获得单糖。工业上水解淀粉提取葡萄糖，用于食品工业、医药工业等方面。

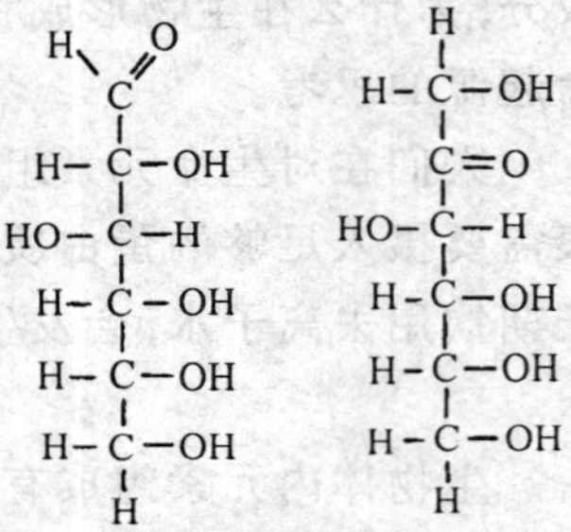

葡萄糖 (glucose)　　果糖 (fructose)

图 4.1　两种糖的分子结构

寡糖(oligosaccharides)是由少数单糖分子(2～6 个)缩合而成，其中以双糖存在最为广泛。日常食用的蔗糖就是一种双糖分子，它是由一个葡萄糖分子和一个果糖分子结合而成的；麦芽糖是淀粉水解产生的双糖；哺乳动物中主要的双糖是乳糖，它是由一个葡萄糖分子和一个半乳糖分子结合而成的。图 4.2 是麦芽糖和乳糖的分子结构式。

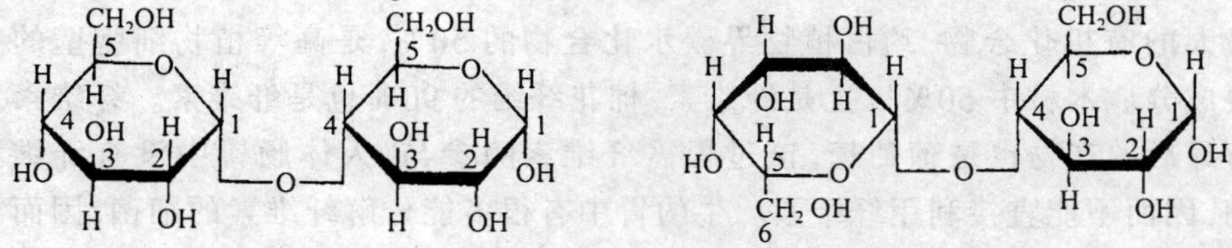

α 型　　α 型　　β 型　　α 型

麦芽糖[葡萄糖-α(1,4)-葡萄糖苷]　　乳糖[葡萄糖-β(1,4)-半乳糖苷]

图 4.2　麦芽糖和乳糖的分子结构

自然界中数量最大的糖类是多糖，常见的多糖有淀粉(starch)、纤维素(cellulose)和糖原(glycogen)等，图 4.3 表示三种多糖的结构。淀粉是植物细胞中以贮藏状态存在的糖，由数百至上千个不等的葡萄糖分子连接而成。根据葡萄糖分子链的分支结构，可分为直链淀粉和支链淀粉，支链淀粉含量高的谷物口感较糯。淀粉水解，先降解成糊精，糊精是短的糖链；再降解成麦芽糖，最

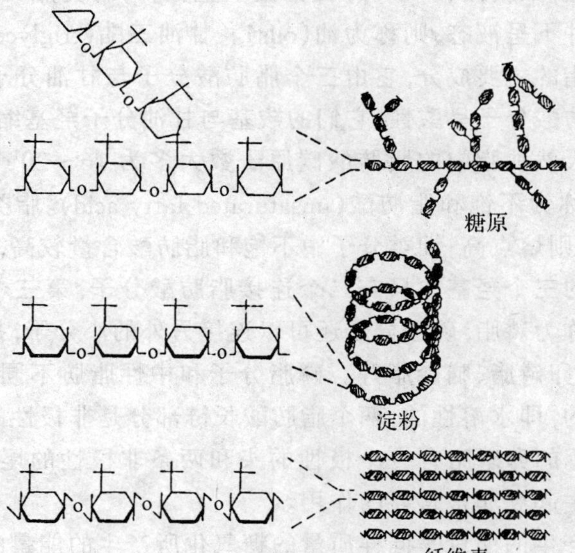

图 4.3　三种多糖的结构

后分解成为葡萄糖。糖原是动物细胞中贮存的多糖，又称动物淀粉，也是由葡萄糖连接而成的，糖原的分支数比支链淀粉还要多，每个分支约有 12～18 个葡萄糖分子。肝细胞中的糖原的分子量可高达几百万。纤维素是地球上数量最大的有机化合物，约占植物界碳水化合物的 50%，是高等植物细胞壁的主要成分。木材中 50% 以上是纤维素，棉花纤维的 90% 也是纤维素。纤维素水解最后的产物也是葡萄糖，该过程需纤维素酶参与，人体肠胃中没有纤维素酶，因而不能直接利用纤维素。牛的胃中有很多能分解纤维素的细菌，因而牛能以稻草作为主要食物。食物中的纤维素还能刺激肠道蠕动，润肠通便，减少癌症等疾病发生。因此，在生活水平提高、动物性营养增加的同时，我们仍要注意食用一定量的粗纤维食物。其他如昆虫、甲壳类动物外骨骼的主要成分几丁质，海藻中提取的一些胶类等都是多糖，此外还有香菇多糖、灵芝类多糖等，其分解产物大都有一定的生物活性，常作为功能食品。

糖类物质中蕴藏着大量由光合作用固定的太阳能，这些能量贮存在糖分子的化学键中，在分解糖分子的过程中将能量释放形成 ATP，供生命活动需要。

各种脂类分子的结构差异很大。通常不溶于水，而溶于有机溶剂，日常生活中食用的油脂，如猪油、牛油等，在常温下呈固体，称为脂(fats)，而豆油、花生油在常温条件下呈液态，则称为油(oils)。甘油三酯(triglycerides)是植物和动物细胞中贮脂的主要成分，它由三个脂肪酸分子与甘油分子的三个羟基缩合而成的。脂肪酸分子呈酸性，它们的羧基与甘油分子羟基缩合后，才会形成中性的脂肪。天然油脂中的脂肪酸碳原子数大多为 16～20 个。碳氢链中含双键的脂肪酸称为不饱和脂肪酸(unsaturated fatty acid)。脂类分子中不饱和脂肪酸含量低，则熔点高；油类分子中不饱和脂肪酸含量较高，所以熔点较低。如果甘油分子的三个羟基中只有二个连接脂肪酸分子，第三个羟基连接一个磷酸分子的就称为磷脂，磷酸分子还可以连接另外的小分子，按其连接分子的不同，又可形成卵磷脂、脑磷脂等。磷脂分子和中性脂肪不同，其磷酸和小分子部分是极性的，即水溶性的，两个脂肪酸长链部分是非极性的，即脂溶性的。正如图 4.4 所示的卵磷脂有一个极性的头和两条非极性的尾，这种分子结构在组成生物膜中起到非常重要的作用。

脂肪氧化产生的能量是同样质量的糖氧化所产生的能量的 2 倍。脂肪还构成生物表面的保护层，如皮肤、羽毛及果实外表的蜡质，同时也是很好的绝缘体。动物皮下脂肪能保持体温，有些脂类是重要的生物活性物质，如维生素

A、维生素 D、睾酮、肾上腺皮质激素、前列腺素等；脂与糖、蛋白质结合形成的糖脂、脂蛋白，常存在于细胞表面，与细胞识别、细胞分化、细胞组织免疫等有密切的关系。

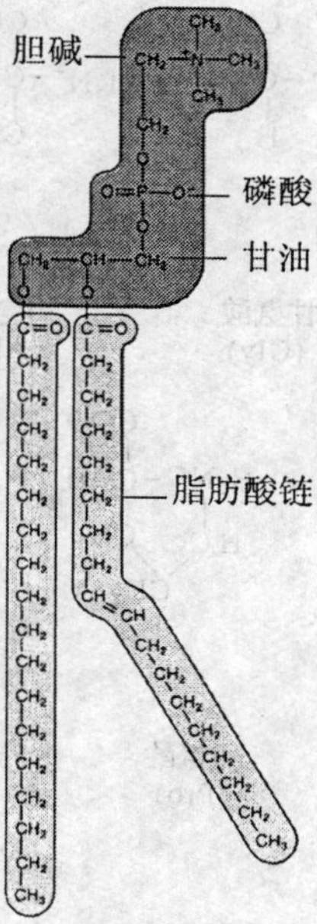

图 4.4　卵磷脂的结构

氨基酸(amino acid)是一类含有氨基和羧基的分子，已经发现的天然氨基酸有 180 多种，其中 20 种是天然蛋白质的合成原料。氨基酸的结构通式如下：

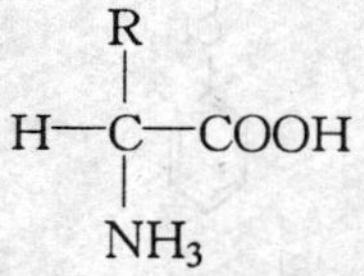

按照有机化学的规则，通式中间这个碳原子称为 α 碳原子，不同的氨基酸是由不同的 R-侧链基团决定的。由不同的氨基酸组成的蛋白质大分子的立体结构和性质不同。具有非极性侧链基团的氨基酸，除甘氨酸外都属于疏水氨基酸；具有极性侧链基团的氨基酸属于亲水氨基酸，侧链基团有羧基的称为酸性氨基酸，侧链基团可以作碱性解离的则称为碱性氨基酸。图 4.5 所示 20 种氨基酸的分子结构式。

α 碳原子的 4 个侧链上分别连接 4 个各不相同的基团。除了甘氨酸以外，基团在空间上可以有不同的分布，因而形成同分异构体，就像物体和镜子中影像的关系，分为 D 型和 L 性，两者的旋光性质也不同，因而又称为光学异构体。19 种天然氨基酸都是对映体中的 L 型氨基酸。

自然界还有不少具有特殊结构的氨基酸，虽然一般不在蛋白质组成中出现，却都有很高的生物活性，在生命活动的不同环节中起重要作用。如 β-丙氨酸是一种叫做泛酸的 B 族维生素的组成成分，参与脂类的代谢。营养上缺乏泛酸会引起烦躁不安，食欲减退，手足麻木，脚有烧灼感等症状。γ-氨基丁酸是一种神经递质，在神经系统信息传递中起重要作用。甲状腺素是酪氨酸的衍生物，由甲状腺分泌，能调节全身代谢。

在人体内合成蛋白质的 20 种氨基酸中的大部分可以由人体自身代谢合成，称为非必需氨基酸。有8种氨基酸在人体内不能合成，必须从食物中摄

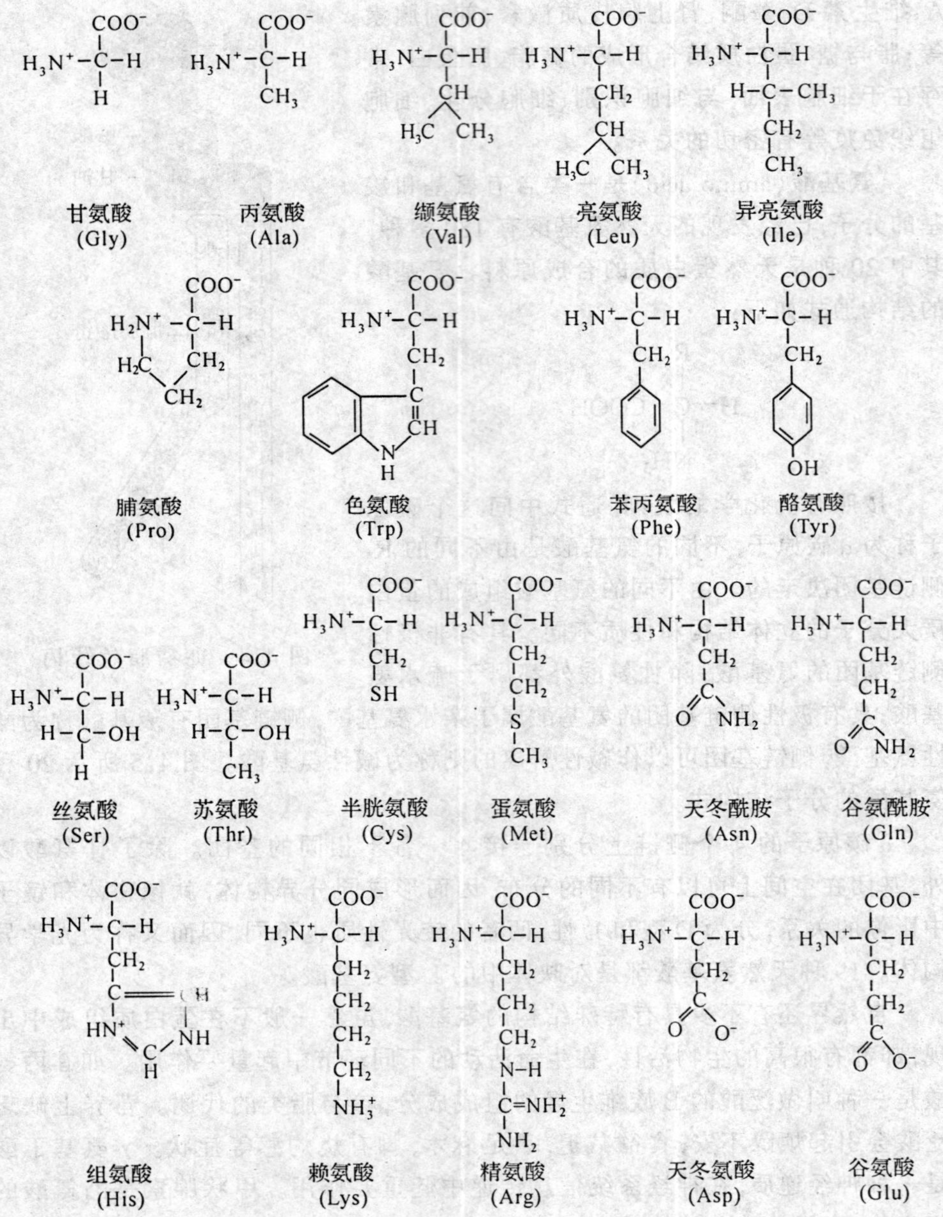

图 4.5　20 种氨基酸的分子结构

取，属于必需氨基酸。因此，在评价各类食物中蛋白质成分的营养价值时，人们格外注重所含必需氨基酸的量。赖氨酸是一种重要的必需氨基酸，但在玉米粉的蛋白质中含量很低，因此，以玉米粉为主要食物的人群，尤其是儿童，需要额外补充赖氨酸，才能保证平衡的蛋白质营养。

氨基酸在生物体内的主要功能是作为合成蛋白质的原材料，同时也是代谢中间物质体和能源。人体的主要成分是蛋白质，蛋白质需要不断更新，所以我们每天需要不断地按比例摄入各种氨基酸，一般是以蛋白质的形式补充，蛋白质在体内消化成氨基酸再被吸收和利用，牛乳、鸡蛋、瘦肉、豆类都是很好的蛋白质来源。在消化吸收有困难时，或急需营养补给的重危病人等，常常需要从静脉输液中补充氨基酸。大部分氨基酸可以通过微生物发酵生产，我们经常食用的味精，化学名为谷氨酸钠，就是由细菌生产的谷氨酸成盐。氨基酸还可以通过水解蛋白质或应用化学合成的方法来生产。

生物体中还有许多复杂的化合物，其中许多具有激素的作用。经典的激素(hormones)是指生物体内特殊组织或腺体产生的，直接分泌到体液中，如血液、淋巴液、脑脊液、肠液，通过体液运送到特定作用部位，从而调节控制各种物质代谢或生理功能的一群微量的有机化合物。按其化学本质可分为三类：(1)含氮激素，包括蛋白质激素、多肽激素、氨基酸衍生物激素等；(2)甾醇类激素；(3)脂肪酸衍生物激素，如二十碳四烯酸等。

维生素(Vitamin)是一类维持生物体健康的必须的辅助物质。人体和一般动物不能合成自身所需的全部维生素，而必须从食物中摄取。人体缺乏维生素时，就会出现各种维生素缺乏症，已发现的维生素缺乏症有 20 多种，最著名的例子是坏血病。早期远洋航行的海员常得一种坏血病，患者关节疼痛、全身出血、牙齿松动、伤口很难愈合，对病原体感染的抵抗力下降。18 世纪时人们认识到该病与饮食有关，远洋船员的食物单调，缺乏蔬菜，如果在航海时多食用柠檬、酸橙和泡菜就可以防止坏血病。英国的霍普金斯(F. G. Hopkins)于 1906 年发现大鼠饲以纯化的饲料，包括蛋白、脂肪、糖类和矿物质后，不能长期存活；如果在纯化饲料中增加极微量的牛奶后，大鼠才能正常生长。霍普金斯得出结论：正常膳食中除蛋白质、脂肪、糖类和矿物质外，还有必需的食物辅助因子，即维生素。1932 年，科学家们终于从柠檬中分离出了引起坏血病的营养缺乏因子维生素 C，并命名为抗坏血酸。以后的研究使我们知道，不同食物中所含的维生素种类和数量都不同，如谷皮中含较多的维生素 B_1，可以防治脚气病。

维生素可以分为脂溶性维生素和水溶性维生素两大类。脂溶性维生素包括维生素 A、维生素 D、维生素 E、维生素 K 等,水溶性维生素包括维生素 C 族和维生素 B 族两大类。由于脂溶性维生素可以在体内积累,代谢慢,我们每天的摄入量有几十微克到几百微克就足够了。水溶性维生素可以溶解在血液中参与代谢活动,最后进入尿液排出,因此,我们每天都要补充几毫克到几十毫克。除钴胺素外,所有的水溶性维生素都可以由植物合成。豆类、未加工的谷物、绿色蔬菜叶以及动物肉和乳汁是最好的水溶性维生素来源。酵母、细菌等微生物也能合成包括钴胺素在内的许多维生素,人体肠道细菌也能提供一定量的烟酸、吡哆醛、维生素 K 和生物素等。在正常情况下,这些维生素不需要外源补充。如果长期大量服用抗生素,肠道菌群系统的正常生长繁殖就会受到破坏,这时就需要补充这类维生素。食物中的维生素由于贮存和加工不当很容易被破坏或丢失,许多疾病也影响患者从食物中获得维生素。

如果缺乏维生素 A,我们的表皮细胞会萎缩和角质化,针对此,一些化妆品添加维生素 A 作为很重要的活性成分。人能在昏暗的光线下看见东西,是因为视网膜中有一种感受弱光的圆柱状细胞——视杆细胞,视杆细胞的感光物质——视紫红质,是由维生素 A 和一种蛋白质组成的。感光后,视紫红质分解,光转变为电信号,传递到大脑,产生黑暗中的视觉,所以缺乏维生素 A,轻则引起暗适应能力减弱,重则引起夜盲。动物肝脏中含有较多的维生素 A,食用后能防治维生素 A 缺乏症引起的夜盲病。

现代研究知道,维生素还有抗感冒、抗肿瘤的作用,维生素越来越受到人们的重视,要保持身体健康需要经常食用新鲜的水果、蔬菜,合理搭配动植物营养。实践证明,每天服用维生素制剂也是一种养生保健的好方法。

4.1.3　生物体内的大分子

核酸(nucleic acid)是最重要的一类生物大分子,它们最先是从细胞核中分离到的一类酸性物质,它是遗传信息的携带者。核酸又可分为脱氧核糖核酸 (deoxyribonucleic acid, DNA)和核糖核酸(ribonucleic acid , RNA)两大类。DNA 主要存在于细胞核内的染色质中,线粒体和叶绿体中也有少量。DNA 在细胞核内转录产生 RNA,RNA 进入细胞质中,其中 mRNA 指导蛋白质的合成。

DNA 和 RNA 分子各由 4 种核苷酸(nucleotide),按不同的排列顺序组成。

每一个核苷酸分子含有一个戊糖(核糖或脱氧核糖)分子、一个磷酸分子和一个含氮的有机碱。有机碱(碱基)又可分为两类:一类是嘌呤,一类是嘧啶。组成 DNA 的碱基是腺嘌呤(A)、鸟嘌呤(G),胸腺嘧啶(T)和胞嘧啶(C)4 种,在组成 RNA 的碱基中尿嘧啶(U)取代了胸腺嘧啶。图 4.6 所示的是五种碱基的分子结构式。核苷酸与核苷酸之间通过磷酸二酯键相连。多核苷酸分子是有方向的,其糖基第五位碳不参与磷酸二酯键形成,称为 5'末端,链的另一端其糖基第三位不参与磷酸二酯键形成的被称为 3'末端。多核苷酸的一级结构是指线性长链中 4 种不同核苷酸的排列顺序,遗传信息就在这些核苷酸序列之中。

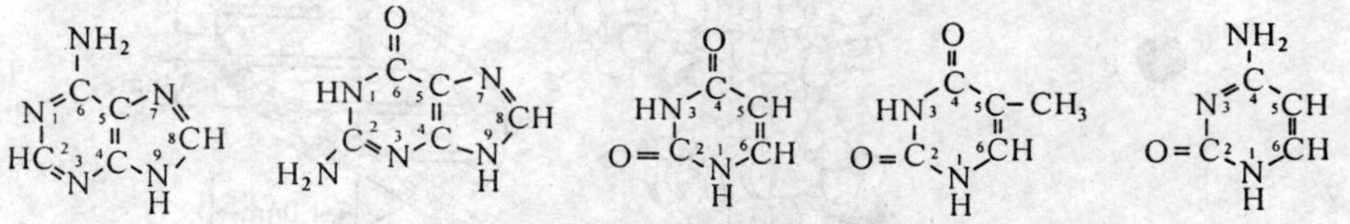

图 4.6　五种碱基的分子结构

根据 DNA 晶体 X 线衍射的结果分析,美国生物学家沃森(Watson)和英国生物物理学家克里克(Crick)在 1953 年提出了 DNA 分子双螺旋结构模型,如图 4.7 所示。DNA 分子是由两条反向平行的多核苷酸链组成的双螺旋链,链的主体是糖基与磷酸基,以磷酸二酯键相连接而成,与糖基以糖苷键相连的嘌呤、嘧啶碱基位于螺旋中间,碱基平面与螺旋轴相垂直,两条链的对应碱基之间,呈 A＝T、G≡C 配对关系。

DNA 螺旋的平均直径是 2.0 纳米,螺距为 3.4 纳米,每个螺距中包含 10 个碱基对,相邻两个碱基对平面之间的垂直距离为 0.34 纳米。双螺旋模型是 DNA 大分子的二级结构,它的提出,开创了生命科学新纪元。在双螺旋基础上,DNA 大分子进一步折叠盘旋,形成染色质和染色体。通过 DNA 分子复制,将遗传信息准确地由上代传递至下代。在某些病毒中,DNA 也可以是单链的结构,而在质粒中 DNA 是环状的。DNA 分子很大,大肠杆菌噬菌体 DNA 的相对分子质量约为 3.2×10^7 道尔顿。在真核细胞中,每一个染色体含一个 DNA 双链分子,细胞核中有几对染色体就有几对双链 DNA 分子。

DNA 双螺旋模型中,A＝T 配对碱基之间可以形成 2 个氢键,G≡C 配对碱基之间形成 3 个氢键,因而分子很稳定。但在加热等物理、化学条件下,稳定的核酸大分子高级结构的非共价键会被破坏,DNA 双螺旋被拆开,成为两

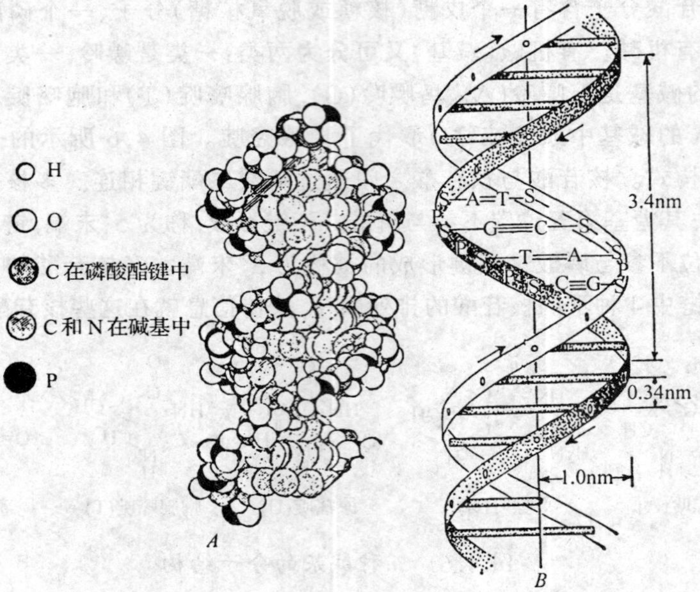

图 4.7　DNA 双螺旋结构

条单链分子，这就是核酸分子的变性。在变性因素除去后，DNA 分子可以慢慢恢复双螺旋结构，称为复性(renaturation)，在复性过程中碱基严格配对。因此在基因工程操作中，利用核酸分子的变性和复性发展了一项新的实验技术——分子杂交。分子杂交的特异性很高，在个体识别、亲子鉴定等研究及刑侦工作中，得到了广泛应用。

除某些 RNA 病毒是以 RNA 为模板合成 RNA 外，生物体内 RNA 一般都是以 DNA 为模板合成的。细胞内 RNA 大分子主要有三种类型：信使 RNA(message RNA, mRNA)，负责把 DNA 分子中遗传信息转译为蛋白质分子中氨基酸序列；转运 RNA(transfer RNA, tRNA)，在蛋白质的合成中起着搬运单个氨基酸的作用；核糖体 RNA(ribosome RNA, rRNA)与蛋白质组成核糖体，提供蛋白质的合成场所。三种 RNA 配合，共同完成把 DNA 分子中的遗传信息表达为一定的蛋白质结构。RNA 通常只有一条多核苷酸链，但单链的局部区域可能形成配对结构，如 tRNA 分子中出现三个主要的配对区段，形成三叶草型结构。tRNA 分子还能再进一步扭转折叠，形成一个类似倒写的大写“L”字母的样子。研究表明，RNA 还有催化活性。核酸经代谢也可以形成其他分子或释放能量。近年来核酸营养的研究也逐渐被重视。

蛋白质(protein)是细胞和生物体的重要组成成分，它占细胞干重的一半，肌肉、皮肤、血液、毛发的主要成分都是蛋白质，生物膜中蛋白质的含量约占60%～70%。植物体由于有丰富的纤维素，蛋白质含量相对较少。

蛋白质是由氨基酸组成的长链分子，其分子量很大，大约 6 000 到 10^6 道尔顿或更大一些。有些蛋白质完全由氨基酸构成，称为简单蛋白质，如核糖核酸酶、胰岛素等。有些蛋白除了蛋白质部分外，还有非蛋白质成分，这种成分称辅基或配基，如血红蛋白、核蛋白等，这类蛋白称为结合蛋白质。每一种天然的蛋白质都有自己特有的空间结构，这种空间结构通常称为蛋白质的构象。

蛋白质具有复杂的结构。一级结构是指多肽链的氨基酸顺序；二级结构，是指多肽链借助氢键排列成沿一定方向的周期性结构，如 α 螺旋、β 折叠；三级结构，指的是多肽链借助各种次级键(非共价键)盘绕成具有特定肽链走向的紧密球状结构；两条以上肽链组成的蛋白质在每条肽链的三维结构基础上，互相结合形成复杂的空间结构，称为四级结构。蛋白质结构与蛋白质活性密切相关。蛋白质可以结晶，但也容易变性，冷、热、酸、碱、尿素等都会使之变性。蛋白质的空间结构改变会使其活性失去。当蛋白质恢复天然构象，活性也会随之恢复。蛋白质的构象与其氨基酸序列有关，也会受溶液和其他介质的理化性质影响，图 4.8 示蛋白质的四级结构。

组成蛋白质的 20 种氨基酸在肽链中的不同排列顺序，产生了不同的蛋白质，生物界蛋白质的种类估计在 10^{10}～10^{12} 种。蛋白质多样性和复杂性相一致，因此在生物研究历史中有相当长的一段时期，科学界认为决定生命本质的是蛋白质，似乎只有蛋白质有足够的多样性组合与生物的多样性吻合，后来才证明是由遗传基因决定的。

蛋白质在生物体的生命活动过程中，起着十分重要的作用。蛋白质是有机体的结构成分，生物性状都与蛋白质有关。各种生物化学反应中起催化作用的酶主要是蛋白质。蛋白质参与基因表达的调节，细胞中氧化还原反应、电子传递、神经传递乃至学习和记忆等多种生命活动过程都需有蛋白质。蛋白质还有贮藏氨基酸的功能；运输的功能，如脊椎动物红细胞里的血红蛋白在呼吸过程中起着输送氧气的作用；免疫反应主要也是通过蛋白质来实现的；许多重要的激素如胰岛素和胸腺激素等也都是蛋白质。植物种子(豆、花生、小麦等)中的蛋白质和奶酪等提供生物营养生长所需，有些蛋白质如蛇毒、蜂毒等是动物攻防的武器。

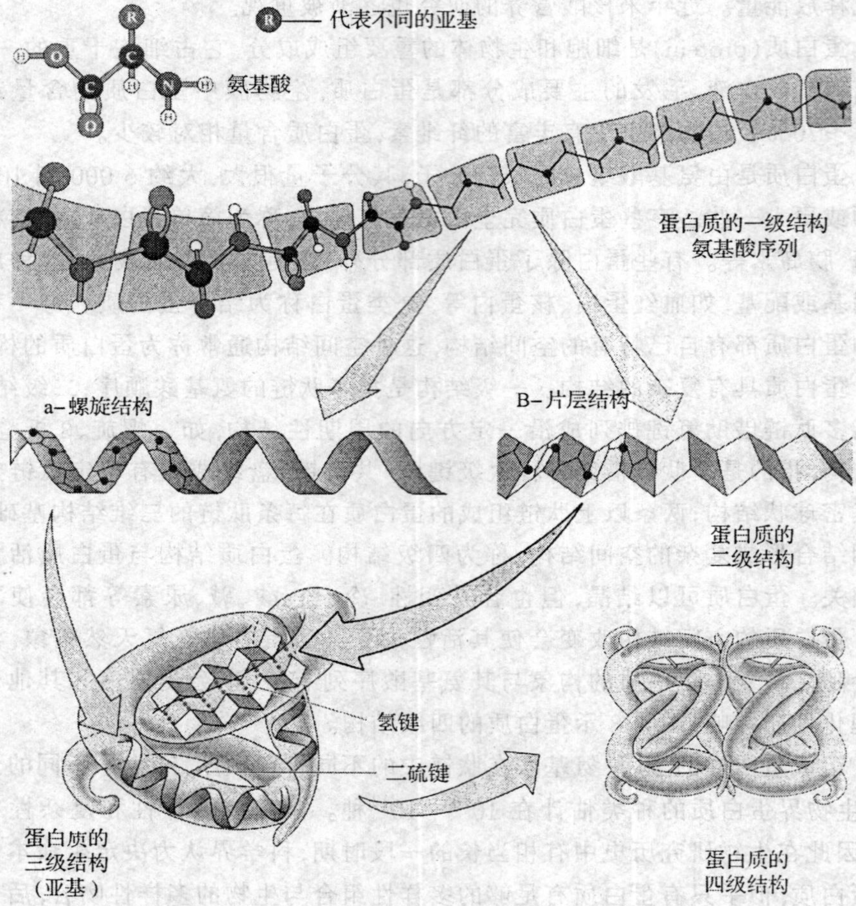

图 4.8　蛋白质的四级结构

4.2　酶——有效的生物催化剂

酶(enzyme)是生物体内重要的催化活性物质。人们对酶的认识起源于生产实践。1857 年法国微生物学家巴斯德(Pasteur)等人提出，酒精发酵是酵母细胞活动的结果。1897 年德国的巴齐纳(Buchner)兄弟成功地用不含细胞的酵母汁实现了发酵，证明了发酵与细胞的活动无关，是由溶解于细胞液中的酶引起的。自此，人们开始了对酶的研究。至今已经发现了 3 000 多种酶，它们存在于各种细胞中，在常温条件下，催化细胞生长过程中各种不同的化学反应。绝大部分酶是蛋白质，有的由一条肽链构成，有的由多条肽链构成。酶的活性与它的空间结构有关，在冷、热、酸、碱、重金属等影响下会因构象改变而失活，但是也有些酶可以在 0℃ 时工作，有的酶在 100℃ 时还有活性，有的耐酸，有的耐碱，这些都与它们的内部结构相关。人们已经相继搞清了溶菌酶、羧肽酶等一些重要酶类的结构及作用机理，同时对酶在代谢中的地位、酶生物合成的遗传机理、酶的起源、酶系统的自我调节，以及酶在细胞分化过程中的作用等方面进行了大量的研究工作。

4.2.1　酶的催化作用

酶是生物催化剂，它具备一般催化剂的特性。它能和底物结合，使反应活化能降低，从而加快化学反应速度，它的参与并不改变反应性质，反应结束时酶本身也不被消耗，如图 4.9 所示酶能使反应的活化能降低。

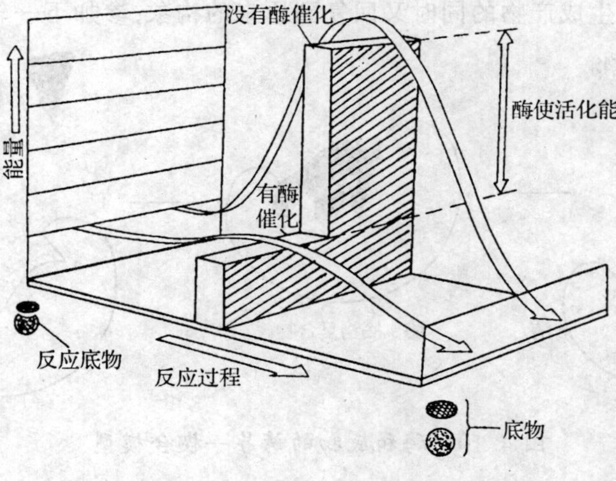

图 4.9　酶与反应活化能的关系

酶具有以下特性：

1. 催化效率高。酶催化反应的速度比非催化反应高 $10^{8}\sim10^{20}$倍，比非酶催化反应高 $10^{7}\sim10^{13}$倍。

2. 酶的作用具有高度专一性，一种酶只能作用于某一种或某一类特定的物质。

3. 酶容易变性失活，酶促反应一般都要求比较温和的反应条件，如常温、常压、接近中性的酸碱度等。

4. 酶的活力是可以调节控制的。

5. 酶的催化活力与辅酶、辅基、金属离子有关，若将它们去除，酶就失去活性。

4.2.2　酶的作用机理

酶之所以能降低反应的活化能是因为酶有特殊的立体结构和变构能力。一般在酶分子上有一个和底物结合，并与催化功能直接有关的活性中心，有的还有调节中心，能和调节物结合。1958 年，D. E. Koshland，提出“诱导—楔合”假设，如图 4.10 所示。他认为酶和底物结合时，底物能诱导酶构象发生变化，使酶分子能与底物很好的结合于酶的活性中心，形成酶—底物结合物，降低反应活化能，酶在生成产物的同时又回复到原来的构象，参加下一轮催化。

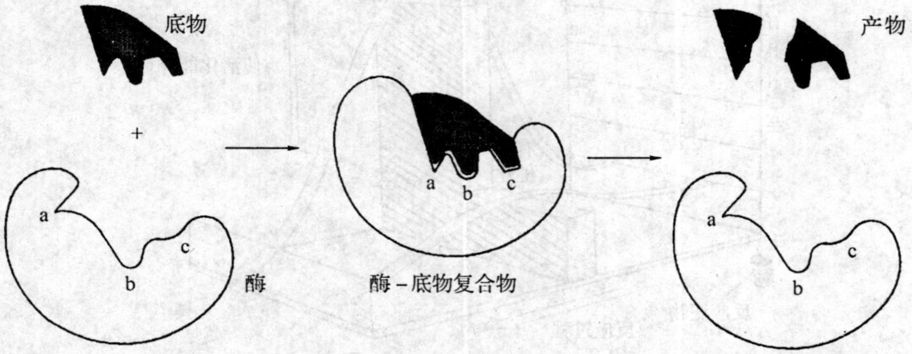

图 4.10　酶和底物的诱导—楔合模型

酶的活性是可以被激活或抑制的。有些调节物分子在外形上与底物相似，因此会和底物发生竞争而结合于酶的活性中心，导致酶的活性下降。有些调节物分子结合在酶的调节中心，使酶构象发生改变，进而导致酶的活性中心与底物的结合速度发生改变，从而调节酶的活性。一些有机磷杀虫剂就是通过和胆碱酯酶上的具有催化活性的基团结合，从而使酶失去活性，乙酰胆碱酯酶是中枢神经系统中的关键酶，能分解乙酰胆碱，保证神经传导，当乙酰胆碱分解受阻时会积累，就会导致机体中毒，所以有机磷毒剂实质是一类神经毒剂。一些氰化物能与含铁卟啉的酶结合，从而使酶失去活性，如氰化物与重要的细胞色素氧化酶中的 Fe^{2+} 结合阻止细胞呼吸。还有一些调节物本身就是一种酶，它能除去酶蛋白上的一段肽链或一个基团，从而改变酶的活性。另外，我们常常使用的磺胺类药物，它们能竞争性地抑制在细菌生长繁殖过程中的二氢叶酸合成酶，从而抑制细菌生长，达到治病的效果。

4.2.3　多姿多彩的酶

生命活动在代谢中体现，代谢是物质、能量变化过程，几乎所有的代谢过程都涉及到酶的催化作用，每一步反应都有酶的参与。按酶的作用性质，酶可分为催化氧化还原反应的氧化还原酶(oxido-reductases)、催化功能基团转移反应的移换酶(transferases)、催化水解反应的水解酶(hydrolases)、催化从底物上移去一个基团而形成双键反应或其逆反应的裂合酶(lyases)、催化各种同分异构体相互转变的异构酶(isomerases)和能将两种物质合成一种物质的合成酶(ligases)六大类。

近年，科学家发现有的 RNA 具有催化能力，称为核酶(ribozyme)。核酶的发现对于认识生物多样性、复杂性及生命起源具有重要意义。在生物体内有些酶合成出来时，并没有催化活性，这种前体称为酶原(proenzymes)。酶原必须在一定的条件下，去掉一个或几个特殊的肽键，使酶的构象发生一定的变化，才会表现出活性，这个过程往往是不可逆的。很多消化道的酶，如胃蛋白酶、胰蛋白酶等都是以酶原的形式合成出来的。这种机理对于代谢调控具有重要的意义。

有一些酶，它们的分子结构并不相同，但却催化同一种化学反应，这些酶称为同工酶(isoenzyme)。在哺乳动物中，催化乳酸转变为丙酮酸反应的乳酸脱氢酶有 5 种形式。每种形式都是由 4 个亚基构成的，这些亚基又分两类：一类为骨骼肌型(M)，另一类为心肌型(H)。5 种同工酶的亚基组成分别为 HHHH，HHHM，HHMM，HMMM 和 MMMM。同工酶说明生物体内代谢调控受许多基因位点及表达的影响。

此外，在一个代谢过程中，如糖氧化、脂肪酸氧化等，常有一个多酶体系，它们是由 2 个到 20 多个酶促反应组成的体系。有些体系可以把复杂的有机物氧化成为简单的最终产物，从中获取化学能，另一些体系则是把简单的分子合成复杂的大分子。这些反应体系的中间产物是互相通用的，因而这一系列反应可进一步组合成细胞的代谢网络。这种网络就类似于城市交通，代谢物如汽车，有特定的运行路线，但也会受红绿灯控制或因交通堵塞而改道。在内外环境影响下，实现细胞中物质和能量的代谢高度严格的有序性。一个小小的细胞中，化学反应多以万计，之所以能有条不紊地完成，其原因既与细胞精细的结构有关，又与酶的专一性、灵敏性、多样性、系统性等特性分不开。

复杂的酶分子的分子量达几百万，由数万个原子组成。现代生物学家已经可以确定一些酶的全部原子组成的位置。第一个用 X-射线衍射法阐明其全部结构和功能的酶是溶菌酶（lysozyme）。它存在于鸡蛋清和动物的眼泪中，能催化某些细菌细胞壁多糖的水解。是由 129 个氨基酸组成的多肽链。

在植物的光合作用中，有一种酶叫做 RuBP 羧化酶。这是叶绿体中最多的一种蛋白质，约占 50%，也是地球上含量最多的一种蛋白质，它能催化二磷酸核酮糖（RuBP）和 CO_2 结合形成六碳化合物。

在基因工程中，我们常需要用到一类限制性内切酶（restriction endonuclease），它能作用于特定的 DNA 序列，将之切断。已经发现了几百种不同的限制性内切酶，它们是生命科学研究中重要的工具酶。

多姿多彩的酶在生物体内协调地工作，完成了生命的精彩过程。

4.3　代谢与环境

生物是一个开放体系，它能与外界不断地进行物质与能量的交换，在体内进行物质和能量代谢，这些代谢活动是由复杂的多分子体系来完成。这些体系本身也在不停地运动，更新。生物体的活动受内外因素影响，而生物的代谢又通过生物的信息系统来控制。

4.3.1　物质代谢

生物体内的任何一种物质都在新陈代谢中不断地生成和分解。细胞从环境中取得物质和能量，用以构建自身的结构，维持生命活动，同时不断地分解更新已有的成分，加以再利用，并将不被利用的代谢产物排出胞外。糖类、脂类、蛋白质、核酸，都在代谢中不断更新，互相转化，最后转变成为非生命的物质。在物质代谢之中，物质在转化，能量在流转，信息在传递，生命因而能绵延不息。

糖是有机体重要的能源和碳源。糖分解产生的能量可以供给有机体生命活动的需要，其代谢的中间产物可以转变成其他的含碳化合物，如氨基酸、脂肪酸、核苷等。糖的分解包括了酵解(glycolysis)和三羧酸循环(tricarboxylic acid cycle)等途径。

在好氧有机体中，一分子葡萄糖在细胞质中，经酵解生成了 2 分子丙酮酸，并产生 2 分子 ATP。丙酮酸进入线粒体，先氧化脱羧形成乙酰辅酶 A，然后进入三羧酸循环，三羧酸循环是由很多酶和辅酶参与的分 8 步的反应系列，最后形成 15 分子的 ATP 和 2 分子的 CO_2，一个葡萄糖分子最终形成 38 个 ATP。在氧气供应不足的情况下，糖酵解生成的 NADH 能把丙酮酸还原成乳酸，因此我们在激烈运动时，常常由于氧气供应不足而觉得腿酸；随后，乳酸被消耗而恢复。三羧酸循环是细胞代谢中主要的循环反应过程，它的中间代谢物可以转化为脂肪酸、氨基酸、核苷酸等，糖、脂、蛋白质等代谢中间产物进入三羧酸循环被彻底氧化。

脂肪酸也是生物体的重要能源，由它组成的甘油三酯在动物的脂肪组织、植物种子或果实中大量贮藏。氧化 1 克脂肪放出的能量相当于 1 克水化了的糖原所放热量的 6 倍，所以在生物中脂肪被选择成为能量贮藏的重要形式。脂类代谢的中间产物可以转变成维生素 A、E、K 及植物次生物质如橡胶、桉树油等。人类的一些疾病如动脉粥样硬化、脂肪肝、苯丙酮尿症等都与脂类代谢紊乱有关。

动物性食物中的脂类主要是甘油三酯，其消化主要在十二指肠中进行。胃的酸性食物糜运至十二指肠时，刺激十二指肠分泌肠促胰酶素和胆囊收缩素，前者促使胰脏分泌酶原颗粒，后者促使胆囊收缩，引起胆汁分泌。游离脂肪酸、胆固醇等水解产物经胆汁乳化后，被动扩散进入空肠、回肠黏膜的柱状表面细胞中，在细胞的光滑内质网内重新脂化形成前乳糜微粒，经胞吐作用排至细胞间隙，再经淋巴系统进入血液。脂肪酸进入细胞后，首先被活化，形成脂酰辅酶 A，然后在脂酰肉毒碱载体的帮助下，转运进入线粒体内进行 β-氧化。β-氧化包括脱氢、水化、脱氢、硫解 4 个步骤的重复，每一次循环产生一个乙酰辅酶 A，最后，长的脂酰辅酶 A 被完全降解成乙酰辅酶 A，再通过三羧酸循环彻底分解为 CO_2 和 H_2O。

乙酰辅酶 A 也可以在细胞质中合成脂肪酸，在内质网中合成脂肪。营养过剩，体育运动太少，或脂类代谢功能减弱，会导致脂肪过多积累，发展成脂肪肝或肥胖。肥胖严重也是一种疾病，并会引起一系列心血管疾病。

蛋白质在生物体内的代谢，比较复杂，有多条途径。首先蛋白质在胃内经酸水解成小分子多肽，进入肠道，在各种水解酶的作用下，分解成为氨基酸。

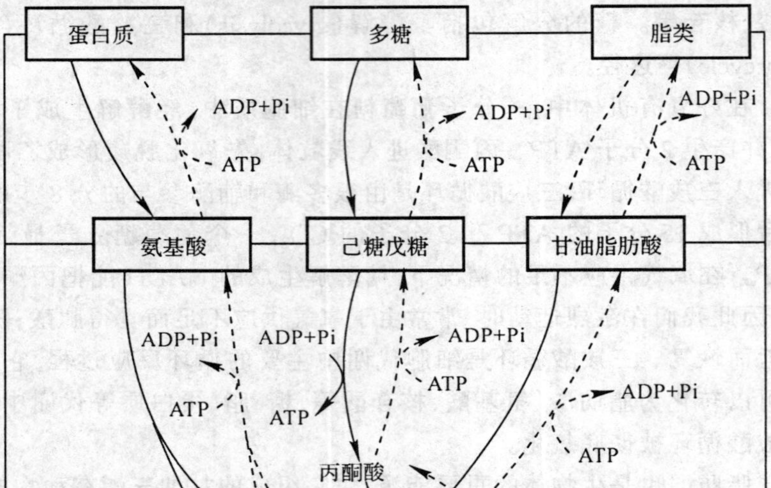

图 4.11　糖、蛋白质和脂类间代谢的相互关系

氨基酸被小肠上皮细胞吸收,通过血液运输到各个组织,其分解代谢主要在肝脏进行。氨基酸首先要发生脱氨基作用,转化为 α-酮酸,脱下的氨在排氨动物中以谷氨酰胺形式运送到排泄部位,或以尿素或尿酸的形式排出体外。而脊椎动物体内的 20 种氨基酸经不同的氧化途径集中形成 5 种产物即乙酰辅酶 A、α-酮戊二酸、琥珀酰辅酶 A、延胡索酸、草酰乙酸,分别进入三羧酸循环,继续参与代谢。

当体内摄入的蛋白质量和排出的蛋白质量处于平衡状态时,称为氮平衡。若摄入量小于排出的氮量称为负平衡;在机体处于生长、发育或疾患恢复时,其摄入的蛋白质的量要大于排出的氮量。

核酸进入机体内被消化酶分解为核苷酸。核苷酸分解成为磷酸、碱基和戊糖,分别作为合成原料或能源利用。

总之糖类、脂类、氨基酸和核酸代谢是在一个复杂的代谢网络内进行,并有一定的细胞器或区域分隔,但它们之间又相互联系,相互影响,共同实现生命过程,如图 4.11 所示。

4.3.2 光合作用

生物是一个能量平衡体系,生物初级能量主要是来自于光合作用,因此,可以说植物的光合作用(photosynthesis)是生物存在和繁荣的基础。光合作用主要在植物的叶绿体内进行,少部分也可以利用其他色素进行。在光合作用中,光能被生物利用来分解 H_2O,并固定 CO_2,制造有机物。

植　物:$CO_2 + 2H_2O \xrightarrow{光} (CH_2O)_n + H_2O + O_2\uparrow$

硫细菌:$CO_2 + 2H_2S \xrightarrow{光} (CH_2O)_n + H_2O + S_2$

绿色植物的光合作用是一个复杂的过程,包括紧密结合的两个反应:光反应(photoreaction)和暗反应(dark reaction),其过程如图 4.12 所示。

光反应是光子激发叶绿素所发生的原初物理和化学反应,在叶绿体的类囊体的基粒的光合膜上进行。光合色素在光合膜上有规律地组成许多特殊的功能单位,即光系统,每个光系统包含 250～400 个叶绿素分子。光系统又可分成光系统 I(PSI)和光系统Ⅱ(PSⅡ),两者都能吸收日光,传递光能,但主要的吸收光谱有些不同。光子作用于光系统使水分子受激发分解,形成氧气、氢质子和电子,激发的电子经过电子传递链能量转换,产生了 ATP,并使辅酶Ⅱ

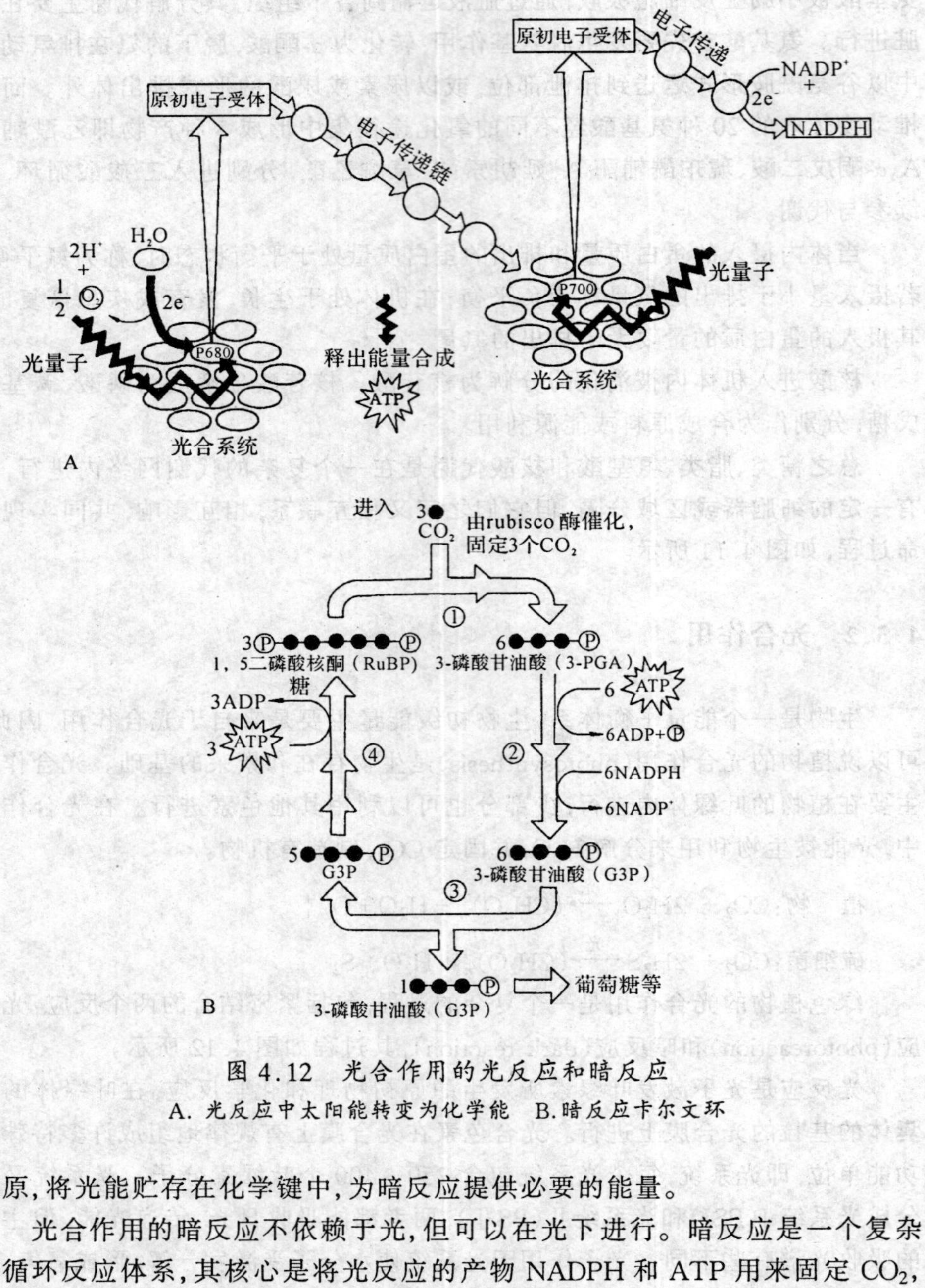

图 4.12　光合作用的光反应和暗反应

A. 光反应中太阳能转变为化学能　B. 暗反应卡尔文环

还原，将光能贮存在化学键中，为暗反应提供必要的能量。

光合作用的暗反应不依赖于光，但可以在光下进行。暗反应是一个复杂的循环反应体系，其核心是将光反应的产物 NADPH 和 ATP 用来固定 CO_2，将其还原成糖，其关键的酶是 RuBP 羧化酶。20 世纪 50 年代，美国科学家卡尔文发现在一些植物中,固定后的第一个有机物产物是含有三个碳原子的三磷酸甘油酸,因此,这个途径称为 C_3 途径,也称卡尔文-本生(Calvin)循环。这些植物就是 C_3 植物。后来,又发现在甘蔗、高粱、玉米等禾本科植物中还有一条固定 CO_2 途径,它的初产物不是 C_3 化合物,而是 C_4 化合物草酰乙酸,具有这种固定 CO_2 途径的植物称为 C_4 植物。C_4 植物大多起源于热带或亚热带,适合于高温、弱光与干旱条件下生长,主要集中于禾本科、莎草科、菊科、苋科、藜科等 20 多个科的 1 300 种植物中。叶肉细胞的草酰乙酸在 NADP-苹果酸脱氢酶作用下形成苹果酸,或者在谷草转氨酶的作用下形成天冬氨酸,运入维管束鞘细胞后脱羧放出 CO_2,CO_2 即可被 C_3 途径再次固定成为光合产物,由于 C_4 途径固定 CO_2 的磷酸烯醇式丙酮酸羧化酶活性很高,能把外界低浓度的 CO_2 浓缩到维管束鞘细胞中去,因此,C_4 途径有"CO_2 泵"的作用。C_4 植物的生产效率要高于 C_3 植物。

植物光合作用将无机物转化成了有机物,将太阳能转化成化学能。叶绿体的光能转换效率高达 40% 以上,然而就整个农田而言,即使种植高光效的甘蔗或玉米,其光能利用率也只有 12%,每年地球通过叶绿体固定的太阳能为 6.48×10^{23} 焦耳,如果我们能提高光能利用率,那就意味着地球将增加绿色植物,多固定二氧化碳。关于叶绿体的复杂结构和光合作用功能的形成机理,人们还不完全清楚。最原始的光能自养者是光合细菌,如现存的硫螺旋菌、绿硫细菌等,它们具有菌绿素,能够利用阳光来分解硫化氢、合成有机物。30 亿年前,蓝绿藻的出现为地球和生物圈的发展开辟了新境界,它是高效的光能自养原核生物类群。蓝藻的光合色素有叶绿素、类胡萝卜素和叶黄素和藻蓝素等,这些色素使它们的吸收光谱几乎包括可见光的全部,因而光能利用率较高。高等植物的光合色素有叶绿素 a、叶绿素 b 等,此外,植物叶片中还有 α 及 β-类胡萝卜素和叶黄素。对于光合色素的研究和光合机理的研究,正引导人们研制人工光合膜。如果我们能制造类囊体膜那样高效的光合膜,将其覆盖在建筑物的表面,那么人类将有取之不尽的清洁能源,人类的生活、人类文明的进程都将发生深刻的变化。

4.3.3 环境因子对生物的作用

生物生存离不开环境,环境因子对生物的生长繁殖有着极其重要和复杂的作用。这里的环境(environment)是指特定生物体或生物群体以外的空间及直接、间接影响该生物体或生物群体生存的一切事物的总和，依范围大小可分为小环境和大环境。小环境是指对生物有着直接影响的邻接环境，如接近植物个体表面的气体环境、土壤环境和动物洞穴内的小气候等；大环境则是指地区环境，如具有不同气候和植被特点的地理区域、地球环境（包括大气圈、岩石圈、水圈、土壤圈和生物圈的全球环境）和宇宙环境。大环境不仅直接影响着小环境，而且对生物体也有着直接或间接的影响。

小的环境因子可以概括为光、温、水、土壤这四个方面，大的有地球磁场，宇宙射线等。各种环境因子有着不同的特性，并相互作用，构成了多种多样的生存环境。如阳光照耀不仅为大地输入光因子，而且地面受阳光照射后，热量、气温与水温、大气湿度等因子也随之发生变化。生物在其演化过程中适应了某种生境类型，这种生境就成为该种生物的特定生境。对任何一种生物来说，无机环境的质量优劣，主要取决于因子的性质和主要因子的量级高低及变化范围。环境因子对各种生物的重要性不是等价的，也不是固定的。如一定的盐度对于海洋生物是重要的，但对陆生动、植物都不是必要的，有的还是有害的；某种微量元素对于一些生物是其正常生长发育的限制因素，而对于另一些生物供应过量时，反而成了毒品。因此，生物与环境因子的关系是辩证的关系。

光是生态系统中的一个重要因素，尤其对于植物。光因子可分为光强和光质两个方面，它们决定了植物分布的深度与高度。光强与光合作用直接有关，低于临界强度，光合作用不能积累有机物，植物难以生存。根据植物喜好的光强不同，植物可分成阴生植物和阳生植物，阳生植物长在阳坡，阴生植物长在阴坡。由于山顶与山谷光强不同，植物生长也有差别，高山顶蓝紫光和紫外线较强，紫外光有抑制植物生长的作用，惟有耐短波光的植物能适应。光照强度对植物长势和长相也有影响：弱光中紫外光少，因而弱光下植株长得长而弱，分支少；强光下植物长成矮壮型，分支增多；山顶紫外线较强，植物叶片革质层增厚。光质对植物的生长也有影响，一般来说橙光和红光的光合效率高，而绿光的光合效率最低。

植物的发芽、开花、结实和动物的繁殖都和每天日照长短及周期性变化相关。根据植物开花对日照长度反应的不同，可将植物分为不同类型：在 14 小时以上的光照条件下才开花的为长日照植物，如冬小麦、大麦、菠菜、萝卜、甜菜、甘蓝等，它们能在温带夏季开花；需要 14 小时以上的黑暗才能开花的是短日照植物，如各种菊科植物、水稻、棉花、小米、大豆和烟草等。还有一些植物昼夜长短比例接近于相等时才开花，如甘蔗、甜菜、番茄、黄瓜和四季豆等。利用这一原理，控制光照时间和温度，可以使不同季节开花的植物同时盛开，如图 4.13 所示的是人为对植株开花的处理图。我国科学家在研究杂交稻中还发现了光敏不育型，即一定时间的短日照，可使植株不育，并将其应用在杂交水稻育种中，取得了举世瞩目的经济效益和社会影响。

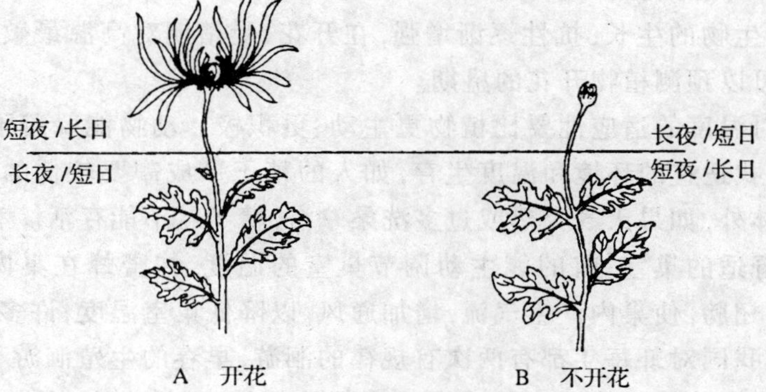

图 4.13　光周期的反应

A. 下部短日照，上部长日照，开花　B. 下部长日照，上部短日照，不开花

日照长短同样也影响着动物的繁殖。

许多鸟、兽在春夏之际，性机能十分活跃，开始交配，此时正是日照逐渐延长的季节，这类动物可称为长日照动物。有些兽类，如山羊和鹿类只在白昼逐步缩短的秋冬之际性腺才开始活动，被称为短日照动物。家鼠一年四季都能繁殖，很少受光照长短的影响。现在的研究知道，生物感受光是受一种光敏感的基因产物影响的，人们希望在基因水平上对光的生理作用进行控制。

生物体内代谢的酶类有一定的活性温度范围，因而生物体要在适宜的温度下生活。环境温度升降对生物体的代谢强度、生长发育速度有重要的影响，不同的动植物在不同环境温度下生长，如雪域附近适于雪鸡、雪莲繁殖和生长。温带有针叶林，亚热带有常绿阔叶林，热带有雨林。生物生长发育受到抑制的最低温度，称为临界低温，如起源于热带的三叶橡胶树，5℃便出现寒害，而适于寒带生活的动、植物在冰地冻期还能生长。北极鱼个别种类体内有抗冻蛋白，能在 0℃以下生活。使生物生长发育中开始出现异常的高温，称为临界高温。耐高温的颤藻（一种蓝藻）可生于 85℃温泉中；有些植物超过 35℃～

40℃，就会受高温伤害。

生物在生长发育的各个阶段对温度的要求也是不同的。常常是气温低，生物发育周期延长；气温高，生物完成发育周期的天数相应减少。许多作物一生都有一定的积温和无霜期要求，否则不能成熟。昆虫从孵化至羽化为成虫也需要一定的受热量，农业上利用这条规律可以准确地预测越冬的害虫蛹羽化、交配、产卵、孵化的日期。植物休眠期对高温的抵抗性很大，生长初期抗性很弱，随着生物的生长，抗性逐渐增强，在开花、受精期对高温最敏感，利用这一规律也可以预测植物开花的盛期。

动物对温度的适应性要比植物更主动、更积极。动物能躲避不良的环境和温度，寻找适宜的环境和温度生存，如人的精子形成需要较低的温度，因此睾丸置于体外，如果天气炎热或过多洗桑拿浴，精子就不能存活。有的动物能自行建造舒适的巢室；有的能主动调节巢室的温度，如蜜蜂在巢内温度过高时，能振动翅膀，使巢内产生气流，增加通风，以降低巢室温度；许多鸟、兽能长距离迁徙；我国对虾每年都有两次有规律的洄游，早春的生殖洄游和深秋的越冬洄游。在生物界中无疑人的适应能力是最强的，人类生产制冷或制热设备来创造适宜的环境温度以满足自己舒适的生活，但始终生活在恒温中是否会减弱人类向自然索取自由的能力，是当前讨论的命题之一。

生命是在水环境中形成的。动植物要在水中受精，人的胚胎要在水中发育。生物必须获得稳定的水供应，人可以十天不吃饭，但不可以十天不喝水。植物靠水来实现营养物质的运输，人靠水分的排出带去有害的代谢产物。水因子包括与供水有关的诸种因子和湿度因子。水分供应包括水源、水位高低、土壤含水量、降水量、降水时季、水的保持和流失等方面。

水分的供应与发散的平衡是陆生动植物生存繁殖的基本条件。年降雨量的多少，一年四季中水分的分配情况，每次降雨量的大小都可能对植物造成不同的影响。降雨也常常是昆虫数量消长的原因之一。许多动物的繁殖也常常与降雨季节同步。在热带地区，澳洲鹦鹉等动物的繁殖季节多在雨季，遇到干旱年份就停止繁殖；雨燕在西澳洲的繁殖是在2～3月或6～7月，究竟在什么时候，则由降雨量来决定；羚羊的繁殖也与雨季相一致，它的幼仔出生的时间正好是降雨和植被盛发的时期。

干旱不利于植物的生长，当植物遭受干旱威胁时，植物各种生理过程会降低，能量代谢被破坏，各部分水分重新分配，植物产品的质量下降。在长期的进化过程中，植物形成了对干旱的适应能力和抵抗力。旱生植物缩小体表面，降低冠与根的比值，减小细胞的体积，角质层发达；植物内部半纤维素和纤维素的增加，淀粉转化为糖，以提高细胞的渗透压和吸水保水能力。干旱时，植物体内含有大量脱落酸激素，这种激素可引起气门关闭，减少水分的蒸腾。有些植物，如一些杂草，表现了生态上的高度适应性，它们趁有水的季节迅速地完成其短暂的生活周期，以避免干旱的影响，或者在水分供应不足的情况下，采取长时间的休眠等等对策。

动物采取种种措施抵抗干旱，如经常保持水分摄入与排出的动态平衡。陆生动物对于干旱的适应方式是滞育、夏眠或迁徙。有些动物在降雨季节常成群栖息，生活在河滩、水沟旁的一些小水坑里，雨季一过，即进入滞育。非洲肺鱼在缺水时，常在污泥中打洞，钻入洞中，分泌黏液成囊，在里面夏眠。许多鸟类和兽类在干旱季节来临之前，常成群迁移到气候比较湿润的地方去，如非洲的斑马、汤姆逊羚羊等都是大规模迁徙的动物。

植物生长过程中，需要大量的水分，但水过多也不利于植物的生长发育。低洼、沼泽或洪水对植物造成的伤害，称为涝害。涝害造成植物根系长期处于缺氧环境，抑制了氧的呼吸，从而阻止了水分和矿物质的吸收。地面积水时，植物生长很快停止，叶片自下而上开始萎蔫，接着枯黄脱落，其根系逐渐变黑、腐烂发臭，整个植株不久即枯死。

水涝对土栖动物影响也较大。长期的积水对蚂蚁、螨类、蜘蛛和啮齿类不利，如蚯蚓在水涝时，常常转移栖息地。所以，水浸的土壤中土栖动物是很贫乏的。活动力强的动物，如食肉类、有蹄类等大型动物常常以逃奔的方式离开水涝地；小型动物则常集中于未被水淹的“岛屿”，这样的集结往往招致天敌的大量捕杀。水涝除造成直接的伤亡外，促使流行病的蔓延也是造成动物大量死亡的原因之一。

空气中湿度对生物体也有一定的影响。相对湿度从 95% 减至 5% 时，植物的蒸腾作用大约要增加 6 倍。禾谷类作物成熟过程中，如遇上较高的相对湿度，成熟期往往推迟，谷粒含水量增高，反之，谷物成熟期提早，籽粒也不饱满。实践表明，相对湿度的过大过小都会给植物带来不利后果，尤其对开花和授粉阶段的植物影响最大。

土壤空气虽然基本上来自大气，但和大气并不完全相同。土壤中氧的含量比大气低，大气中的氧含量为 20.96%，土壤中只有 10%～20%。在土壤板结或积水的情况下，土壤的氧含量可以低到 10% 以下，这就会抑制植物根系的呼吸作用。土壤空气中 CO_2 的含量则比大气高几十到几百倍，大气中 CO_2

的含量为0.03%，排水良好的土壤中二氧化碳含量可达0.1%左右。有机肥充足的土壤里，CO_2 的含量可以超过2%。这么多的 CO_2 一部分靠扩散进入地面空气，供植物叶子吸收。植物光合作用所需的 CO_2 有一半来自土壤。现在有些保护地栽培农作物，为了提高产量，施用气肥补充 CO_2，取得了明显的效果。对于整个地球来讲，由于大量碳能源的利用造成了地球 CO_2 含量的上升，已产生了严重的温室效应。

土壤是活的生态因子。它包含了由岩石风化分解而成的石块，沙砾和粘土，它们按不同等级不同比例构成了底质。土壤提供营养因子，包括动物的食物等，对于植物来讲主要包括水土中营养盐、有机质含量、盐度与酸度、微量元素等因子。土壤有机质是土壤的重要组成部分，土壤的许多属性，都直接或间接地与有机质的存在有关。土壤有机质之所以重要，在于它是植物所需各种养料的源泉；它可与某些微量元素形成络合物，改变这些元素的有效性；还能改善土壤的物理化学性质。土壤有机质是土壤固相中较活跃的部分，它包括土壤中的微生物及动、植物残体的不同分解、合成阶段的各种产物。土壤有机质中化合物的种类繁多，性质各异，主要是非腐殖物质和腐殖物质两大类。非腐殖物质中主要是碳水化合物和含氮化合物。腐殖质是土壤有机质的主体，是土壤有机质中比较稳定的部分，它是动、植物尸体经过土壤微生物分解、加工而成的土壤重要成分。腐殖质有胶性，控制着土壤的团粒结构，决定土壤的保水力、保肥力和酸碱度。土壤腐殖质对植物的营养有重要的作用，是植物营养的重要碳源(CO_2)和氮源(NH_4^+或NO_3^-)。土壤中异养微生物的重要养料和能源也是腐殖质，在腐殖质丰富的条件下，土壤微生物得以旺盛活动，对植物的生长极为有利。

第5章 基因与遗传变异

自地球生命形成38亿年来,在生命演替的历史长河中,先后出现了1 700万种生物。生物通过繁殖进行世代更替,通过遗传变异实现物种的稳定性和物种的多样性,并使之能适应环境。生物遗传的是基因,基因位于染色体上,是DNA上的一个片段,基因决定生物性状与生物活动过程。DNA序列受细胞内外因素的影响会发生改变,这种改变导致生物的性状变化,并遗传下去。应用遗传规律,不仅能解释许多生命现象,而且可以提高工农业生产水平,为人类造福。

5.1 遗传理论的建立

人们很早就已经注意到,无论是动物还是植物,高等还是低等,复杂的像人,简单的如细菌和病毒,都表现出子代与亲代之间的相似或类同,这种世代间相似的现象就是遗传(heredity)。然而细看世代之间又不完全一样,"一母生九子,连母十个样",这种差异就是变异(variation)。正是这种大同小异,各个物种才能维持其独特的形态和生理特征,保持其稳定性和多样性,能适应多变的环境,世代相袭、延绵不绝。

5.1.1 获得性遗传和进化论

生物是怎样实现遗传的,人类苦苦思索了千百年,在此过程中形成了神创论、预成论、渐成论、泛生论等学说,其中拉马克的获得性遗传学说和达尔文的进化论是具有代表性的理论。

拉马克(J.B. Lamarck)是法国杰出的博物学家和科学进化论的创始人。在拉马克之前占据人类思想的主要是神创论,神创论认为世上所有的物种,无论是存活的还是灭绝的,都是上帝以现有的形式一个一个地创造出来的。然而生物界是在运动、变化和发展的。拉马克和一些科学家认为,有机体周围的条件对生物的发展有决定性的作用。他在1802年提出了著名的用进废退学说(theory of use and disuse),强调每种动物在它的发展过程中,对任何一种器官使用越频繁越长久,就会使这一器官增大功能增强;反之,某个器官经常不用,就会逐渐变弱、退化,它们的功能也会衰退,最后逐渐消失。如鸟类善于飞翔,胸肌就发达了;人的尾巴不用就慢慢消失了等,这个学说逐渐发展成为获得性状遗传学说(theory of the inheritance of acquired characters)。获得性遗传学说认为个体由于长时间受到环境条件的影响,会发生变异,这种变异经过世代的积累成为新的性状,如果雌雄两性都获得这种共同的变异,那么这种变异是可以传给后代的。

根据这个法则解释长颈鹿的脖子为什么会特别长。认为是短头颈的长颈鹿祖先为了在食物贫乏的环境里,吃到树上的叶子,头颈就伸得长一些,经常伸长头颈,头颈就长得稍长了些,并将此传给了后代。后代由于生活在相似的环境中,同样需要把头颈伸得长一点来吃更高的树上的叶子,头颈就长得更长了,就这样一代代传下去,终于形成了现代的长颈鹿。

拉马克的用进废退和获得性遗传的观点曾被许多人接受,并且影响深远,但这一理论显然在很大程度上是不正确的,因为它颠倒了因果关系,实际上是那些偶然脖子长得长一些的鹿能获得更多的食物,因而活得更长久,能活到繁殖期而留下后代,于是后代的脖子就比较长。直到1859年,达尔文《物种起源》的出版,才建立了新的以自然选择为中心的生物进化理论。

英国著名学者达尔文(Charles Darwin,1809—1882年)青年时期在剑桥大学学习,22岁大学毕业,以不支取薪金的博物学者身份登上英国海军舰艇贝格尔号(HMS Beagle),开始了历时5年史诗般的环球旅行。达尔文一路观察采集动植物和化石标本,不由对生物界物种之繁盛赞叹不已,特别是在观察了加拉帕戈斯群岛上的海龟和地雀。他认为这群年轻岛屿中分别栖息如此相似却各有差异的龟和海鸟,不能仅仅用神创论来解释,它们应该是由一个祖先分化出来的,由于适应了不同的环境而表现出多种形态和机能的分化,最终经自然选择成为不同的物种。经过自然考察,达尔文逐渐从神创论者转变为进化论者。经过20多年的潜心研究,阅读了马尔萨斯(Thomas Malthus)的《人口论》和微生物繁殖等资料,达尔文认识到自然界生物的繁殖能力和繁殖量是非常大的,但是能生活下来并留下后代的是不多的。他在《物种起源》一书中提出“所有的有生命之物,从蚂蚁到大象,都经历过大自然的选择,适应者成功生存下来并繁衍不断，而其他生物则随着时间的流逝而消失了。”达尔文进化论的核心是生物通过生存斗争、适者生存和自然选择（natural selection）过程来实现物种进化，即有利变异的个体会得以生存，并且这种变异能传给后代，而有害变异的个体会被淘汰。生存斗争及适者生存的过程，就是自然选择的过程，这是一个长期的、缓慢的、连续的过程。由于生存斗争不断在进行，因而自然选择也不断在进行，通过一代代的生存环境的选择作用，物种变异被定向地朝着一个方向积累，于是性状逐渐和原来的祖先种不同了，这样就演变成新种。各种生物都有共同的起源，因而表现出生命的同一性；同时生物又是不断地在发生变异，变异的选择和积累则是生命多样性的根源。

《物种起源》和其后的《人类的由来》提出了一个震撼 19 世纪社会基础的理论，人类与猿猴有渊源关系，引起了社会的普遍的思考和大辩论。19 世纪西方世界受基督教思想支配，大多数基督徒虔诚地相信生命是由上帝创造的，并准确地算出上帝在公元前 4004 年 10 月 23 日创造了世界，人类是上帝按其自身的形象塑造的。今天，达尔文的进化理论已为科学界普遍接受，最新的研究成果表明人类最初是从树鼠类动物演变而来，但人类为何能成为万物之首仍是一个谜。人类可支配或毁灭其他物种，但能否控制自己的未来仍不得而知。

5.1.2　孟德尔的遗传定律与摩尔根的贡献

遗传学创始人奥地利科学家孟德尔（Gregor Johann Mendel）是利布隆的神甫，后任修道院的院长。他从小爱好园艺，在修道院的花园里种了许多花木，特别对豌豆具有的各种明显的性状，产生了浓厚的兴趣。豌豆是一种自花授粉的植物，有利于做杂交。在一些豌豆品种中，有的开红花，有的开白花，开红花的植株自花授粉，后代都开红花，开白花的植株自花授粉，后代都开白花，开红花的植株与开白花的植株杂交，子一代（F_1）都是开红花，将子一代红花植株自花授粉，子二代（F_2）中除红花植株外，又出现了白花植株，这种白花植株与亲代白花植株是一样的。在孟德尔实验中发现，显然白花的遗传因子在 F_1 代开红花的植株中并没有消失，只是它们并不表现，而在 F_2 代中才表现出来。豌豆结籽容易收获和统计，并能再进行自交和杂交。孟德尔挑选了花色、子叶颜色、株高等七对相对性状，反复进行杂交和自交实验，他发现每一组杂种的性状都仅表现为两个亲本中的一个性状。孟德尔把在杂交一代时保持不变或几乎不变地传给后代的性状称为显性性状(dominant character);在杂种一代中隐而不见,或者潜伏起来的性状称为隐性性状(recessive character)。显性性状和隐性性状在子二代发生分离。孟德尔详细记录结果,并应用数学方法进行统计和分析,发现显性植株约占 75%,隐性植株约占 25%,显隐性之比近似于 3∶1。

为了说明这个实验结果,孟德尔提出这样的一个假设:在每一个植株中,每一个相对性状都来源于两个相同的遗传因子,显性遗传因子使之表现为显性性状,隐性遗传因子使之表现为隐性性状。显性遗传因子与隐性遗传因子共存时,表现为显性性状。遗传因子是独立的,一对遗传因子在异质结合状态下并不相互影响,相互沾染,在形成配子时完全按照原样分离到不同的配子中去。一般情况下,配子分离比是 1∶1,子二代基本型分离比为 1∶2∶1,表现型分离是 3∶1。这就是孟德尔建立的遗传学第一定律,即"分离定律"(law of segregation)。然后孟德尔把几对相对性状结合在一个杂种体上,观察性状传递规律,发现对于每一对相对性状来说,它们同样服从于分离规律。

在此基础上,孟德尔又拿豌豆种子黄色、圆形和绿色、皱缩二个性状的植株进行杂交实验,结果是杂种 F_1 代全部种子都是黄圆的。这说明黄色圆形对绿色皱缩是显性性状。杂种 F_1 代自交,产生的杂种 F_2 代的性状出现了种子黄圆、黄皱、绿圆、绿皱 4 种表型,它们的分配比为 9∶3∶3∶1。种子的形状和颜色分别由两个遗传因子决定,他们独立分离和自由组合。孟德尔研究了豌豆的七对相对性状,任取其中的两对性状进行杂交实验,结果规律相似。后人将这种现象归纳为"不同对基因在形成配子时会发生自由组合"即自由组合定律(law of independent assortment),又称孟德尔第二遗传定律。孟德尔做研究的豌豆是二倍体自花授粉植物,选择的相对性状又刚好都在不同的染色体上,可以自由组合,表现各自独立的性状,因此他发现了分离规律和自由组合规律。然而孟德尔严谨的实验态度以及将数学引进生物学研究的方法,使得他开创了现代遗传学新纪元,他与他的遗传法则是名垂青史的。

孟德尔的遗传理论认为,性状是由颗粒性的遗传因子负责传递的。颗粒性遗传因子成双存在于体细胞里,而在性细胞里是成单存在的。杂交时,颗粒性遗传因子保持独立性,它们之间不相融合,在杂种产生配子时,不同的遗传因子仍然保持相对的独立性,互不感染地各自分配在不同的配子里,完整地传给下一代。

限于分析水平,孟德尔仅是用假设的遗传因子来表示,他并不知道遗传因子在哪里。1882 年弗莱明(Walther Flemming)发现了染色体。后来,科学家们通过显微镜,发现染色体行为与遗传因子之间惊人的相似。1902 年,美国外科医生萨顿(Sutton)提出了孟德尔遗传因子在染色体上的假设。德国胚胎学家波弗利(Boveri)则证明了生殖细胞的减数分裂过程中染色体行为与遗传因子之间有平行关系。但是,仍有许多事实是孟德尔遗传学无法解释的,比如性别,根据孟德尔遗传法则,男女比例应该为 3:1,而事实上男女比例为1:1。

美国胚胎学家摩尔根(T. H. Morgan)希望在实验中找到答案。由于果蝇繁殖周期短,个体只有 2~3 毫米长,染色体只有 4 对,而且十分容易饲养,因此他选择果蝇作为实验材料。在哥伦比亚大学窄小的实验室中摩尔根饲养着几百万只果蝇,后来,这间屋子便被称为"蝇室"。

1910 年 5 月,一个奇异的现象引起了摩尔根的注意。在一群红眼睛果蝇中,有一只白眼睛的雄果蝇,显然,这是一只突变的果蝇。摩尔根如获至宝,每晚将它拿回家放在床边,白天再把它带到实验室。为了将突变基因保留下来,摩尔根将这只白眼雄蝇与正常红眼雌蝇进行交配。他发现,产生的后代全部是红眼的,说明果蝇的红眼和白眼是一对相对性状,红眼对白眼是显性性状。他再将杂交的红眼果蝇进行相互交配,产生的后代中红眼果蝇 3 470 只,白眼果蝇 782 只,大约符合 3:1 的定律,符合孟德尔的遗传规律。但是摩尔根惊奇地发现白眼果蝇全部为雄性,显然白眼的性状与性别发生了紧密的联系,果蝇的白眼性状位于 Y 染色体上。摩尔根把这种遗传方式称为伴性遗传(sex-linked inheritance)。摩尔根和他的助手们第一次将代表某一特定性状的基因同某一特定的染色体联系起来,使科学界普遍认识了染色体的重要性并接受孟德尔的遗传原理。为此,摩尔根获得了 1934 年的诺贝尔奖。

摩尔根用果蝇进行了大量的杂交实验,发现某些性状的基因,彼此连锁在一起不易分开,这些连锁基因以不同的频率发生交换。他设想这些连锁在一起的基因在同一条染色体上,当减数分裂时作为一个整体遗传下去,后来又知道交换发生在姐妹染色单体之间。根据这些摩尔根提出了遗传学的另一重要规律——连锁交换规律,它和孟德尔的遗传因子分离规律和自由组合规律一起成为经典遗传学的三大规律。染色体上两个基因距离愈远,发生的交换几率愈大,重组频率(recombination frequency)也愈高。重组频率也就成为衡量两个基因之间相对距离的尺度。根据这一原则,我们按照重组频率推算出基因之间的图距,综合大量统计资料就可以绘制染色体遗传图。

5.1.3 性状和基因间的关系

遗传学三大定律解释了很多生物学的现象。科学家研究进一步发现一个性状往往不是简单地由单个基因决定,许多性状常是由不同的基因和环境的相互作用决定的。基因间最简单的相互作用是同一基因座(locus)上等位基因间的相互作用,它主要表现为显性、隐性和并显性关系。所谓基因座是指基因在染色体上所处的位置,等位基因(alleles)是指在同源染色体上占据相同座位的两个不同形式的基因。如人的天然卷发是由一对不完全显性(incomplete dominance)的等位基因决定的,纯合体 WW 的头发十分卷曲,杂合体 Ww 的头发卷曲程度中等,ww 则是直发,可见表现出的性状并不是完全由显性基因 W 决定的。

我国著名遗传学家谈家桢在瓢虫的遗传研究中发现了镶嵌显性(mosaic dominance),即一个等位基因影响身体的一部分,另一个等位基因则影响身体的另一部分。S^{Au}基因决定瓢虫前缘鞘翅呈黑色,S^{E} 基因决定瓢虫后缘呈黑色,杂交的后代出现一个新的色斑,即按两个亲本的色斑类型镶嵌:翅的前缘和后缘都为黑色。

另外,人的 ABO 血型就是由 I^A, I^B, i, 这 3 个复等位基因(multiple allelism)决定红细胞表面抗原的特异性,任何一个人在同一基因座上不会同时有这 3 个复等位基因,而是只有其中任意两个基因,并表现出一种特定的血型。ABO 血型系统的 4 种表型其基因型如下:

血型表型	基因型
O 型	ii
A 型	I^AI^A或 I^Ai
B 型	I^BI^B 或 I^Bi
AB 型	I^AI^B

其中,I^A 基因、I^B 基因分别对 i 基因为显性,I^A、I^B 都为显性。根据 ABO 血型的遗传规律可确定亲子关系,进行亲子鉴定。例如,O 型血的母亲有一个 A 型血的孩子,则 B 型和 O 型的男子不可能是这孩子的亲生父亲。

还有一些等位基因可以在个体发育的某个时期导致个体死亡,称为致死基因(lethal gene)。处于不同染色体上的非等位基因间也能产生基因的相互作用,如一些基因间的互补效应(complementary)、抑制效应(inhibition)和上位效应(epistasis)等。总之,在生物学中,我们看到一些表型现象,不能简单地确定为单个基因的作用,还应该考虑到其他各种基因及外在环境的影响。

5.1.4　群体遗传

孟德尔的遗传规律是发生在个体水平上的。根据孟德尔定律,一个有变异的个体与正常的个体交配时,由于显隐性关系,显性基因把隐性基因的作用遮盖起来。但进化的单位不是个体而是群体,因为一个个体的生命在时间上是有限的,并且它的遗传结构,除了发生突变之外,在一生中都是固定的。相反,一个群体实际上是不死的,群体(population)一般是指可以相互交配的许多个体繁衍成的集群,即孟德尔群体,一个最大的孟德尔群体那一个物种。一个群体中全部个体的全部基因称为基因库(gene pools)。群体中各种基因的频率,以及由不同交配体制所带来的各种基因型在数量上的分布称为群体的遗传结构。群体可能很大或者很小,群体分布可能广泛或者有限,一个群体能世代相传,不仅由于遗传的机制使得群体在时间上有连续性,而且在遗传结构上,一代一代可能突然或逐渐地发生改变。如果一个群体符合下列条件:(1)是个无限大的群体;(2)随机交配,即每一个体跟群体中所有其他个体的交配机会是相等的;(3)没有突变;(4)没有任何形式的自然选择。那么,虽然显性基因的作用可以遮盖隐性基因的作用,但是各基因型的比例不变,隐性变异不会因此而逐渐消亡,而是始终保持在一定水平。群体中各基因型的比例可从一代到另一代维持不变,这就是所谓的遗传平衡定律(law of genetic equilibrium)。

当群体是个小群体,就会产生遗传漂变(genetic drift)的现象。在大群体里,不同基因型个体所生育的后裔数可以有变动,但对基因频率不会有明显的影响。可是在小群体中,这种波动会对基因频率发生相当大的影响。随机波动可以使既不是有利、又不是有害的基因即中性基因(neutral genes)或近于中性的基因保存下来或淘汰掉。如果群体很小,由于机会的关系,甚而也有可能使不利的基因保留下来,而有利的基因被淘汰掉。像这样,由于群体较小和偶然事件而造成的基因频率的随机波动,称为随机遗传漂变(random genetic drift)。

例如在东卡罗林岛的 Pingelapese 人中有一种特殊的先天性盲,其患病率高达 4%～10%,究其原因是在 1780—1790 年间的一次台风袭击了 Pingelapese，这一偶然事件后，只有大约 9 个男人和数目不详的女人幸存。推测其中 1 人或几人是先天性盲的致病基因的携带者。

群体遗传学应用数学和统计学方法研究在群体中的基因频率和基因型频率以及影响这些频率的选择效应和突变作用、迁移和遗传漂变作用与遗传结构的关系，由此来探讨进化的机制。

5.2　基因的化学本质

基因是 DNA 上的特定片段。DNA 是由 4 种核苷酸组成的长链，遗传信息存在于不同的核苷酸序列之中，遗传信息的传递是通过 RNA 流向蛋白质的。地球生命共用一套遗传密码，基因可以在物种间转移，并通过蛋白质去影响代谢途径和性状表型，并完成生命过程。遗传信息的半保留复制，使物种得以延续。

5.2.1　DNA 双螺旋结构的发现

由于摩尔根学派的出色工作，使得基因学说得到了普遍的承认。摩尔根指出基因位于染色体上，但染色体是由蛋白质和 DNA 等物质组成的，究竟哪种成分起遗传作用，当时人们并不清楚。在很长的一段时间里，有不少科学家认为应该是蛋白质，因为蛋白质由 20 种氨基酸组成，而 DNA 只有 4 种碱基，很难解释生物的复杂性和多样性。

1928 年，英国科学家格瑞佛斯（Griffith）在研究肺炎球菌（Diplococcus pneumoniae）时，发现了两种变异的菌株。一种在平板上长出光滑的菌落（S），另一种长成粗糙型菌落（R）。S 型菌株细胞外面有多糖类的胶状荚膜，保护它们不被宿主的正常防护机构破坏，因此这种菌株能引起人的肺炎和小鼠的败血症。R 型菌株没有荚膜，不引起病症。给小鼠分别注射活的 R 型细菌或用热杀死的 S 型细菌时，都不引起败血症。但用热杀死的 S 型细菌和活的无毒的 R 型细菌一起注射到小鼠中，发现很多小鼠因败血症而死亡，并且从它们的血液中找到了活的 S 型细菌。这一结果说明用热杀死的 S 型细菌把某些 R 型细菌转化为 S 型细菌，即 S 型细菌中有一种物质或转化因素能够进入 R 型细菌，并引起稳定的遗传变异。

美国著名的微生物学家艾佛里(Avery)首先用实验证明基因是 DNA 分子。他把 DNA、蛋白质和荚膜物质从活的 S 型细菌中抽提出来，把每一成分分别和活的 R 型细菌混合，悬浮在合成培养液中，然后发现只有 DNA 组分，能够把 R 型细菌转变为 S 型。而且 DNA 的纯度越高，这种转化愈加有效。如果用 DNA 酶(Dnase)处理，使 DNA 分解，就不出现转化现象。DNA 可以从一种细胞中获得转入到另一种不同基因型的细胞中，引起稳定的遗传变异，从而证明了 DNA 是遗传物质。DNA 转化实验已成为现代生物技术重要的实验方法，广泛应用于生物的分子改造。

20 世纪初德国医生米歇尔(Friedrich Miescher)就揭示了 DNA 和 RNA 的结构单体是核苷酸(nucleotides)，DNA 和 RNA 分子的一级结构都是由许多顺序排列的核苷酸组成的大分子。

20 世纪 40 年代，著名科学家薛定锷“生命是什么”的小册子，引导了一批优秀的化学家、物理学家进入生命科学的研究领域。正是他们不懈的努力，为生命科学发展作出了重要的贡献，其中不少科学家为沃森和克里克发现 DNA 双螺旋模型铺平了道路。如英国物理学家威尔金斯(Wilkins)与富兰克林(Franklin)，他们都是一流的 X 射线衍射专家，尤其是富兰克林，她亲自拍摄到珍贵的 DNA 晶体的 X 衍射照片，这对认识 DNA 结构是决定性的。作为银行家的女儿，她献身科学终身未婚，在 1958 年死于癌症，年仅 37 岁。其次是美国化学家查伽夫(Gwin Chargaff)对 DNA 进行了一系列严格的生化分析后，于 1952 年发现所有 DNA 中腺嘌呤与胸腺嘧啶、鸟嘌呤与胞嘧啶的摩尔含量相等，即 A = T, G = C。DNA 的碱基组成具有种的特异性，即不同生物的 DNA 是不一样的，但同一生物的不同组织和器官内的 DNA 是一样的。英国剑桥的年轻数学家约翰·格里菲思(John Griffith)已计算出 DNA 的 4 个碱基中腺嘌呤趋向于和胸腺嘧啶连接，而鸟嘌呤则与胞嘧啶相连。

美国生物学家沃森(Watson)和英国物理学家克里克(Crick)利用前人的研究结果，运用他们丰富的想象力和合作精神构建了完美的 DNA 双螺旋实物模型，模型上两条核酸链反向平行，A—T、G—C 配对，完全与 X 射线照片吻合，符合自然界本质上的稳定性原理，又能很好地解释它的柔软性和遗传的稳定性。因此，立刻获得了科学家的一致赞赏。这一成果于 1953 年 4 月 15 日，在《Nature》杂志上发表，为沃森、克里克、威尔金斯赢来了 1962 年的诺贝尔奖，沃森在完成 DNA 双螺旋模型时，年仅 25 岁。半个世纪过去了，伟大的沃森至今仍活跃在生命科学研究的前沿。

5.2.2　中心法则

DNA 双螺旋结构模型的确立，犹如穿破云层的一道霞光，照亮了整个分子生物学研究领域的上空。蛋白质是生命的存在形式，DNA 是遗传物质，这是生命结构中的两套语言，这两套语言之间如何转换，成为科学界研究的重点。美国化学家科恩·伯格(Arthur Kornberg)1956 年发现 DNA 聚合酶，在 DNA 模板链的存在下，会催化合成一条新链。以后，仍然是克里克，他考虑到 DNA 位于细胞核中，蛋白质在细胞质中合成，而细胞质中又有大量的 RNA，以及 RNA 与 DNA 非常相似等因素后，提出了 DNA—RNA—蛋白质这一经典的中心法则，中心法则体现了生物体构造的精致巧妙。DNA 是遗传信息，它掌管了生物体从出生到死，全部的生命活动。它存在细胞核内，而且一般物种有两套，每套又组成稳定的双螺旋，由多种蛋白质层层保护。需要用时就复印一份指令——RNA，RNA 抛头露面，直接进入细胞质中，指导蛋白质合成。RNA 寿命有限，演罢就退场，如果受损也无碍，珍本 DNA 仍在细胞核中存在。从生命起源角度来看，RNA 比 DNA 更古老，它是单链的，并直接参与蛋白质合成。中心法则既说明了遗传性状表达的稳定性和流畅性，同时也说明了获得性不遗传的原理，例如后天因锻炼而获得肌肉发达，肌肉是由蛋白质决定的，它不能回到 DNA 上成为遗传编码。20 世纪 60 年代破译了 mRNA 有 A、U、G、C 4 种碱基，每三个一组形成的 64 种排列方式，足以决定 20 种合成蛋白质的基本氨基酸。三联体密码子的破译，将基因和蛋白质之间联系真正建立起来。

中心法则包括：DNA 的复制、转录和翻译(图 5.1)，现在知道此外 RNA 也能自身复制或逆向转录成为 DNA。其中，每一个步骤都是极为精细、复杂的，涉及模板、酶、蛋白质因子、底物等多种物质。

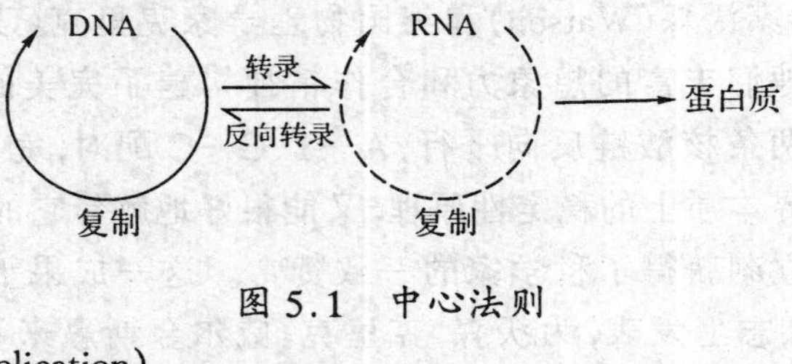

图 5.1　中心法则

(一)复制(replication)

DNA 复制是依赖模板和复制酶的复杂过程，它还需要一小段引物和 4 种核苷酸作为底物。DNA 是由两条反相平行的互补脱氧核糖核酸链组成的双螺旋结构，如同一条拉链的两条边互相紧紧咬合着，复制时首先得解链，在局部区域中形成两条单链。一条从 3′到 5′，另一条从 5′到 3′，而 DNA 的合成都是从 5′到 3′的，因此合成就得从解链的两端进行。DNA 合成需要一小段 RNA 引物(primer)，在 DNA 聚合酶(polymerse)的作用下，沿着模板复制出 5′—3′新链。为加快速度，采用分段合成，最后再将 RNA 引物切除补全 DNA，再由连接酶(ligase)连接而成新链。DNA 分子合成以及转录的方向性是生物有序活动的基础，也是生物与一般化学反应区别的一个本质特点。

DNA 复制并不是产生一个新的 DNA 分子，而是两条 DNA 分子中一条是旧链，一条是新链，因此这个过程称为半保留复制(semi-conservative replication)。DNA 复制速度很快，大肠杆菌仅含有一个 DNA 分子，约有 500 万个碱基。在合适的条件下，不到 20 分钟就可以完成一个复制过程，细胞也分裂为二。人细胞有 46 个 DNA 分子，30 多亿个碱基对，复制一次也不超过几个小时。DNA 复制很少出错，因为 DNA 聚合酶还具有查对、纠错的功能，若发现错误能将其切去，重新修复，这是 DNA 精确、快速复制的神奇奥秘之一。

(二)转录(transcription)

DNA 分子所携带的遗传信息转到 RNA 分子中去的过程称为转录。各种 RNA 分子，如 tRNA、rRNA、mRNA，都是以 DNA 分子的 3′—5′链为模板，在 RNA 聚合酶(RNA polymerase)的催化下转录而来的。每次转录的结果产生一条单链的 RNA，而 DNA 仍保持原来的结构。细胞内外许多因素通过转录复合体调控转录过程，有很复杂的机理。

转录形成的 rRNA 是构成核糖体的骨架，含量最大，占细胞 RNA 总量的 80%左右。一部分编码蛋白质的 DNA 先经转录形成 mRNA 的前体 hnRNA，存在于细胞核内，然后对 hnRNA 进行修饰加工，在 5′端加上帽子结构和在 3′端加上多聚 A 尾巴，最后将其中的非必需的序列即内含子切去，形成成熟的 mRNA。成熟的 mRNA 通过细胞核孔，进入细胞质。

(三)翻译(translation)

根据 mRNA 的碱基序列合成蛋白质的过程称为翻译。mRNA 由 A、U、G、C 4 种核苷酸以三联体密码子的形式，翻译成由 20 种氨基酸组成的序列。

在 64 个密码子中，UAG、UAA 和 UGA 3 个密码子不编码任何氨基酸，是肽链合成的终止密码子，AUG 既是甲硫氨酸的密码子，又是起始密码子。遗传密码具有三大特性：(1)连续性，即这些密码的阅读必从一个正确的起点开始,以后连续不断地一个一个往下读,直到终止信号的出现;(2)简并性,即大多数氨基酸都有几个不同的密码子,这在遗传的稳定性上是有意义的,它具有一定的纠错能力;(3)专一性,指多数氨基酸是由前2个碱基决定的,第3个碱基的改变通常不引起氨基酸的改变。除了线粒体DNA的编码和这一通用密码有些不同之外,绝大多数生物都是按照这一本字典来翻译蛋白质的。密码的通用性说明生物的统一性。

翻译过程在原核细胞和真核细胞中是有所不同的。原核细胞中,转录和翻译在同时、同地点进行。真核细胞的翻译则是在转录完成后在细胞质中进行的,如图5.2所示。

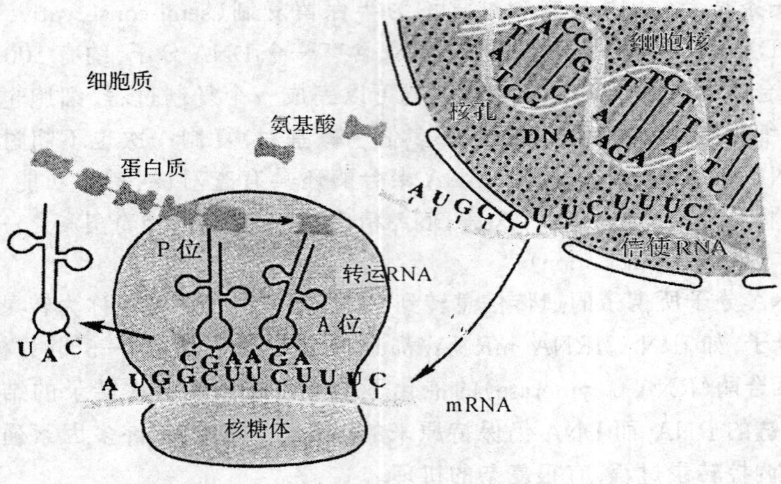

图5.2 翻译过程

以真核细胞为例,mRNA穿过核膜孔进入细胞质,并在核糖体上进行的,由tRNA转运特定的氨基酸。tRNA是呈三叶草状的核酸分子,其结构上面有3个核苷酸组成的反密码子。核糖体由大小两个亚基组成,先由核糖体的小亚基附着到mRNA的5′端的部位上,这个结合部位中含有起始密码子AUG,与起始tRNA在P位相结合,氨基酸在酶的作用下,由ATP供能和特定tRNA的3′的腺嘌呤(A)共价连接而成氨酰基-tRNA。然后大亚基及多种称为起始因子的蛋白质结合在一起,组成起始复合物。核糖体上另一个接合部位A位空出准备接受下一个氨酰基-tRNA。当完成密码子配对之后,A位也结合了携带氨基酸的tRNA。在肽基转移酶的催化下,P位和A位的氨基酸之间发生共价连接，形成肽键。结果肽链与原来相连的 tRNA 脱离转移到 A 位 tRNA 所携带的氨基酸上。P 位的 tRNA 脱离核糖体，使该位空出，A 位上携带的长肽链的 tRNA 便转移到 P 位。下一个相应的密码子被带到 A 位，又准备结合另一个合适的氨酰基-tRNA。如此循环往复，mRNA 上的密码子高速、准确地依次被一一翻译成特定的氨基酸序列。当 mRNA 上的终止密码子最终抵达核糖体 A 位后，一个被称为释放因子的蛋白质直接结合到 A 位的终止密码子后，合成完毕的多肽链便与 P 位上的 tRNA 水解脱离并从核糖体上释放出来。核糖体分解成大亚基和小亚基，翻译完成。一个核糖体大约在 1 分钟内就能翻译一个几百个至上千个氨基酸的多肽。为了快速而且大量生产某种蛋白质，同一个 mRNA 分子上能结合多个核糖体，同时合成相同的多肽。

新生肽链形成后，要使之成为有功能的活性蛋白质，通常还需要经过加工、修饰与正确折叠，这一过程称为翻译后加工(posttranslational processing)。

在中心法则建立以后，科学研究又发现一些 RNA 病毒，如烟草花叶病毒 TMV 等，在入侵细胞后，可以产生 RNA 复制酶而复制出互补的 RNA，再由这些 RNA 复制出大量和原来一样的 RNA。此外，还有一种反转录，当致病 RNA 病毒侵染宿主细胞后，在特殊的逆转录酶的帮助下，合成病毒 DNA，病毒 DNA 再整合到宿主细胞 DNA 中去，利用宿主细胞本身的机制，大量转录出病毒 RNA，再合成病毒的蛋白质，如图 5.3 所示其过程。从 RNA 到 RNA、RNA 逆转录到 DNA 是对中心法则的一个补充。

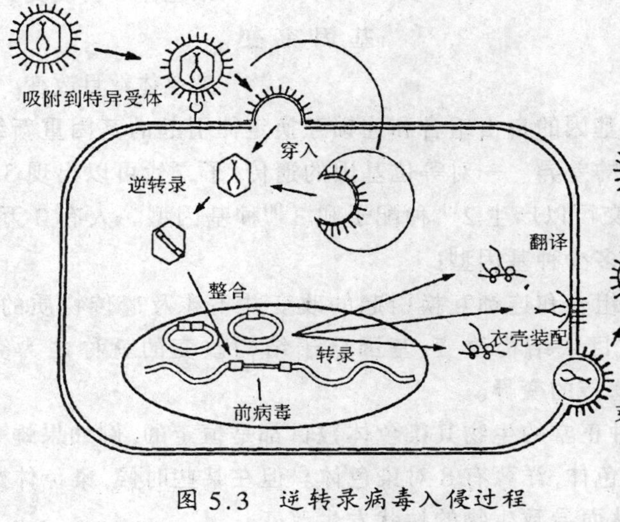

图 5.3　逆转录病毒入侵过程

真核细胞叶绿体和线粒体中都有 DNA 和自己的复制、翻译系统，它们与原核细胞一致，说明它们可能起源于原核生物。原核生物如细菌中还常有染色体外的遗传物质——质粒，质粒是环状的 DNA，有少数基因，能独立复制，并在不同的细菌中传递。

随着科学研究的不断深入，人们对于经典的中心法则提出了各种问题，在不断的假设和验证过程中，我们越来越多地了解了遗传信息是怎样在亲代和子代之间传递的，生命的奥秘也随着人类的研究的深入层层展示在我们面前。

5.2.3　变异

“一母生九子，连娘十个样”的经验告诉我们，即使是面容特征十分相似的同胞手足之间也有一些细微的差别。这种子代与亲代之间、子代个体之间的差异就是变异。没有变异，生物界就失去进化的素材，遗传只能是简单的重复，就不能形成生物的多样性。表型变异是直观的，又是复杂的，它由多种因素构成，如下所示。

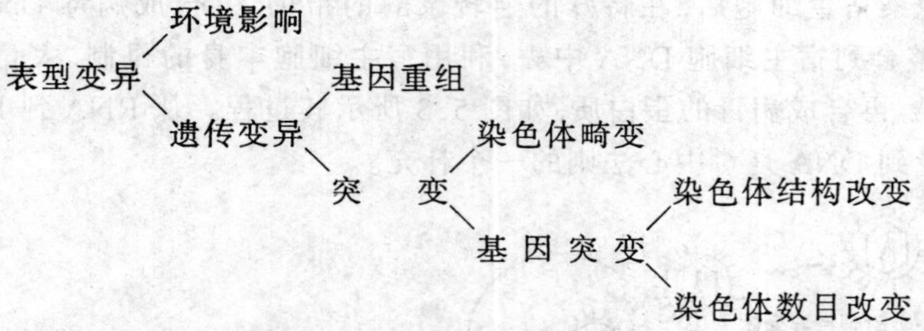

我们可以用基因的自由组合和连锁互换定律引起的基因重新组合来解释我们和父母之间的差异。一对等位基因的遗传，子二代可以出现 3 种基因型，100 对基因的杂交可以产生 2^{100}种配子和 3^{100}种基因型。人有 3 万多个基因，可想而知能产生多少种基因型！

基因的自由组合和连锁互换引起的改变并不涉及遗传物质的变化，如果涉及到染色体数目或结构改变、基因分子结构改变的就称之为突变（mutation），突变是可遗传的变异。

一般说，各种正常的生物其染色体数目都是恒定的，例如果蝇有 4 对染色体，人有 23 对染色体，洋葱有 8 对染色体。但在某些时候，染色体数目也会发生一定的改变，从而导致生物的性状发生改变。

多数真核生物是二倍体生物，即体细胞含有两套染色体，也可以有四倍体、六倍体。如果我们用二倍体西瓜和四倍体西瓜杂交，就可以得到三倍体的西瓜。三倍体的主要特征是高度不育，基本上不结种子，但却有很强的生活力，营养器官十分繁茂。人们利用这些特征，使三倍体西瓜成为有很高经济价值的新品种。如果染色体数目整套发生变化，我们称之为整倍体(aneuploid)。

有时整套染色体中会出现缺少或额外增加一条或几条染色体的现象，也会产生遗传变异。人的某些先天性疾病与染色体的数目有关系，如 Klinefelter 综合征，患者的外貌是男性，身体较一般男性为高，但睾丸发育不全，不能看到精子形成。用组织学方法检查，精细管玻璃样变性，尿中促性腺激素的排泄量上升，常出现女性似的乳房，智能一般较差。他们的体细胞染色体数是 2n＝47，除 22 对常染色体外，性染色体组成是 XXY，一般记作 47，XXY。XYY 个体是另一种染色体数目异常的疾病，他们外貌呈男性，智能稍差，但也有智能高于一般的，据说这种人有反社会行为，有生育能力，核型一般记作 47，XYY。Turner 综合征的患者的外貌像女性，身长较一般女性为矮，第二性征发育不良，卵巢完全缺失，或仅存少量结缔组织，原发性闭经，无生育能力。婴儿时颈部皮肤松弛，长大后常有蹼颈、肘外翻，往往有先天性心脏病，智能低下，但也有智能正常的。她们的体细胞染色体数是 2n＝45，22 对常染色体和 1 条 X 染色体，所以性染色体组成是 X0，核型一般记作 45，X。

染色体结构也会发生缺失(deletion)、重复(duplication)、倒位(inversion)、易位(translocation)等变化，这些变化往往会影响个体的活力，还会造成某些表型的改变。

通过对“缺刻翅”果蝇的 X 染色体的检测，发现这一染色体丢失了 45 条横纹。此外，如果该染色体上的棒眼基因(bar gene)发生重叠时，其余眼中的小眼数目会减少，使圆而大的复眼呈棒状。若染色体上同时出现了两处的断裂，中间的片段倒转 180 度重新连接起来，使这段上的基因排列的顺序颠倒，我们称之为倒位，它会造成基因的重排。如果蝇的第二染色体上的显性基因 Cy 发生倒位后，就会发生“卷翅”现象。

遗传变异也可以是某个基因内部发生改变，DNA 上单个碱基发生替换，称为点突变(point mutation)。突变的原因是多样的，表型变化也很多，有的微弱，有的强大，甚至会发生生化、形态、功能乃至个体活力上的改变。镰刀型贫血症就是一个典型的由于突变引起的分子病。在种植的有芒小麦中出现无芒小麦，高秆品种中出现矮秆植株等现象，大都是由于基因突变造成的。如果体细胞发生突变，是不会遗传给后代的，但在发育的过程中，体细胞突变事件发生得愈早，突变区就愈大，对表型的影响也越大。如果生殖细胞发生突变并参与受精过程，那么突变基因就会传给下一代。

基因突变产生的原因很多，主要有自发和诱发两种。突变若是在自然情况下发生，称为自发突变（spontaneous mutation），多是由复制错误或自发损伤引起的。如在DNA复制过程中，由于碱基替换或增减，都会造成突变。各种诱变剂引起的突变，称为诱发突变（induced mutation）。自然界中的辐射，如紫外线、宇宙射线、生物体内的放射性碳和钾、温度的极端变化、化学药品等都可以诱发突变，周围环境中的有害化学物质及一些烷化剂、嵌合剂都具有潜在诱变性。

DNA上单个碱基替换的结果是改变一个密码子，由于遗传密码的简并性，因此，可以是同义突变（samesense mutation），也可以是错义突变（missenese mutation）或无义突变（nonsense mutation）。从而引起蛋白质一级结构中某个氨基酸的替代，或造成多肽链合成的终止而产生不完全的肽链。

由于生命状态的保持和延续必须要求DNA分子保持高度的精确性和完整性，于是在长期的进化过程中，活细胞形成了各种酶系统来修复或纠正因偶然发生的DNA复制错误和DNA损伤，修复系统可以说是DNA的一种安全体系。如紫外线会引起DNA损伤而形成嘧啶二聚体，大多数原核生物中存在光修复机制，能将其切断为单体，从而恢复生物活性。细胞中的一些酶通过协同作用，在损伤的一端打开磷酸二酯键后，外切这一段受损的寡核苷酸链，留下的缺口由修复性合成酶来填补，再由连接酶将其连接起来，这种切除修复是暗修复的一种。此外，还有重组修复、SOS修复等机制来保证遗传的稳定性。

5.3 主宰生命的基因

生长发育，繁衍变异组成了波澜壮阔的生命现象，而贯穿其中的是基因，基因决定生物体的结构，决定生命的过程。基因的遗传和变异决定生物与自然的和谐统一，决定生物的演化和发展，形成了进化过程中生物的多样性。从遗传现象到遗传因子，从遗传因子到基因，从基因结构到基因功能，人类经历了一个漫长的认识过程。新的基因概念，使我们的认识从生物系统的演化发展提高到生物结构和功能的关系,并逐渐进入对生命本质的认识,从认识生物体的发生、发育以及衰老和死亡的过程,深入到在基因和基因组水平上认识生命活动过程。总之,这种认识在基因水平上达到了完善和谐的统一。

5.3.1 基因概念的发展

基因的最初概念是来自孟德尔的遗传“因子”。在孟德尔之前的生物遗传理论中,比较流行的是融合遗传论,该理论认为双亲的遗传物质在子代中是像血液一样混合,被稀释,但不能被分开。孟德尔认为性状本身是不能遗传的,控制性状的因子才遗传。隐性遗传因子并不在杂交一代中消失,它所决定的性状还能在子二代中出现。

在此基础上,1909年丹麦学者约翰逊(W. L. Johannsen)采用了“gene”一词,其英文原义是“开始”、“生育”的意思,我们取其音译,为基因,一直沿用至今。1910年,摩尔根等通过果蝇杂交实验证明了基因位于染色体上,并呈直线排列。1944年,美国的艾佛瑞(Avery)等人证明了DNA是遗传物质。1953年,沃森(Waston)和克里克(Click)揭示了DNA双螺旋结构模型。以后的很长一段时间中,人们一直认为基因是不可分的遗传基本单位。

到了1957年,本泽尔(S. Benzer)分析了基因内部的精细结构,认为基因是DNA分子上的一个特定的区段,作为传递遗传信息的功能单位。它在结构上,是由许多可以独自发生突变或重组的核苷酸组合而成的。1969年,夏皮罗(J. A. Shapiro)等人证明大肠杆菌基因可以离开染色体独立发生作用。1970年,梯明(Temin)发现仅以RNA作为遗传物质的逆转录病毒,提示遗传物质不仅是DNA,也可以是RNA,逐步扩展了中心法则。

1977年,科学家在猿猴病毒和腺病毒中发现了基因内有分区,并把表达部分称为外显子,不表达部分称为内含子。基因不连续现象的发现,说明功能上相关的多个基因可以分散在染色体的不同的部位,而且同一基因也可以分为几个部分。随后又发现一个基因的内含子可以是另一个基因的外显子。与基因不连续的概念相反,英国的桑格(Sanger)等发现基因还可以是重叠的,即几个基因可以共用一段DNA序列。70年代末,在大肠杆菌中又发现基因可以在染色体及染色体外的DNA之间往返飞行。

在20世纪50年代初,美国遗传学家麦克林托克(Barbara McClintock)在研究“玉米籽粒”的色素斑时,就提出了所谓的跳跃基因,即基因可以从一条染色体跳到另一条染色体上。跳跃基因的发现，使人们进一步认识到基因不是稳定的、静止不动的实体。为此，她获得了 1983 年的诺贝尔生理学及医学奖。

人们对基因的认识是不断发展和深化的，随着科学研究的深入，还将不断修正及完善，赋予基因新的内容，从而全面地揭示生物遗传和变异的规律。

5.3.2　基因的结构和功能

我们已经知道了 DNA 是基因的载体。生物体 DNA 分子最短的约为 4 000 个碱基对，最长的约有 40 亿个碱基对，而一条多肽链一般由 150～300 个氨基酸组成，按三联体密码子的要求，须由 450～900 个核苷酸来编码它们，加上基因内不编码的核苷酸序列，一个基因大约有 500～6 000 个核苷酸对。人的基因组约有 30 亿个碱基对，科学家至今仅发现 3～4 万个基因，所以并非 DNA 分子上任何一段区域都是一个基因，基因是一个含有特定遗传信息的 DNA 分子片段。

根据基因的功能和性质，可将其分为结构基因（structural genes）与调节基因（regulatory genes ）。结构基因和调节基因的共同特点是都可以转录成 mRNA，而且可翻译成多肽链。但结构基因得到的最后产物可以构成各种结构蛋白，而调节基因编码的蛋白质却是用于阻遏或激活功能基因的。

图 5.4 是典型的结构基因图，结构基因可以分为 3 个部分。从起始点开始到终止点是最重要的编码区，编码区中能够转录成 mRNA 的我们称之为外显子（exon），而那些非编码序列则称内含子（intron），通常内含子和外显子相间排列组成编码区。终止子（terminator）是一种特殊的 DNA 序列，它提供转录终止信息。编码区的前端是上游区域，在该区域靠近起始点的一段 DNA 序列称为启动子（promotor），它涉及转录的起始。在其更上游，还有一些称为增

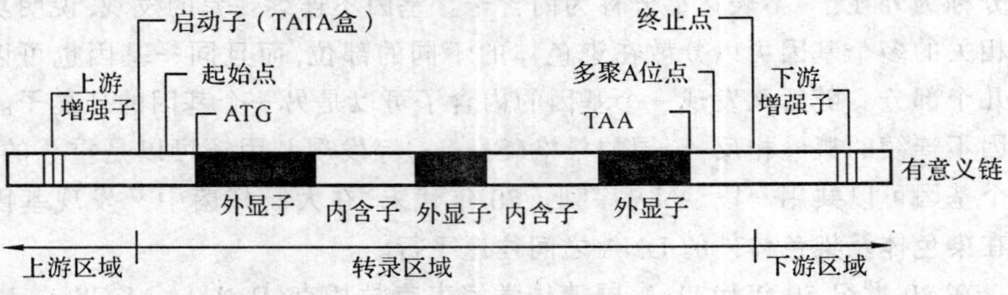

图 5.4　结构基因

强子(enhancer)和沉默子(silencer)的特殊序列结构,它们均能对启动子的作用产生影响而改变转录频率。在下游区域中,也有一些增强子等特殊的结构,同样也对转录起一定的调节作用。也有人把启动子和这些直接用来调节结构基因活动的DNA序列,称为操纵基因(operator)。通过基因之间的相互作用,调控基因的有序表达,使各种生命活动表现出规律性、和谐性。

核糖体RNA基因(rRNA genes)与转移RNA基因(tRNA genes)只转录产生相应的rRNA和tRNA。rRNA与多种蛋白质组成复杂的核糖体,tRNA在蛋白质合成中负责携带氨基酸,在翻译过程中作为载体和工具,并不翻译成多肽链。

5.3.3　基因的调控

在了解了基因的结构与功能的关系之后,我们希望知道基因的工作规律。因为一个细胞有全套基因,人体细胞有3万多个基因,在某一个时期(不同发育阶段)和空间(不同功能的细胞之中),不同组织器官往往表现着不同的功能,合成着不同的酶或者其他蛋白质,如肝细胞合成肝白蛋白,以及与消化、吸收、解毒有关的酶蛋白,红细胞合成血红蛋白,淋巴细胞合成免疫球蛋白,肌纤维细胞合成肌球蛋白等。同一种组织不同发育阶段合成蛋白质也有差异。不同的基因表达受到严格的条件控制,表现出高度的生命有序性。基因的开启和关闭,转录和翻译的速度,直接或间接地受一些因素影响,这就是基因的调控作用。原核生物和真核生物基因表达调控的原理是不同的。

原核生物转录调控是由法国的雅各布(Jocob)和莫诺(Monod)在研究大肠杆菌乳糖代谢时发现的,1961年他们提出乳糖操纵子学说。该学说认为,很多功能相关的结构基因在染色体上串连排列,由一个共同的控制区来操纵这些基因的转录,这一整个核苷酸序列就称为操纵子(operon),如图5.5所示。大肠杆菌乳糖操纵子依次排列着启动子、操纵基因和三个结构基因:lac Z编码分解乳糖的β-半乳糖苷酶,lac Y编码吸收乳糖的β-半乳糖通透酶,lac A编码β-半乳糖苷乙酰转移酶。操纵基因O不编码任何蛋白质,它是另一位点i所编码的阻遏蛋白的结合部位。阻遏蛋白是一种变构蛋白,当细胞中有乳糖或其他诱导物时,阻遏蛋白便与它们相结合,结果使阻碍蛋白的构象发生改变而不能结合在O上,于是转录便得以进行,从而使吸收和分解乳糖的酶被诱导产生。如果细胞中没有乳糖或其他诱导物,则阻遏蛋白就结合在O上,阻止了结合在旁边启动子 P 上的 RNA 聚合酶向前移动，转录不能顺利进行。

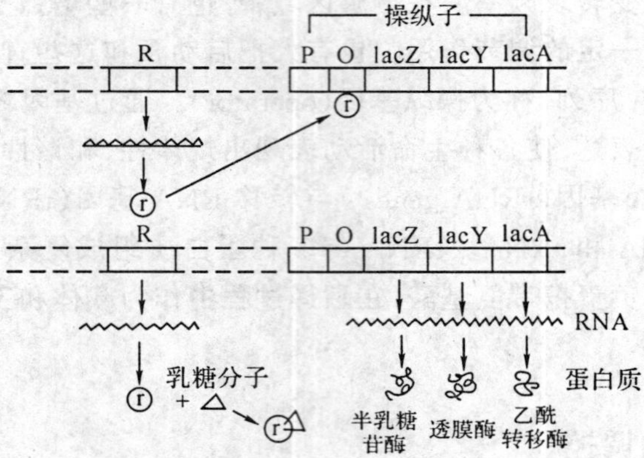

图 5.5　乳糖操纵子结构

真核生物具有由核膜包被的细胞核，其基因转录和翻译分别在细胞核和细胞质中进行，所转录的 RNA 必须经过加工后，才形成成熟的 RNA。真核生物也因此而有一个复杂、精确的基因表达调控系统，有多个层次。转录前水平的调节主要指染色体 DNA 的断裂、删除、扩增、基因重排等修饰以及异染色质化等改变基因结构和活性的过程。转录水平的调节包括染色质的活化和基因的活化，增强子通过改变染色质 DNA 的结构而促进转录。转录后水平的调节包括转录产物的加工和转运调节，通过不同方式的拼接可产生不同的 mRNA。翻译水平的调节主要是控制 mRNA 的稳定性和有选择地进行翻译。翻译后水平的调节主要是控制多肽链的加工和折叠，通过不同方式的加工，可产生不同的活性多肽。在 DNA 水平上，有的基因会专一性的大量扩增，如非洲爪蟾体细胞 rDNA 拷贝数约 500 个，而卵母细胞中拷贝数竟达到 2×10^6 个，增加了 4000 倍。通过大量增加模板数，以满足卵裂时期所需核糖体的数目。DNA 上的胞嘧啶会发生甲基化修饰，从而影响基因的活性。在翻译前，很多没有作用的内含子也必须切除，翻译后的蛋白质还要经一系列的折叠和包装，才能形成真正起作用的蛋白质，进行生命活动。真核细胞基因表达调控是一个复杂的网络系统，精确高效。

5.3.4　人类基因组计划

与科学认识规律一样，基因的研究也经历了由个别到一般，从局部到整体，从简单到复杂的认识过程。从 1977 年人类确定第一个噬菌体的基因序列开始，到现在已经测定了人类全部序列，建立了 DNA 自动测序和 DNA 自动合成技术。科学技术的突破、知识的积累，促使人类的思维产生飞跃。科学家意识到生物过程的现象和本质，不能孤立地从单个基因的结构和功能上来认识，必须把生物看成是一个整体，把生物体的全部基因及其相互关系统一起来考虑。1985 年 5 月，美国加州大学的校长 R. Sinsheimer，在一次会议上提出了希望在他们那儿成立一个研究中心，来测定人类所有细胞染色体上 DNA 的序列。1988 年 2 月，美国国家科学研究委员会的一个专家组，撰写了题为《人类基因组的作图与测序》的专题报告，这就是可与曼哈顿原子弹计划和阿波罗登月计划相比拟的人类基因组计划（Human Genome Project，HGP），计划用 15 年时间，耗资 30 亿美元，完成人类基因组全序列的测定，即确定人类基因组全部约 10 万个基因中每个基因在染色体 DNA 上的位置（称为“作图”），进而测出组成这些基因的核苷酸的排列顺序（称为“测序”）。

人类基因组是怎样测定的？科学家从不同的人的细胞中提取染色体，然后获取 DNA，切成小段，重组，扩增，然后进行测序，即确定每个 DNA 片段的碱基顺序。读出的序列再经处理，形成完整的序列。这一过程非常复杂。科学家有了全部完整的序列后，再根据基因结构编码的规律，寻找基因，确定基因的功能，从而定位哪些基因与引起疾病或保护人体健康的蛋白质有关。

DNA 双螺旋结构发现者之一、美国国家卫生研究院（NIH）人类基因组研究中心前负责人沃森 1990 年发表在《Science》上的文章中称：“尽管比之于人类登月，HGP 的投入资金要少得多，但 HGP 对人类生活的影响要更为深远。因为随着这个计划的完成，DNA 分子中编码的遗传信息将对人类存在的化学基础做出最终的回答。它们将不仅帮助我们理解我们是如何作为健康的人发挥正常功能的，而且也将在化学水平上解释遗传因子在各种疾病，如癌症、早老痴呆症、精神分裂症等一些严重危害人类健康的疾病中的作用。毕竟对人类自身更深入的了解是人类活动中最重要的一个部分。”

1990 年 10 月国际人类基因组计划启动，1999 年 9 月中国获准加入人类基因组计划，负责测定人类基因组全部序列的百分之一，也就是三号染色体短臂上的三千万个碱基对序列。自此，中国成为继美、英、日、德、法之后第六个国际人类基因组计划参与国，也是参与这一计划惟一的发展中国家。2000 年 6 月 26 日科学家公布人类基因组工作草图。2001 年 2 月 12 日提前完成原定于 2003 年 6 月破译的人类基因组框架。

在人类基因组测序完成之前，就已经完成了酵母、拟南芥等模式生物的测序，以后又完成了水稻、鱼、小鼠的测序工作。猪等一些与人类生存和生活有密切关系的生物基因组序列正在被揭示，由各国科学家获得的大量基因序列绝大部分直接放在网络数据库内供全人类使用，这些研究成果大大加快了科学技术的发展。大量基因序列信息的涌现需要有新的分析方法，相应发展了生物信息学和生物芯片技术，利用最先进的计算机和软件进行比对，来了解基因的结构，基因的起源、演化，基因的功能，更重要的是了解基因与基因之间的关系，人们在解读这本生命的天书的同时，并不满足用已有的密码进行翻译，而是希望能发现它们更深含义，甚至发现其中的乐曲。

但目前最重要、最直接的还是要知道功能基因编码的蛋白质的结构和功能，以及它们与人类健康的关系。现在的蛋白质组研究就在进行这方面的工作。蛋白质的空间结构与活性有关，空间结构又与细胞内环境和蛋白质修饰有关，蛋白质大部分是有生命活性的酶。它作用半衰期很短，处在一个精密的动态平衡之中。因此研究蛋白质组是一件非常艰巨的工作，首先得识别基因；其次要研究基因所表达的蛋白功能；三是要找出哪个基因在什么条件下在哪种类型的细胞中表达；四是某种蛋白在什么条件下在哪种细胞中出现；五是找出相互作用的两种或更多种蛋白质，或者哪种蛋白质与哪部分 DNA 相互作用，最后是确定蛋白质的工作原理。

功能基因的研究已经成为当前生命科学研究的热点。无论是从事基础研究的科学家，还是大制药公司、风险投资公司，都在高效率地开发研究，因为该研究结果将直接揭示人类疾病发生和疾病治疗的秘密，其中蕴藏着无限商机。一场基因争夺战已经开始，不管是谁捷足先登，对于人类来说，都是一种进步。然而基因组研究的深入也会带来一些负面影响，如针对某些民族的基因武器等，因此全人类都必须保持冷静，排除不利因素，让基因研究带动经济与社会发展，造福人类。

第6章　生命最复杂、最神奇的结构——人

在400万年前，地球生命中突然出现了一群有智慧的动物——人的祖先。他们的后人具有发达的大脑，敏锐的感觉，学会了用火，吃熟食，用语言交流，使用工具进行劳动。从此，地球生命的轨迹发生了明显的变化。人组织了更完善的社会，创造财富，积累经验，改造客观世界，成了地球生命的主宰，与此同时，人还不断完善自己。人类文明像闪电一样照亮了历史的长空，从此，沧海横流，尽显人的本色。

人是生物的一员，人与其他生命都有相似的发生、发育和组织系统。但人具有思想，是自然的神奇之作。

6.1　受精和胚胎发育

人属于最高等的哺乳动物，进行有性生殖。成人约有100万亿个细胞，它们都源于一个细胞——受精卵。一旦精子钻入卵子，完成受精，便立刻获得了强大的生命力，新陈代谢变得异常旺盛，并开始不断的细胞分裂，在细胞数量增加的同时发生细胞分化，产生出形态和功能不同的多种细胞，以构建不同的组织、器官，发育成为一个结构复杂、生理功能完善的生命个体。10个月后，便脱离母体，开始其人生之旅。

6.1.1　受精

精卵结合是瞬间完成的事，然而卵细胞(egg)和精子(sperm)的发生和成熟则需经过复杂而漫长的过程。卵细胞来源于母体卵巢的卵母细胞，经初级卵母细胞形成卵细胞。人在胚胎时期，卵母细胞就已陆续分化。初生女婴的两个卵巢中有初级卵母细胞约200万个，都停留在第一次减数分裂时期。到青春期时，多数退化，留下约40万个。随后，在一些激素的影响下，每月有一

个卵子成熟,并由卵巢排出进入生殖道中准备受精(fertilization)。在女性的生育年龄段中,总共约排放 300～400 个卵细胞。卵细胞较大,内含丰富的胚胎早期发育所需的营养物质,如卵黄、mRNA 等。精子形成于成熟男性的生殖器官睾丸的曲精管中,由精原细胞(spermatogenous cell)依次经初级精母细胞、次级精母细胞,最后形成精子,在附睾中贮藏 12～21 天。精子成熟,约经历两个半月的时间。人的精子头部扁平,呈杏仁状,头部主要是细胞核,含 DNA,其顶端为一帽状“顶体”,内含大量的顶体酶(图 6.1)。精子由输精管射出,在女性生殖道获能,靠尾部运动,迅速逆向上游,经长途跋涉在输卵管与卵子相遇。经过识别,精子释放出大量水解酶,消化卵子外的透明带,然后,精子钻入与卵子融合。当精子细胞核进入卵子后,卵细胞膜立即发生变化,拒绝其他精子进入。男性一次射精约有 2 亿～6 亿个精子,但只有 1 个精子能够与卵细胞结合完成受精,受精卵恢复到 2 倍体核型。其余的精子一般在 2～5 天内死亡。进入卵子的精核称为雄原核,雄核先是膨胀靠近卵核(雌原核),之后两核融合为一体,受精过程完成,如图 6.2 所示。

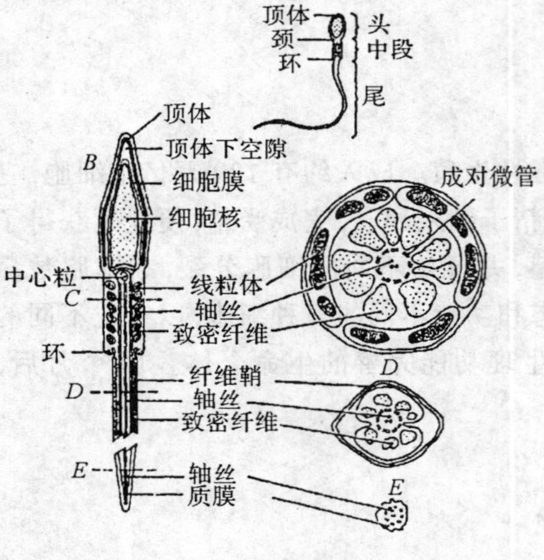

图 6.1 精子形态图

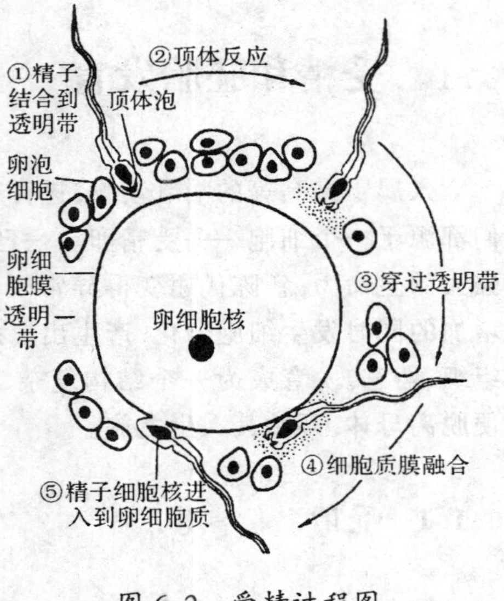

图 6.2 受精过程图

人的受精一般发生在排卵后 12 小时之内。受精标志着新生命的开始,受精卵的染色体恢复为 23 对,其中 23 条来自父方,23 条来自母方。父母遗传物质的组合,是子代产生变异的基础之一,新的个体具有了不同的性状,能增加其适应性，有利于物种的进化。受精过程决定了子代的性别，在精子发生过程中，精原细胞经减数分裂，形成两种精子，即分别带有X染色体和Y染色体的精子。卵细胞都是X染色体，当带有X染色体的精子与卵子结合就产生女性个体，带有Y染色体的精子与卵子结合则发育成男性。就这一点来说，生男生女主要是由父亲的遗传物质决定的。

当然，从精子离开输精管到与卵子结合还有很长的道路，受母体的很多生理因素影响。就精子的大小而言，精子游到卵子的距离相当于跑了一个马拉松。这种机制保证了最优秀的精子有机会遗传下去。从数以亿计的精子中只有一个精子能够参与新的生命建成这一事实来思考，我们每一个人来到这世界上都是非常幸运的。为此，我们应该善待生命，善待自己，努力实现自己的历史使命。

受精的成功决定于精子和卵子的质量及受精过程，其中任何一个环节的受阻都会导致受精的失败，这是不孕的理论基础，也是避孕的技术基础。

6.1.2 胚胎发育

受精在输卵管内完成，经过卵裂(cleavage)，形成囊胚，下移植入子宫。第2～8周为胚胎(embryo)期。在胚胎早期，胚外部分比胚体部分发育快，形成将胚体包裹在其中的胎膜。胎膜包括绒毛膜(chorion)和羊膜(amniotic membrane)。通过绒毛膜，胚胎从母体获取营养，维持代谢。羊膜呈囊状，里面充满羊水，胚胎悬浮其中，起防震和保护作用。此时的胚体呈圆盘状，称为胚盘。胚盘逐渐分化出外、中、内3个胚层，并逐渐增长，折成圆筒形。各胚层的细胞迅速分化，先由一群细胞分别形成各种器官原基，再由此经凹陷、突起、增厚和皱褶等方式，逐渐分化形成各种组织和器官。例如，由外胚层形成皮肤、神经系统、感觉器，由中胚层形成肌肉、排泄器官、循环系统，而内胚层形成内脏、消化管等。受精后第八周末，胚胎已初具人形，但尚不能分辨出性别。

第9～38周为胎儿期，此时各器官系统已经发育。胎儿的组织和器官迅速生长，功能上逐渐完善，至第38周末出生。胎儿的坐高由约50毫米增至360毫米，体重约由10克增至3400克。胎儿发育至第7个月时，即便早产一般也可以成活。在此以前由于遗传原因或其他因素都可能中止妊娠。280天的妊娠后，成熟的胎儿自子宫娩出体外即分娩(parturition)。分娩通常分为三个时期：子宫口开大，娩出胎儿，娩出胎盘。至此，一个独立的新生命便来到了世界。

人类选择胎生，保证了很高的繁殖成功率。胎儿在母体内生长 280 天，在这漫长的日子里胎儿得到母体充足的养分供应，并处于安全、温暖、舒适的生长环境，因而能很好地发育，特别是神经系统的发育，这种充足的先天补养对人类的健康和智力发展具有重要意义。

6.1.3　比较胚胎学

与人的胚胎发育一样，卵生、胎生或卵胎生的动物以及高等植物都有其胚胎发育过程。如图 6.3 所示，将人的早期胚胎发育过程与其他哺乳动物（猪）、鸟类（鸡）、爬行类（龟）、两栖类（蝾螈）和鱼类的早期胚胎发育过程作比较时，人们发现，它们之间有着惊人的相似之处。人的早期胚胎和鱼一样有尾，有鳃裂，只是后来消失了。其他几种陆生脊椎动物的早期胚胎发育过程中也都出现鳃裂和尾，这就引起人们的思考，生物系统学告诉我们生物经历了一个从简单到复杂，由低级到高级的演化过程，动物胚胎发育为这种演化理论提供了证明。个体发生重演了系统发生的某些主要历史阶段，是系统发生的缩影。比较胚胎学的证据还表明人与这些动物有共同的起源，人类与所有陆生脊椎动

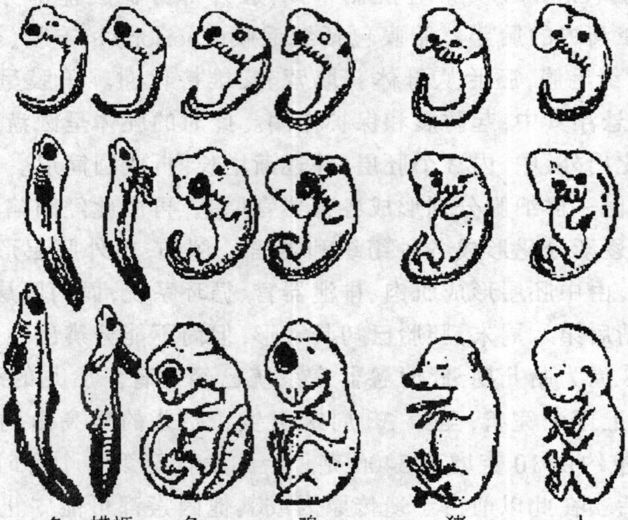

图 6.3　人和动物胚胎的比较

物都是起源于用鳃呼吸、有尾巴的水生动物。

比较胚胎学知识还告诉我们，胚胎发育是物质积累、能量积累和形态建成的过程，需要母体提供物质和能量，并不断进行物质、能量和信息的交换。胚胎发育是物质的时空变化过程，它是有序的和不可逆的，一旦中断或停止，生命就终结。这种不可逆性与生物个体、生命过程是一致的。

6.2　生命的历程

在挪威首都奥斯陆有一座世界上最大的雕塑公园，园中荟萃了挪威著名雕塑家古斯塔夫·维格兰的近千件作品。这些雕塑作品反映的是人生，因此该公园又被称为“人生公园”。天真无邪的幼儿，激情似火的青年，炽热相爱的恋人，抚爱孩子的父母亲，郁郁寡欢的老人……人生百态、人生百味无不跃然其上。精彩人生从生到死，一个无可抗拒的自然法则贯彻始终，使参观雕塑的人都会为之动容。

6.2.1　生长发育

生长和发育是生物的基本特征，每个物种都有其特定的发育过程，整个过程都受基因和环境控制。生长(growth)是指生物体内细胞数量增多，细胞内蛋白质积累，体积增大以及细胞间质增加的过程。表现为全身各部分、各器官、各组织的大小、长度和重量的增加以及组织的更新和修复。发育(development)是指身体各系统、器官、组织的构造和机能从简单到复杂的变化过程。从广义上讲，发育也包括心理、智力和行为的改变。成熟(maturation)是生长到一个比较完善的阶段，标志着个体发育在形态、生理和心理上已达到成人的阶段；在身高、体重等方面，已达到了稳定的水平；骨骼、牙齿的钙化已基本完成；性发育也已成熟，具备了繁殖后代的能力。

人的生长发育过程要经过几个不同时期或年龄阶段，在不同的时期，身体各器官、系统结构和机能的发展又各具特点。体力、智力、持久力、情绪控制能力也各不相同。就一个群体、一个地区和一个民族来说，他们有正常范围的变动。就每个人来说，其生长发育的时间除男女有区别外，也有提前和延后之分。因此，教育以及生活作息制度各方面应根据其生长发育情况而有不同的安排和要求。

个体的生长发育是由各系统、器官、组织乃至细胞的生长发育组成，包括身体的身高、体重、肌肉、运动系统、生殖系统、神经系统和免疫系统等各个方面的成熟。图 6.4 所示的是生长发育过程中，各个系统发育程度的曲线图。

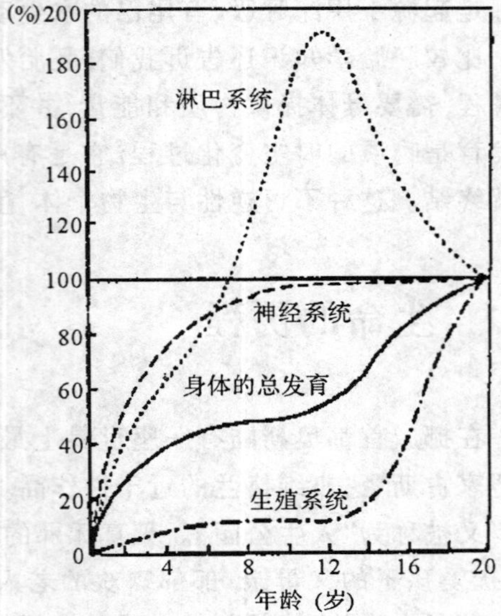

图 6.4　人体各器官、系统生长和发育的四种主要类型曲线图

人的发育从婴儿期开始，经过幼儿期、少年期、青年期、成年期、壮年期到老年期，期间有两个显著的生长突增期。一个是从受精卵到一周岁，第二个为青春期。青春期通常指从儿童生长发育到成人的过渡时期，即从第二性征开始出现至性成熟，体格发育完全。一般约在 10～20 岁，随世界各地不同人种、民族、文化、饮食习惯而有所差异。在青春期，人的形态、生理、心理发育变化很大，其中最突出的是生殖系统的发育。无论在起止时间、增长幅度和侧重的部位都显示出明显的性别差异。在 18 岁时，男子身体较高、肩部较宽，而女子身体丰满、髋部较宽。生理、心理和行为变化不仅受内分泌系统的调节，而且还受环境等因素的影响。与其他动物相比，人类的性成熟比较晚，发育成熟期比较长。一般来说，发育时间与寿命正相关，人类发育成熟期长，有利于增加学习时间和培养来适应复杂的社会生活。由于食物结构变化、文化背景等因素，现代人普遍性成熟提前。随着社会经济的积累，科学技术的复杂化，人类受教育的时间还在延长，生育时期在推迟。人类发育之初的教育，对智慧开发、性格养成、人格健全和社会责任感形成有决定性意义。因此，早期教育受到普遍接受和重视。

6.2.2　衰老和寿命

个体发育成熟后，随着时间的推移，结构和机能开始衰退，适应性和抵抗力也开始减退。人老了会出现耳聋眼花，行动不便，记忆力衰退，部分生理功能丧失，心脏变得衰弱，皮肤失去弹性，胸腺退化，有功能的淋巴细胞减少，对传染病的抗御能力降低，肾血流和肾小球过滤作用降低等等现象。这些都是衰老的表现，衰老是自发的必然过程。尽管历史上有无数炼丹驻颜、吃药保春的故事，然而衰老的脚步却不可阻挡，青春永驻的希望并没有实现。

然而，我们知道不同个体的衰老速度是不同的，衰老和遗传因素、环境因素、心情因素等有很大的关系。一定程度上，衰老的进程是可以调节的，有关衰老的研究是生命科学研究的热点之一。关于衰老的学说很多，如：(1)体细胞突变学说，认为细胞中的遗传物质在某些物理因素(电离，辐射，射线等)、化学因素或生物学因素的作用下，会发生突变引起细胞形态变化和功能的丧失，从而导致机体的衰老。(2)差错灾难学说，认为细胞蛋白合成过程中，有可能发生一些错误，引起氨基酸种类的误差和插入部位的误差，导致蛋白功能的失调。(3)脂褐素累积学说，根据细胞中脂褐素的沉积具有随年龄增大而增加的变化规律，认为积累至一定程度后可将细胞核及细胞质的各种成分挤向边缘，并引起细胞代谢的变化，导致细胞的萎缩和死亡。(4)自由基学说，认为自由基是细胞代谢过程中连续不断产生的具有高度活性的物质。自由基及其诱导的氧化反应会引起膜损伤和交联键的形成，降低酶的活性，使代谢发生误差，溶酶体内酶活性降低导致衰老色素堆积，使细胞衰老。(5)我国传统医学认为衰老是由于阴阳失调，脏腑虚衰，精、气、神亏耗引起的，汇集有先天后天的各种因素。

生物个体衰老实质上是细胞的衰老，在个体生活过程中，细胞不断地生长和死亡，当新生细胞少于死亡细胞时，个体就出现机能结构的衰退。各种动物细胞体外培养研究结果表明，各种细胞都有一定的寿命，细胞寿命的长短与动物个体的寿命相一致，也与个体发育衰老的阶段有关。取人胎儿细胞传代培养，可以传大约 50 次；取 40 岁人的细胞培养传代约 40 次；而取 80 岁老人的细胞培养传代的次数更少了。细胞衰老本质上是由于基因顺序表达的结果，现已发现细胞程序性死亡的基因。线粒体 DNA 的定时钟基因启动一些杀伤性基因的表达，从而引发一连串的分子事件来摧毁线粒体 DNA，由此终止生物体的生命。

一般认为只有多细胞生物才会衰老，而单细胞生物如阿米巴细胞长大后能分裂为两个独立的细胞再行分裂，以至无穷。似乎细胞并不死亡，好像是长生不老的。每次细胞分裂都是上一世代的结束和下一世代的开始。然而在四膜虫结合生殖的研究中知道单细胞原生动物也是会衰老的，这些原生动物在进行了一段裂殖生殖后，一定要进行一次接合生殖，这是介于多细胞生物的有性生殖和单细胞生物的分裂生殖之间的一种类型。以其为模型，研究发现衰老与一种端粒酶有关。多细胞生物的生殖细胞与体细胞出现了分离，体细胞常特化某一功能，生殖功能由生殖细胞来完成。

一种成人早衰症，即 Wemer 综合征，平均到 39 岁就出现衰老，47 岁即死亡。还有一种婴幼早衰症，即 Huntchinson-Gilford 综合征，在 1 岁婴儿期就出现明显的衰老，12～18 岁即夭折，常常是心脏病发作，皮肤起皱，白发及老年人的其他表征。这些病症给我们提供了线索，由此，科学家找到了关于早衰的基因，并证实了细胞老化的端粒学说。真核生物染色体两端具有(TTGGGG)n 的序列，这种重复序列即所谓的端粒。端粒结构可实现 DNA 的初步复制并防止染色体在细胞质内被降解。细胞每次分裂，端粒的重复区缩短可由端粒酶，一种核蛋白酶，将其补全。在一般体细胞中，随端粒酶数量下降，端粒变得越来越短，分裂速度的减小是与染色体端粒的核苷酸逐步丢失相关的。染色体缩短，最终丢失的不仅是非编码的重复序列，而且还危及编码的基因。一旦染色体缩短到临界长度，细胞即会死亡，而肿瘤细胞是不死的细胞，它的端粒酶活性很高，检测端粒酶活性可以用于诊断肿瘤发生。

人是大自然的宠儿。智人(Homo sapiens)可存活期限至少在 120 年，是哺乳动物的最高记录。一般说来，哺乳动物的最高寿命与个体的大小是相关的。个体小的哺乳动物，其代谢周转快、能耗高、心搏快，生命周期短。近 200 年的人类文明快速发展，医疗水平突飞猛进，人类平均寿命在增长。1800 年欧洲的平均寿命为 30 岁，到 1900 年增至 45 岁，现在已达 70～80 岁，然而生命的上限却没有多少改变。

希腊神话中，美丽的女神埃俄丝和凡人提凡努斯相爱，她恳求万能的宙斯能使提凡努斯永生；中国历代的君主也炼仙丹乞求长生不老；当今市场延缓衰老的营养品和化妆品种类繁多。各国科学家都在努力寻找各种有效抵抗衰老的方法，如寻找诱导神经细胞突起再生的方法来抵制脑的衰老；利用激素调节，改善老年性的免疫功能低下等；在民间，人们也通过改善饮食、生活环境等方式在延长寿命和改善生活质量。几千年来，留住青春一直是人类的梦想，然而并没有十分有效的方法。最近一种永远是年轻的干细胞的体外培养和控制分化技术的突破，真正打开了抵抗衰老的希望之门。

6.2.3 生命的节奏

生长、发育、衰老和死亡的过程明确地显示出生命物质在四维时空中的运行规律。各种生物体具有世代交替的规律，生命由一个生物体传递到下一个新的生物体，有诞生，就有死亡。这种生的波浪与死的消退形成一种节奏，在这个尺度上，生物体之间互为依存和谐发展组成一曲交响乐。每个生物体都是一个音节，它有强度、延时、共鸣，如DNA合成、细胞分裂、蛋白质的衰老与更新、个体的发育、生长和衰亡；人日出而作、日落而息，一日三餐，每分钟60～80次的心跳，每分钟15～20次的呼吸频率，女性每28天一次的排卵，情绪周期；植物春天的新芽和花朵、秋日的硕果和落叶；动物的冬眠与春欢，候鸟的南来北往，鱼类的生殖洄游。银杏能活上千年，而短命菊只有10天的生存期，细菌十几分钟分裂一代，也经历了生长、分化、发育、衰老和死亡等周而复始又不可逆的过程。这种节律是受生物体内基因和地球物理场控制的，能够通过生殖传递，在子代稳定地表现。生物节奏是长期适应形成的，一旦被打破，就会影响生物的正常生活，轻的如时差反应，严重的如失眠、焦虑，甚至会发生轻生。所以，研究生命的节奏，使生命更为有序，是一切活动得以顺利进行的基础。

6.3 人的机体

人的机体是世界上结构最精密、最复杂，调节最合理的组织，按其功能分为运动系统、循环系统、消化系统、呼吸系统、泌尿系统、生殖系统、内分泌系统、神经系统和感觉系统。这些器官系统在神经——体液的调节下，彼此互相联系、互相制约，各自执行着不同的生理功能，共同实现生物体的功能。

6.3.1 人体的感觉

人的感觉的产生是通过感觉器官和神经中枢来实现的。感受器接受外界的刺激，将刺激转化为神经冲动，通过传入神经，传到中枢神经的高级部分——大脑皮层，产生感觉。感受器如眼、耳、鼻、舌、身是在长期的进化过程中，逐步发展完善的，它们的许多结构与功能十分精妙，不得不叹服造物主的鬼斧神工，成了现代高科技的模仿对象。

眼睛(eye)是人体最重要的感觉器官，人的眼睛是由眼球和眼的辅助器官组成的。眼球壁有三层，即眼外膜、眼中膜和眼内膜。最外层为眼外膜，前端较突出而透明的部分为角膜。角膜约占眼外膜的 1/5，厚约 0.5 毫米，其余为乳白色不透明的巩膜。巩膜是由致密结缔组织构成的，对眼具有保护作用。眼中膜也叫血管膜，为富于血管和黑色素的棕黑色结缔组织膜。眼球后 2/3 部分叫做脉络膜。在角膜和巩膜交界的后方，脉络膜的色素上皮和视网膜联合形成睫状体。睫状体向中伸展形成虹膜。虹膜中心围成瞳孔，虹膜平滑肌伸缩可以使瞳孔缩小或放大，以控制进入眼内的光线。瞳孔最大时直径为 8 毫米，最小时为 2 毫米，瞳孔能根据外界光线的变化自行调节。眼内膜又叫视网膜，视网膜是由感光细胞排列在一起而成的，能接受光的刺激而产生一种脉冲，经视神经传入大脑，产生视觉。

虹膜后面有一个类似凸透镜的晶状体，它的弯曲程度由睫状肌来控制，用以调整焦距，使不同距离物体的形象聚焦在视网膜上，形成物像。角膜与虹膜之间的空间称为前房，后房位于虹膜与晶状体之间，两房借瞳孔相交通，里面充满了水样液称为房水。在晶状体后面与视网膜之间，充满了无色透明的胶状物质——玻璃体。角膜、晶状体、房水和玻璃体一起组成眼睛的折光系统，使由物体射来的光线发生折射而成像。

人的眼睛不但能区别明暗，还能区别各种颜色，因为视网膜有两种感光细胞：一种叫视杆细胞，另一种叫视锥细胞。一只眼睛里有约 1.2 亿个视杆细胞，视杆细胞对光的敏感性特别强，但不能区别颜色。视锥细胞的数目少得多，只有 500 万到 700 万个左右。视锥细胞又分为三种，分别对红光、蓝光和绿光产生反应。各种不同颜色的光线，对这三种视锥细胞造成不同程度的刺激，这些刺激综合起来，又能复合成原来的各种颜色。人的眼睛能辨别约 1.7 万种不同的色调，感受光的波长从 390～770 毫微米。390 毫微米以下为紫外光，770 毫微米以上的是红外线，人眼均不能感受，必须借助于特定的仪器。

当人用双眼看物体时，不仅能看到物体的高度、宽度和亮度，而且还能看到物体的深度，产生立体视觉。产生立体视觉的原因是因为同一物体在两眼视网膜上所形成的像并不完全相同，右眼看到物体的右侧面较多，左眼看到物体的左侧面较多，经过神经系统的综合，就会使人得到一个完整的立体视觉。

眼睛除负责视觉外，还是心灵的门窗，人的情感和思考常会通过眼睛流露出来。眼睛不仅能接受光线，还能发出信息，有时回眸一笑，就心领神会。人眼信息的获取和分析有很重要的理论价值和应用价值，是具有挑战性的前沿研究领域。现代科学利用虹膜血管分布个人特异性很高的特性来进行个人识别。

耳朵(ear)是人的听觉器官。人所以能听到声音是因为声波经过耳廓的收集，通过大约 25～30 毫米的外耳道到达鼓膜，引起鼓膜的振动。鼓膜是一个卵形薄膜，厚约 0.1 毫米，直径约 10 毫米，大小约为 70 平方毫米。与鼓膜相连的是三块听小骨——锤骨、砧骨和镫骨，它们是人体最小的三块骨头所组成的一个杠杆系统。这个系统等于是一个放大器，能把声波的振动力量增加 30 倍左右，再传到内耳的耳蜗。耳蜗是一个蜗牛状的结构，耳蜗中充满了淋巴液，这些淋巴液能把中耳传来的振动传递给耳蜗上的感觉细胞，这些感觉细胞受到刺激就产生兴奋。人类能听到的声音频率范围在 16～20 000 周/秒之间，低于 16 周/秒为次声波，高于 20 000 周/秒为超声波，人耳都听不到。耳朵只能适应一定的声音强度，过高的声音不仅会损伤鼓膜，也会影响健康。因此人工作和生活的环境要求环境噪声在 55 分贝以下。

听声音只是耳朵的功能之一，耳朵又像一个天然的陀螺仪，负责保持身体的平衡和判断身体的方向。这种功能主要是由内耳的三个互相垂直的半规管未完成的。这三个半规管里充满淋巴液，淋巴液里面浮着很小的骨状颗粒，半规管管壁上有许多和神经末梢相连的纤毛。人体运动或人的状态改变时，这些纤毛会受到淋巴液及骨状颗粒的不同压力而改变方向，这些信息传到大脑后就产生平衡的感觉。这是一个十分复杂的过程。人生下来以后要经过两三年，半规管才发育完善，因此婴幼儿时，怎样摇晃也不会头晕。负责人体平衡和人体运动的神经系统是协调一致的，这两种信息是经过同一个“计算机”系统处理而协调一致的。这就是人头晕时，平衡器官暂时失调而感到站立不稳的原因。

几乎没有人能阻止对于自己舌头的偏爱，舌(tongue)带给了我们一个津津有味的世界。整个舌的表面都覆盖着发根状的味蕾，它是锥状的乳头状突起细胞，成人约有 1 万个味蕾，分别为酸、甜、苦、辣、咸，分布在口中不同的部位。味蕾极其微小，在每一个味蕾之中，味觉细胞忙碌地把信息传送到神经细胞，后者再使大脑产生感觉。上颚、咽和扁桃腺部位也有味觉细胞，只是数量少而已。这些细胞使舌的前 2/3 段呈白色，使舌呈珊瑚红的是血管丝。舌的形状和颜色还可以表示人体的机能状况，中医观察舌苔来诊断疾病是相当准确的。舌富含神经，感觉很灵敏，运动自如，它是语言器官，还能帮助咀嚼。有些动物的舌有特化的功能，如穿山甲的舌是捕食的工具，狗通过舌上水分蒸发来降温等等。

舌是敏锐的感觉器官，有许多功能。在我们向其他人描述某种食物口味时，其实是触觉、味觉以及感觉过去后的快感。舌的感觉受中枢神经控制，人的情绪和身体状况不佳时，有食之不香的感觉。老年人味蕾退化，常需要加重口味。

皮肤(skin)是体表的几层特化细胞，在大多数人身上约有5公斤重。最厚的部位也只有3毫米。皮肤的最外层叫做表皮层，由扁平的细胞紧密排在一起组成。表皮层的细胞是角质化了的死细胞，它们不断地脱落，由表皮层下面的真皮层细胞取代。皮肤把身体严严实实地包起来，并松松地连着肌肉，这样我们可以行动自如。皮肤上有丰富的结构，拿手背上的皮肤为例，每平方厘米中大约有60厘米长的毛细血管、8个毛孔、60个汗腺、1个皮脂腺、120个感痛点、18个感冷点、2个感热点、25个感压点、1 800个神经末梢和大约25厘米长的神经。皮肤是个极妙的传感器，在嘴唇、指尖、眼睑等处神经传感器最多，它们巧妙地组合在一起使我们对冷热、疼痛和压力提高警觉。皮肤的作用主要有保护人体内部的器官、排泄废物、调节体温、防止细菌侵犯等。皮肤细胞也会产生黑色素，可以防止紫外线穿透而伤害内部器官。所以热带的人和晒太阳多的人，皮肤的颜色比较深。

研究表明，皮肤老化有两种原因。大部分的皮肤都是光性老化，即皮肤暴露在阳光或明亮的白昼光下致使其变化。另一种原因是皮肤内弹性蛋白的简单损耗和撕裂所致。皮肤的下层含有胶原，是作为皮肤支架及结构的一种纤维蛋白质，俗称弹性蛋白，它是一种能伸张的纤维，把皮肤连为一体。弹性蛋白老化会使皮肤失去弹性、皱纹增加。

人的鼻子(nose)是一个复杂的空气调节器，负责调节吸进体内空气的温度和湿度，对空气进行过滤，同时它又是嗅觉感受器。鼻腔很大，由鼻中隔分成两个部分。鼻腔的外侧壁上有三个称为鼻甲的卷曲的突起。整个鼻腔里覆盖着一层黏膜组织，里面有丰富的毛细血管。毛细血管里的血液对进入鼻腔的冷空气进行加热。黏膜里的水分还能使干燥的空气变得湿润，不至于刺激肺部。

过滤空气的过程很复杂。鼻腔的黏膜组织里有许多柱形细胞，其上有许多纤毛。黏膜组织不断分泌出一种黏液，在纤毛上形成一层厚厚的“毯子”。进人鼻腔的空气中的细菌和其他灰尘颗粒就被黏在“毯子”上。由于纤毛不断地运动，这层“毯子”又成了一条传送带，慢慢地从鼻腔流向咽部，然后被咳出或进入消化道。黏液里有免疫蛋白和溶菌酶等成分，可以杀死大部分细菌。

鼻子又是嗅觉器官。嗅觉是由鼻最上面大约 3 平方厘米的鼻黏膜负责的，黏膜上面布满了大约 500 万个嗅觉细胞。嗅觉细胞长着许多嗅毛，嗅毛伸向鼻黏膜表面的黏液中。当带有气味的空气经过鼻腔时，其中一些分子就会溶解在黏液中，对感觉细胞的树突产生一种化学刺激，通过神经将所受到刺激的信息传到大脑，就产生了嗅觉。

狗的鼻子能辨别大约 100 万种化学物质，这种灵敏的嗅觉常被用于追踪和检测毒品等工作。科学家正在研究嗅觉的机理，希望能制造出嗅觉生物传感器。

6.3.2　组织功能

人体内各个组织器官、系统相互协调配合，对生命活动起了相当重要的作用。

心脏(heart)是血液循环的动力源泉。心脏收缩产生的压力推动血液周而复始地流遍全身。血液完成运输氧气和营养物质，并带走废物的任务。心跳一旦停止，身体的新陈代谢也就无法进行了。所以，心跳是生命的主要标志之一。

心脏分为右心房、右心室和左心房、左心室，分别与肺动脉和主动脉相通。心脏每跳动一次，就把 60～80 毫升血液送入动脉血管，每分钟心脏挤出去的血液约 5 000 毫升。人全身的血液约占体重的 8%，如果体重为 60 公斤，他的血液约有 4 800 毫升。也就是说，全身的血液每一分钟就要在心脏的推动下循环一周。心脏本身也需要充足的血液供应，冠状动脉就是专为心脏供血的血管，冠状动脉的血流量约占心脏输往全身血液的 1/20。如果冠状动脉供血不足，就会引起心绞痛；如冠状动脉发生堵塞，1 分钟就会引起心肌梗塞。

心脏有节律的跳动依赖心脏的传导系统。心脏的传导系统是由特殊分化的心肌细胞构成，其主要功能是产生并传导激动，也就是产生并维持心脏正常的节律，并保证心房、心室收缩、舒张的固有的协调。传导系统包括窦房结、房室结、房室束及其分支等，如图 6.5 所示。

心脏的一次收缩和相应的一次舒张叫做一个心动周期。按每分钟心跳 75 次计，每一个心动周期为 0.8 秒。在这 0.8 秒里，心房收缩只占 0.1 秒，舒

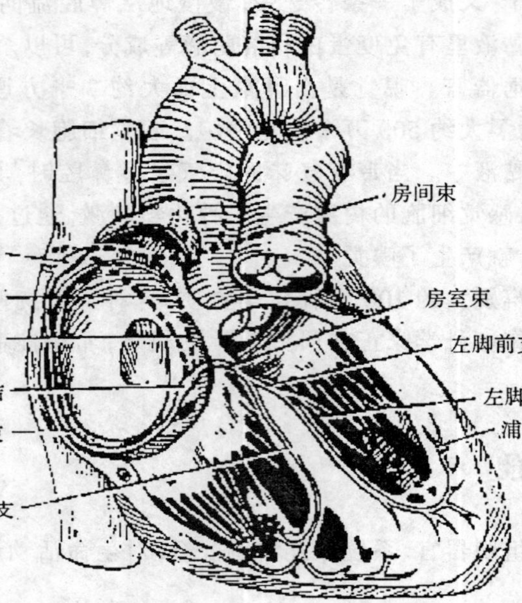

图 6.5　心脏的传导系统

张占 0.7 秒；心室收缩占 0.3 秒，舒张占 0.5 秒。舒张期就是心脏的休息期。安静时，血液自心脏出发跑遍全身后又回到心脏，仅需 22～25 秒钟，而在剧烈运动时，血液 8～10 秒就在全身循环一周。

研究表明，缺乏锻炼的人和经常进行锻炼的人相比，患心脏病的机会多 3 倍。如果缺乏锻炼的人又患高血压病，还有抽烟的习惯，那么，他患心脏病的机会要多上 20 倍。由于心脏负担重，心血管病是死亡的第一原因。心脏可以进行手术或更换，如果有充足的心脏供应，每年至少有十几万人可以免于死亡，因而人造心脏是组织工程研究的重点。

胃（stomach）界于食管和十二指肠之间，是消化管最宽大的部分，它的形状和位置随内容物的多少和体位变化而改变。初生儿的胃容量只有 7 毫升，1 岁时达到 300 毫升，3 岁时达到 600 毫升，成年人的胃容量约为 3 000 毫升。靠近食管的部位是胃的贲门部，最上部的膨大部分是胃底部，胃底部往下是胃体部，靠近十二指肠的部分叫幽门部。

成年人的胃黏膜厚约 0.3～1.5毫米，总表面积约为 900 平方厘米。胃黏膜上生有贲门腺、胃底腺和幽门腺，三种腺体加起来的数量惊人，约有 3.5×

10^7 平方厘米那么多。贲门腺和幽门腺主要功能是分泌黏液，起到保护胃黏膜的作用。胃黏膜的这种自我保护功能一旦受到饮食不调等因素的干扰，就会引发胃溃疡病。胃溃疡受精神因素影响，情绪打击常会引起胃部腺体分泌失调而发生溃疡。胃有迷走神经分布，如果迷走神经受到刺激，胃就会感到不适、恶心和呕吐。正常人每天分泌的胃液量为 1 500～2 500 毫升。

胃的功能可概括为：①把食块磨成粥状食糜；②把胃内容物少量而均匀地输送到十二指肠；③对蛋白质进行初步消化；④胃液中的胃酸可以杀灭食物中的细菌，是保护人体健康的重要关卡。胃除了可以吸收酒精及其他少数物质外，基本上不具备吸收功能。

肝脏(liver)位于右上腹部，横膈膜的下边，暗红色，柔软。成年人的肝脏约有 1 400～1 800 克重，是人体最大的内脏器官。肝脏的代偿能力也很强，如果切掉肝脏的 3/4～4/5，剩下的肝脏仍能完成整个肝脏的生理机能；肝脏再生能力也很强，动物实验表明，切掉肝脏的 2/3，剩下的 1/3 肝脏可在三周内长起来，并且比原肝脏还大一些。

肝脏是一个重要的代谢器官，糖、蛋白质、脂肪三大营养素的代谢都与肝脏有密切关系。成年人的肝脏内含肝糖原约 108 克，约占肝重的 6%，糖原是体内贮存糖的主要形式，可调节血糖的水平。另外，肝脏还能把氨基酸和脂肪转化成糖原。蛋白质的合成、贮存、分解、释放，血浆蛋白的生成，氨基酸的脱氨基、氨基转换，尿素的生成等等，都是在肝脏里进行的。肝脏同样能够分解脂肪酸，产生酮体、生成类脂及磷脂。因此说肝脏是人体内的化工厂。

肝脏每天分泌 800～1 000 毫升胆汁，胆汁是肠道消化和吸收脂肪不可缺少的物质。肝脏里血液十分丰富，平时约含血 1 000～1 800 毫升，它能调节全身的循环血量。当身体因外伤急性失血时，肝脏就会收缩，排出大量血液进入血管，补充循环血量的不足。因而肝脏也是“贮血库”。

肝脏是解毒的场所。体内新陈代谢产生的多种毒物、服用的药物、酒精以及烟中的尼古丁等等，都是在肝脏里被解除毒性的。肝脏在血液代谢中也有着重要作用。在胎儿时期，肝脏是重要的造血器官，成年人的肝脏虽不是造血器官，但肝脏仍是造血原料铁和铜的仓库。

胰腺(pancreas)位于胃下部，长约 15～25 厘米，厚约 0.5～2 厘米，重约 60～160克。胰腺分为头、颈、体、尾四部分，它既是外分泌腺——通过胰腺管向肠道排泄胰液；又是内分泌腺——直接向血液供给胰岛素和胰高血糖素。胰脏每天能分泌 500～800 毫升胰液。胰液里含有丰富的胰蛋白酶，可以水解蛋白质，胰脂酶用于消化脂肪；胰淀粉酶可消化淀粉类食物。另外，胰液里还含有大量的碳酸氢钠，可以中和胃酸，使肠道内的酸性食糜变成碱性，为肠道的消化吸收创造条件。

胰岛是胰脏里的一些孤立的大小不等的细胞群，由几个到几百个细胞构成，直径在 20～300 微米之间。胰岛约占胰脏总体积的 1%～2%。它至少分泌两种内分泌激素，一种是由 β 细胞分泌的胰岛素——帮助身体利用和转化血糖，使血糖降低。如果胰岛素分泌不足，身体就不能利用血液中的糖。血糖浓度持续高于正常，则产生糖尿病。另一种是由胰岛 α 细胞分泌的胰高血糖素专门升高血糖水平的，在正常情况下，它和胰岛素相反相成，相生相克，使血糖维持在 3.9～5.8 毫摩尔的正常水平。血糖调节如图 6.6。

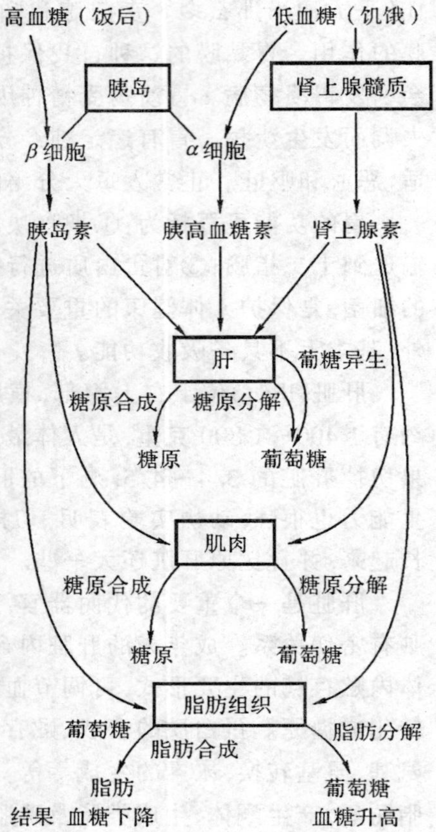

图 6.6　血糖调节图

肾脏(kidney)，俗称腰子，形如蚕豆，成人男性两侧的肾脏重量约 120～150 克。肾脏的主要功能是泌尿，排泄体内一切溶于水的废物。当血液由肾动脉流入肾脏以后，马上被带到肾小球。肾小球被双层薄膜紧紧包裹着。肾小球、薄膜和肾小管三者一起，形成了一个极其复杂的结构，叫做肾单位。每一侧肾脏就有这样的肾单位 100 万～400 万个。

两个肾脏重量不过只占体重的 0.5%，但是肾动脉的血流量占了从心脏输出来的血液总量的 24%。一昼夜约有 1 300 公斤的血液流经两个肾脏。流过肾脏的血液中，约有 1/10 即 120 多公斤被滤到肾小管里去，这就是原尿。原尿中有 118.5 公斤要被肾小管重新吸收回血液里去，所以每天只有 1.5 公斤的尿排出体外，这叫终尿。肾脏通过过滤和重吸收的过程，把对身体有用的物质留到体内，把废物干净利落地排出体外。一个成年人每天尿量不能少于 500 毫升，否则就不能把身体里的废物全部排泄出来。肾功能衰竭的病人只能靠体外血液透析来清除血内的有害物质而维持生命，当然也可以用换肾的方法来解决。

肾脏还有分泌很多重要激素的功能，如肾上腺素、红细胞生成素等。

中医认为肾为先天之本，肾亏则体虚，保持肾的健康是非常重要的。

人的全身，除了手掌和脚掌、口唇、乳头等部位以外，都长有毛发(hair)，其中最长最粗的是头发。黄种人平均有10.8万根头发。毛发虽然很细，却有里层和外层之分。外层称为表皮，由很薄的细胞组成，成鱼鳞状排列，内层是皮层，其中含有决定毛发颜色的色素。头发中还有髓质，是核心部分。毛发的根在皮肤下面，是从毛囊中长出来的。毛囊一般不垂直于皮肤，而是成一个倾斜的角度。毛囊的方向决定了毛发的生长方向，每个毛囊都和一块很小的肌肉——竖毛肌相连。人在激动或突然受冷时毛发竖起，就是竖毛肌收缩而引起的。

毛发之所以能生长是因为毛囊底部的上皮细胞在不断分裂繁殖，逐步向上推。毛发生长的速度很慢，每星期为1.5～3毫米，人体各个部位的毛发生长情况不一样。头发的平均寿命为2～4年，眼睫毛、眉毛的寿命为3～5个月，而汗毛寿命更短。一般成人每天要脱落5～10根头发，又从毛囊中长出新发，毛发的生长有一定的周期性。中医认为，发为血之余，毛发的生长情况既与人种有关，也与个体的健康状态、心情、激素水平有关。

运动系统由骨、骨连结和骨骼肌三部分组成。全身的骨通过骨连结构成骨骼，有维持体型、支撑体重和保护内部器官等作用。骨骼肌附着于相邻两块骨的骨面上，在收缩时以骨连结为支点，牵引骨骼改变位置，产生各种运动。在运动过程中，骨是杠杆，骨连结起枢纽作用，骨骼肌则是运动的动力部分。肌肉收缩的很大力量来源于肌动蛋白之间的滑动。

人类的进化发展史表明：人类的祖先由于生活方式的改变，上、下肢开始分工，使人类逐渐能够直立行走。此后，由于长期从事生产劳动，上肢终于从支撑的功能中解放出来，成为专门的劳动器官。由于适应直立行走和从事生产劳动等特殊功能的需要，运动系统各部分也都发生了相应的分化，如在颅骨、脊柱、胸廓和四肢等处的形态构造方面出现了显著的变化。这种变化扩大了人类的视野，促使了人脑的发展。

6.3.3　血型和输血

血液(blood)是一种广义的结缔组织,血浆中含有大量的水分和 200 多种化学物质;血细胞可分为 3 大类,即红细胞、白细胞与血小板,白细胞又有几十种亚型。从血管中抽取一定量的血液,置于含有适量抗凝剂的刻度试管中混匀,经离心沉淀后,可将血浆与血细胞分开。试管上层呈淡黄色的透明液体是血浆,占全血的 55%~60%;下层呈暗红色的沉淀物是红细胞;在红细胞上面的白色薄层沉淀物是白细胞和血小板,约占 1%。在正常人体内,男性每 1 毫升血液中红细胞含量为 400 万~500 万,女性为 370 万~480 万。贫血病人一般红细胞含量很低,而红细胞增多症患者红细胞含量升高,甚至可达 600 万~700 万。红细胞的寿命约为 120 天,其形状像一只两面都凹进去的圆盘。它是位勤劳的运输兵,一刻不停地在体内奔来奔去,从肺部将氧气运送到身体的每个角落,卸下氧气后,又背起二氧化碳向肺部跑,如此周而复始地循环。白细胞是人体的"警卫",一旦有入侵的敌人,它会随时变换自己的形状,包围和吞噬细菌,将其杀灭。血小板是工程兵,它不断抢修各种血管的破裂,帮助伤口的愈合。如果抽取的血液置于不加抗凝剂的试管中,血液将发生凝固,即由溶胶状态变成凝胶状态;血凝块逐渐紧缩,将析出透明的淡黄色液体,即为血清。

不同人的血液混合时,有的会发生血细胞凝集,这是因为发生了抗体反应。在血液中,红细胞表面有抗原(凝集原),血清中有抗体(凝集素),抗原抗体相遇便发生凝集。ABO 血型一般分为 A、B、O、AB 四种。A 型血的血细胞有 A 凝集原,血清中有抗 B 凝集素;B 型血的血细胞有 B 凝集原,血清中有抗 A 凝集素;O 型血的血细胞 A、B 凝集原皆无,但血清中却既有抗 A 凝集素,又有抗 B 凝集素;AB 型血的血细胞兼有 A、B 两种凝集原,而血清中却既无抗 A 凝集原,又无抗 B 凝集素。当两种不同血型的血液混合时,即 A 凝集原和抗 A 凝集素或 B 凝集原和抗 B 凝集素相遇时就会发生凝集反应。因此,在输血前应进行交叉配血试验,并尽可能输同型血,但 O 型血可输给 A、B、AB 血型者。

除了 ABO 血型之外,还有一种 Rh 凝集原。凡红细胞含有这种抗原而能和抗 Rh 凝集素发生凝集反应的即称 Rh 阳性,若无则为 Rh 阴性。我国包括汉族在内的多数民族的人群中,99%的为阴性。Rh 血型具有临床意义,若 Rh 阴性者接受 RH 阳性血液输血后,产生了抗 Rh 凝集素,若再输给 Rh 阳性血液时，输入的红细胞就会发生凝集反应。Rh阴性的妊娠女性可能因胎儿的父亲是Rh阳性而孕育了Rh阳性的胎儿，产生抗Rh凝集素，当再次怀有Rh阳性胎儿时就会造成胎儿的死亡。

6.3.4　经络之谜

经络是中医的理论基础之一。早在两千多年前，世界第一部医学巨著《黄帝内经》对经络的走行就有了详尽的描述。“经络”是“经”和“络”的总称。纵行的干线叫“经”或“经脉”，其分支叫“络”或“络脉”。人体的主要经脉共14条，手足各有6条，再加上前正中的任脉和后正中的督脉，这14条经再由络脉相互衔接，便构成了经络系统，我们熟知的穴位就分布在它的上面。

我们祖先认为，经络是运行全身气血，联系脏腑肢节，沟通上下内外，调节体内各部分的通路，因此有“经脉者，所以决死生，处百病，调虚实，不可不通”之说。用现在的话来说就是，经络在生理、病理、诊断、治疗及防疫等理论中都起着重要的作用。经络理论是针灸推拿、气功治疗的基础，它的作用是肯定的。然而长期以来，我们却未能找到如神经、血管、淋巴、DNA这样的结构基础。

近年来我国科学家用生物物理学新技术创造了一个又一个奇迹。例如：有的专家利用了声发射探测和计算机结合频谱技术发现这条经络敏感线具有特殊的导音性。还有人利用振动的方法证明这条经络像琴弦一样能发出高亢而宏大的声谱来，不妨叫做经络音！中国科学院的一位中年科学家还设计了一套能测几个光子的高度敏感仪器，发现这条经络线上发出的光子较非经络线高1.5倍，说明经络线还是一条善于发光的线！有的科学家则用遥感原理，在红外热像仪上测出经络线上皮肤表面的温度和非经络线上温度有很大差别。最让人信服的是这条隐性经络感传线也是一条具有较两侧皮肤电阻低的线或称为低阻线。这条低阻线几乎在人人身上都可以找出来，当然，它也是和经典的经络重合在一起的。

另外，用放射性同位素的办法，我国科学家在50年代末已经发现并在最近继续得到验证：注射示踪元素到皮下的经络线上，这些示踪元素是密集在经络线上的。最近的研究表明经络线上分布有干细胞，干细胞是一种多分化潜能的细胞，因此也可以认为经络是人体生命线。

世界上四大文明古国只有中华民族一枝独秀，究其原因很大程度上要归功于祖国医学，而经络学说又是其中的国粹，经络学说为我国文明进步奠定了基础，现代生命又为揭示经络之谜提供了理论技术基础。

6.4　人体生理的调节

人体要保持良好的生理状态，就要进行调节。人体有完善的自我调节系统，主要由激素、神经系统和免疫系统来进行，三个系统相互作用密切相关。也可以利用药物进行调节，但调节必须有利于机体的活动，若违背生理规律，滥用药物将会产生严重的后果。

6.4.1　激素调节

激素(hormone)是指内分泌腺和细胞产生的，通过扩散或体液运送，与靶细胞激素受体结合，调节代谢作用的一类微量化学物质。它们参与生物体内的各种应激反应，激素参与正常的生理调控，例如促进生长的生长激素，促进发育的雄性激素和雌性激素，促进生育的孕激素、催乳素，以及各种垂体激素、肾上腺皮质和髓质激素、甲状腺激素等等。

在人体的肾脏上端有一对内分泌腺，称为肾上腺，它由皮质和髓质构成。在恐惧和紧张时，人体内肾上腺素等激素分泌量会显著增加，引起血压上升、心跳加快、代谢率提高、细胞含氧量增加、血管舒张、脾脏中的红细胞大量进入血液循环、骨骼肌和心脏中的血流量增大、瞳孔放大、毛发直立、同时抑制消化管蠕动、肠壁平滑肌中血管收缩导致血流量下降等一系列反应。此外，肾上腺素还能和细胞膜上的受体结合，活化 cAMP 信号通路，从而进一步促进糖原分解，增加体内葡萄糖的含量，促进能量代谢，使得处在应激状态下的机体有足够的能量做功，完成各种动作。

脑垂体分泌的生长激素能促进人体的生长发育。生长激素最先作用于肝脏，产生生长素介质，然后，生长素介质再作用于软骨和骨骼组织促进形成骨骼的骨胶原等物质沉淀。生长激素的另一个作用是促进体内所有细胞的蛋白质合成，减少进入细胞的葡萄糖并抑制糖的分解利用，促进脂肪水解和脂肪酸氧化，还可促进全身的发育。因此生长激素在人一生中各个阶段都起着重要的作用。新生儿血液中生长激素的浓度为每毫升 15～30 毫微克，4 岁后就与成人一样，清晨平静时每毫升血液含 1～3 毫微克，一天的分泌量为 0.5～1 毫克。

生长激素的分泌量随不同的活动而不断变化。当精神处于紧张状态，血液中葡萄糖含量下降时，生长素的分泌量增多；当血液中葡萄糖量增加时，则生长激素的分泌受到抑制。成年后期，如果生长激素分泌过多，就会导致手指异常增大，下颌突出，鼻、唇、舌以及内脏增大，医学上称之为肢端肥大症。如果在儿童时期，生长激素分泌不足，就会得垂体性侏儒病，即使到了成年，患者个体矮小、保持童貌，而且全身比例异常。这种病人若发现及时，并用生长激素治疗就可以正常发育。

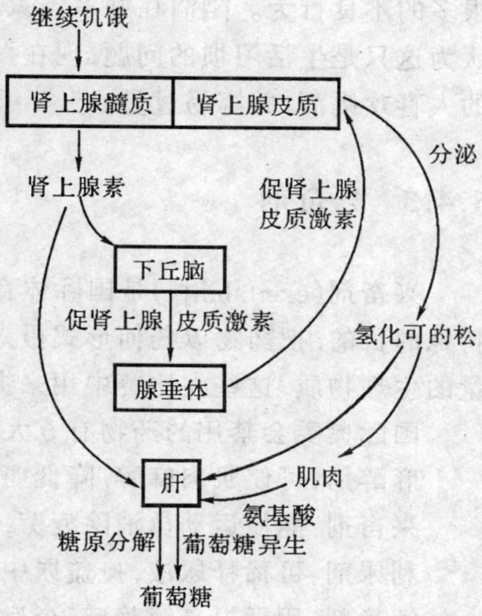

图 6.7　人体在过度饥饿时的血糖调节图

体内的某些神经细胞也能分泌激素，把神经信号转变为激素中介的化学信号。例如下丘脑的某些细胞能分泌多种释放激素或释放抑制激素，这类激素能调节内分泌腺释放激素，图 6.7 所示的是人体在过度饥饿状态下血糖调节的模式。

6.4.2　酒

酒(alcohol)也是一种能导致人兴奋的物质。酒的主要成分酒精即乙醇是一种能源，每 1 克酒精能产生 7000 卡的热量。不同的人能承受的酒精量是不同的，主要取决于人体内醇脱氢酶和醛脱氢酶的活力。当酒精进入机体后，醇脱氢酶把酒精中的两个氢原子脱掉变成乙醛，再经醛脱氢酶氧化成乙酸，进一步氧化成水和二氧化碳，放出能量。醛脱氢酶功能不全的人，体内会积累大量的乙醛，导致脸部和其他部位的末梢血管扩张，出现脸色发红。为使末梢血管扩张后下降的血压能迅速回升，身体会分泌肾上腺素，使血管收缩，心跳加快，血压回升。少量饮酒能加快血液循环，提神御寒，促进食欲，振奋精神，对人体是有利的。但过量饮酒会影响人的神经系统和大脑皮层，使条件反射混乱，影响呼吸中枢，甚至引起心跳、呼吸丧失。酒逢知己千杯少，但饮酒过量会引发很多的不良行为。酗酒在好多国家已成为一种严重的社会问题，过去人们都认为这只是生活习惯的问题，现在发现人体内存在着“酗酒基因”，携带该基因的人喜欢喝酒，并容易过量。

6.4.3　兴奋剂

兴奋剂(excitability)是国际体育界规定的违禁药物的总称，即“健康人以特殊的目的，把药物以任何形式摄入体内，或者以不正常的方法应用了非正常量的生理物质，这些在比赛中用来提高运动成绩的作法，称之为应用兴奋剂”。

国际奥委会禁用的药物有6大类。具体分类是：

麻醉剂：可使肌肉麻醉，降低痛感，提高心理亢奋。

兴奋剂：能使运动员消除疲劳，增强体力和兴奋，提高运动速度。

利尿剂：可稀释尿液，掩盖尿中所含药的剂量，并可临时减轻体重。

镇静剂：用于提高镇静感，令运动员精神集中，情绪稳定。

合成类固醇：雄性激素的衍生物，能加速肌肉增长，增强身体的强度和体力。

肽激素：用来增加血液中皮质类固醇的分泌水平，产生欣快的作用。

兴奋剂中大部分是激素或激素类物质，它们直接作用于激素受体或间接作用于激素系统，不科学地加强人的部分生理功能。使用兴奋剂，将对人的生理、心理产生危害，长期服用者会发生心力衰竭，激动狂躁，成年女性男性化，男子过早秃顶，引起前列腺炎、前列腺肥大、患糖尿病、心脏病等疾病，甚至导致猝死。为了让运动员在受轻伤以后可以继续比赛，人们使用麻醉剂去痛。服用止痛剂可以使人产生欣快感，觉得自己是战无不胜的，但这样可能会让对手受到伤害。不过，少量的阿司匹林和可卡因在申报的情况下可以服用。

人对于体能极限的追求，更新、更难、更高的竞赛是人类文明发展的组成部分，在比赛中使用兴奋剂，靠药物来提高成绩是不公正的，是一种欺骗行为，违背了体育精神。一些运动员不顾自己的健康，依靠药物来提高成绩，相当程度是体育商业化的结果，他们要靠成绩来换取金钱，这是道德问题，我们必须坚决反对。另外，茶、咖啡、巧克力和所有可乐型饮料中都含有少量兴奋剂，我们在服用时也应有节制，特别是儿童。

6.5 人的情感

人有七情六欲,是情感(sensibility)最丰富的动物,人对弱者的关爱、正义感和大无畏的牺牲精神,是高级的情感活动。情感是人们在认识客观事物的基础上,对客观事物能否满足自己的需要而产生的一定态度的体验,是一种内心体验,这种体验包括生理上的和心理上的。

情感有物质基础,情感的生理机制是大脑皮层系统与皮层下系统的协同活动。人处于过度欢乐、恐怖、愤怒时,血液中类固醇等激素物质的含量会迅速增加。一些有严重精神抑郁症和强烈情绪波动的心理活动障碍者,往往有其遗传背景。从这些病人及其有病的亲戚的皮肤细胞中发现,氯乙缩醛受体要比正常人多 50 倍。氯乙缩醛受体是神经细胞之间传递信息的一种分子。病人的大脑细胞也有过多的这种分子,因而使大脑细胞处于高度敏感状态,最终导致抑郁和狂躁表现。

6.5.1 人的情感特征

人类的情感特征是复杂多样的。人自出生后,由于生存与生理的需要,会产生原始的情绪反应。当人们面对能满足人的自然需要的事物,就会采取积极趋向的态度,产生一种原始的、基本的情感体验,也叫做情绪。情绪属于人的本能反应,是情感的最基本的特征,是自然属性。当满足人的社会性需要时,人就会采取积极赞成的态度,产生社会性情感。这是人类区别于动物所特有的情感,是受第二信号系统控制的复杂条件反射,是受社会历史条件制约的复杂情感。在社会发展的不同阶段有不同的社会情感,它由社会存在决定。人的社会情感中含有理智的成分,这种理智产生于大脑的思维,如对善的赞扬和对恶的摒弃,却是建立在人的社会属性上的。

情感具有两极性,这是指人的情感具有明显对立的两端,如悲与喜,爱与憎,属于对立的两种情感。情感的两极是可以转化的,在一定条件下,它们之间的界线可以被突破,俗话说"爱的尽头是恨"就是一个两极转换的最好例子。

情感是个人体验,喜怒哀乐惊思恐是人的基本情感。不同的人对同一情景会产生不同的情感表现,有的坚强,有的懦弱,有的张扬,有的含蓄。情感受环境群体影响，我们时常会被一些故事、场景或是一句话打动，一个人悲哀的哭泣往往会影响他人。很多领袖人物具有情感魅力。情感也是互动的，比如"我爱人人，人人爱我"，当我们用心去关心别人时，别人也会来关心我们。情感还会转移，如"爱屋及乌"。

情感的对象可以是人，也可以是动植物，甚至是没有生命的物体；可以是实体，也可以是虚像；可以是个体，也可以是群体。我们可以崇拜一个科学家、社会活动家，也可以在一个卡通人物或一个星球上寄托着我们的幻想。情感的对象和范围很广，"爱是人类最美的语言"，我们提倡博爱，这是一种从小我到大我的升华，人应该打开胸怀，用博爱和宽容去接受他人，接受世界。

人类情感是社会培植的，一个优良的社会制度和社会生活氛围，使社会成员具有高尚的情感，高尚的情感活动又推动社会文明进步。人的情感激发有利于思维过程的深化并取得创新性成果。思维总体上说是理智的范畴，理智与情感相辅相成。

6.5.2　情感控制

人的情感是可以控制的，每个人对于情感的调节能力都是不同的，有的是自然调节，有的是理智控制。人的社会属性越明确，知识体系越高，控制情感的能力就越强。对于失败、失恋、失意，有的人狠打沙袋一番，有的人借运动出汗发泄，有的人愿意借酒浇愁，有的人大声吼叫，有的人疯狂购物等等，来调节自己的情绪。有些人很快振作起来，也有些人会长期自闭。人生失意是经常的事，重要的是善于总结。社会生活实践也给人类提供了调节情绪、情感的具体方法。

1. 自我宣泄：以可能的方式，向父母兄弟吐露、倾诉心中的不平和委屈，"出出气"；在日记里记述个人的思想和感受，"一吐为快"。实在气恼或伤心得很，想哭就不妨哭一下，流泪能够排除由于情感压力所形成和积累起来的毒素，使消极情绪一泻而出。许多人在大哭一场后，心里会觉得爽快，反之，憋在心里倒可能生病。当然，这样做也需要由理智来控制。

2. 代偿转移：通过另一种活动来弥补不能达到的愿望，如参加一次旅游、运动或者钓鱼等，使心理压力释放，让憎恶、气愤等情感转移。

3. 自我控制：理智分析，沉着、冷静地应付不快的事、意外的和不幸的事乃至命运的打击。不轻易发表激动的言论，不表现出冲动的行为。遇上考试失败、遗失钱物等不快的事，要冷静，并以此提升自己的修养，"无故加之而不怒，骤然临之而不惊"，化挫折为动力，顽强地争取做生活的强者。无论你碰到什么不幸的事，一定有人比你更不幸，只要坚强而充实地生活着，事情总是有解决办法的。

4. 积极参加社会服务与集体活动：以社会进步为己任，胸有大志，情感基础会提升，情感生活才会丰富健康。要科学对待情感问题，在青春期和更年期，随体内激素变动，人会出现明显的情感特征变化。在自己难以排解时，应去咨询心理医生，在医生的指导下服用药物。焦虑、失眠等痛苦的感受，常有其生理原因，这时候应用一些药物能将其调整。

6.5.3　关爱他人和关爱社会

人类情感的最高境界是关爱他人，关爱社会。人类已经脱离了自然生存环境，长期的社会生活使人的情感升华，从人人都具有母爱和父爱的天性，升华到慈母严父的生活教育型，从对亲生子女们关爱发展到对亲属、对社会整个下一代的关心和爱护，从衰老淘汰发展到敬老、爱老蔚然成风。"人"字的结构就是互相支撑，人在与他人交往中，彼此建立了相互依赖的关系。所以想要让人们的生活更幸福、社会更和谐。我们就要学会关心他人，关心社会。通过"关心"更好地实现人与人之间的相互理解，通过"关心"社会，更好地处理社会上的各种事务，从而创造出更加璀璨的人类文明。

人的本性中具有同情弱者和帮助弱者的潜在意识，关爱他人、关爱社会是人性中善良一面的发扬，关爱他人、关爱社会也是社会教育的成果。爱校爱国的激情，义务献血的崇高，救死扶伤的勇气，助学、助残、青年志愿者等活动都体现了这种精神。人是情感的动物，感情是相互的，关爱他人、关爱社会能形成社会的凝聚力。当然，关爱他人和关爱社会是要有精力、能力和实力，要有热情并讲究方法，我们应不断提升自己的能力，并积极培养自己服务社会的精神，将这种关爱的理念和实践从部分人的行为变成社会大群体的自觉行动，从真正意义上推动人类进步。

第7章 免疫与疾病

在人类极其艰辛的发展过程中,有豺狼虎豹的威胁,有人类自身互相的战争和杀戮,然而对人类威胁最大的还是疾病。席卷欧洲的黄死病曾吞噬了几千万人的生命;早期我国流行的血吸虫病也造成了“千村薜荔人遗矢,万户萧疏鬼唱歌”的惨象;艾滋病已夺去了全球3 000万人的生命,并有2 000万感染者。疾病曾多次阻断人类文明的进程,而人类正是在与疾病的斗争中逐渐发展了自身的免疫系统。有了免疫系统这个生命卫士,人类才得以与疾病抗争,人类文明得以发展。随着生命科学的发展,人类防治疾病的方法正在发生深刻的变化,更多地从人体本身、人的基因结构上来研究病因和病理,从免疫系统的结构、功能和调节上来实现疾病预防的,并逐渐开始个性化治疗。

7.1 疾病

人体是由蛋白质、核酸等物质组成的有机体,就其理化性质来说是很脆弱的,也就是说,人的生存条件是很狭窄的。高温、撞击、化学有毒物质、细菌病毒等因素都能打破生物的内稳态,影响人体的正常状态,如血压、血糖、尿糖升高,心电、脑电异常等。偏离正常生理指标就是疾病。有的疾病是急性的,会立即引起器官坏死或个体死亡,如脑外伤、心肌梗塞、急性传染性肝炎、急性尿毒症、急性胰腺炎等;有的病是慢性的,长期迁延不愈。生老病死是不可避免的客观规律,我们只有认识和掌握疾病发生和防治规律,才能克服疾病。

根据疾病发生的不同途径,我们将其分为遗传病和病原体疾病等。

7.1.1 遗传病

人体的生长发育是受基因控制的,如果基因发生改变,就可能使生物活动过程紊乱,严重的就会产生疾病,我们将由遗传因素引起的疾病称为遗传病

(hereditary disease)。理论上，单个碱基的突变就可以改变一个氨基酸，一个氨基酸的变化可以影响一种蛋白质的结构和功能，一种蛋白质的变化会影响一种细胞结构或一种代谢反应，引起一种疾病。人类有3万多个基因，每个基因变化都可能会影响生物活动过程。到目前为止，我们已经知道的遗传病有6000多种，可以分为三类：(1)单基因病，如镰状细胞性贫血病、色盲、家族性多发性结肠息肉、软骨发育不全、多指症、遗传性眼睑下垂、白化病等，这些疾病都是由于单个基因突变引起的；(2)多基因病，如高血压、肿瘤、冠心病、糖尿病、哮喘病、骨质疏松症、精神及神经性疾病、无脑儿、原发性癫痫病等，这些疾病是由多个基因突变引起的；(3)获得性基因病，如各种细菌和病毒引起的各种病症，流行性感冒就是其一。有的人易患感冒，有的人易感染结核菌，这种个体差异的本质是基因差异。如果没有病菌，也就不会表现出疾病。

遗传病是通过生殖细胞传递的疾病。产生遗传病的原因有染色体畸变(chromosomal variations)和基因突变(genetic mutations)。染色体畸变包括染色体数目变异和染色体结构变异，如Down综合征，它的21号染色体有3条，即全部染色体数为47。

基因突变包括基因组核苷酸顺序的增加、减少和替换。单基因病中有些是显性遗传病，如先天性软骨发育不全、亨廷顿氏病、神经纤维瘤、视网膜母细胞瘤等。镰状细胞性贫血病是最早被认识的一种遗传病，这种疾病在非洲的某些地区十分流行。患者的血红蛋白含量仅为正常人(120～160克/升)的一半，红细胞数目也是正常人$(4.0\times5.5)\times10^{12}$/升)的一半左右，而且红细胞的形态也不正常，除有大量的未成熟红细胞外，还有很多长而薄，呈新月状或镰刀状的红细胞。人的血红蛋白(Hb)是由四条肽链组成；其中两条α链各有141个氨基酸，两条β链各有146个氨基酸。正常的β-血红蛋白链N端的第6位氨基酸是谷氨酸，它的密码子是CTT，而病人的密码子却突变为CAT，这样第6位的谷氨酸就被缬氨酸代替，就是这样一点变化使血红蛋白分子构象发生变化，与氧的结合能力减弱，造成红细胞寿命减短，并引发溶血性贫血。镰状细胞性贫血病是一种致死性疾病，它的纯合子患者有的在童年就死去，杂合子患者的寿命也不长，但它却能抵抗一种流行于非洲的疟疾，这种疟疾也是一种致死性的疾病。携带正常血红蛋白基因的纯合子个体死于这种疟疾的几率很高，常常来不及繁殖后代就已死去，而镰状细胞性贫血病杂合子患者对疟疾有一定的抗性，尚能繁衍下一代，这是因为疟原虫不能以镰刀状红细胞中的血红蛋白为食的缘故。这种伴随的适应性是某些遗传病没有完全在进化过程中被剔除的原因。

还有一些属于隐性遗传病，如白化病、苯丙酮尿症、半乳糖症等，只有在纯合子状态下才会显示出病症。当父母双方均为致病基因的携带者，子代有1/4的患病概率，且子、女患病概率对等。有些遗传病是和性别连锁的，如色盲、血友病等。

人类许多生理特征如身高、体重、血压和肤色深浅、毛发疏密等都受多个基因控制，无显性、隐性之分。每对基因作用较小，但却有积累效应，发病时还受环境因素的影响。环境因素影响越大，遗传因素越少。唇裂、高血压、糖尿病、躁狂抑郁症、类风湿关节炎和先天性心脏病等都是由于遗传基础和环境因素共同作用的后果。

遗传性疾病常具有先天性、终生性和家族性的特点，有些遗传性疾病表现为晚发，在个体发育达到一定岁数后才会表现出来。如一种引起失明的视网膜色素沉着病，一般要到 40 多岁才表现出来。在人类进化早期，平均寿命短，这些疾病的作用不明显，但随着人类生命延长，这些疾病的危害也就显现出来了。

由于人类基因组研究的成果，许多遗传病的分子基础已经逐渐清楚，所以可以在生育前进行分子检测和染色体检测，以确定基因正常与否，来避免下一代的遗传缺陷。再过若干年，通过分子打靶技术，我们可以用基因治疗来治愈某些遗传病。

7.1.2　病原体疾病

各种病原体会侵入机体，并在体内生长繁殖，吞噬和损害机体组织细胞，而机体则会动员自身防御系统清除病原体，两者相互作用、相互排斥。当病原体占优势时，则形成感染，进而发展成为疾病；若条件有利于机体时，则产生免疫，病原菌被清除。导致机体患病的病原体主要有细菌、病毒、支原体和寄生虫等。除寄生虫外，大多数病原体均属微生物。不同的微生物侵入人体的途径不同，有的从口入，经消化道使肠、胃等发生感染，也可以是经过鼻、呼吸道而感染肺。机体有严密的组织抵挡外界不利因素的入侵，绝大部分致病微生物不能穿过完整的皮肤，健康而完整的皮肤还可以保护人体免受外界机械、物理、化学因素的损害。皮肤的汗腺能分泌乳酸，使汗液呈酸性，不利于病菌的生长；皮脂腺分泌脂肪酸也有一定的杀菌作用；皮肤的角质层可以抵御外界的刺激；人体的口腔、鼻腔、眼、耳、尿道、肛门等处还长有黏膜，黏膜能分泌多种杀菌物质，如溶菌酶、黏多糖、胃酸、蛋白质酶等，不仅可以杀灭细菌，还能制服许多种病毒。只有在皮肤破损时，病原菌才能进入组织，造成感染。极少数如钩虫、血吸虫能穿过皮肤进入组织，造成感染；少数病毒如脊髓灰质炎病毒、麻疹病毒等能穿过黏膜，然后通过血液循环，到达特定的组织细胞，造成病变；有的微生物如白喉杆菌，能附着在黏膜上生长繁殖，形成局部病灶，产生毒素，引起各种症状。

病原菌入侵机体后，人体有免疫系统与之相抗衡。首先是血液中的中性白细胞大量集结，然后是巨噬细胞闻讯赶来助战，它们包围、吞噬入侵细菌，释放强有力的消化酶和特殊的分子将吞噬的病原菌消化掉。如果入侵的病原菌数量不多，很快就会被白细胞消灭，人体保持健康状态。如果入侵者数量多，或人体机能低下时，病原菌迅速繁殖起来，那就要动员更多的免疫细胞参战，从而会引起发烧，出现红肿、疼痛等炎症反应，局部出现脓液。病原菌消灭后，炎症会消失，组织会新生复原。如果外来病原体数量多，毒性大，炎症就会进一步扩大，引起严重的全身性疾病甚至死亡。

由细菌引起的传染病，如痢疾、肺结核、败血症、麻风病等，仍在危害着人类，造成大量非正常死亡。细菌造成人体感染主要有三种类型，即细胞外感染、细胞内感染和局部感染产生毒素。

炭疽热在美国“9.11”恐怖袭击事件后，引起了全世界的关注，它是一种由炭疽热杆菌引发的急性传染病。

鼠疫是人类历史上最烈性的传染病，它的致死率高达 30%～100%。在人类历史上，一次杀戮上千万人的世界性鼠疫大流行曾发生过 3 次。

破伤风是由破伤风杆菌侵入人体伤口，生长繁殖，产生毒素所引起的一种急性特异性感染。

在人类所患的病毒病中，流感是最普遍的。流感病毒多呈球形，是 RNA 病毒，经飞沫通过呼吸道侵入，病毒体借助其表面的血凝素和呼吸道黏膜上皮细胞上的血凝素受体结合并吸附其上，然后进入细胞内增殖，使细胞发生变性、坏死、脱落、水肿，呈现鼻塞、咳嗽、流涕、咽痛等症状，严重的还会引发死亡。1918 年，流感夺走了全世界 2 000 万人的生命。流感病毒至今还常常袭击着人类。研究表明，造成这种同期性流行的原因是流感病毒不断发生变异，每十年左右可以发生大的变异而面目全非，以至于人体内原来的抗体无法识别它，原有的药物也失去作用。

病毒性肝炎是危害现代人健康的最重要的疾病之一，分别由甲型、乙型、丙型、丁型、戊型肝炎病毒侵染引起。甲型和戊型肝炎病毒主要在肝细胞内繁殖，从粪便中排除，通过粪—口传播。乙型、丙型、丁型肝炎病毒是通过血液渠道攻入人体的。典型的甲型、丙型肝炎病毒是 RNA 病毒，而乙型肝炎病毒则是 DNA 病毒。

狂犬病又名"恐水症"是由狂犬病毒引起的急性传染病。它是一种自然疫源性疾病，多见于狗、狼、猫等肉食动物，人通过病兽咬伤而得病。

震惊世界的"疯牛病"是牛类的一种大脑疾病，学名为"牛类海绵状脑炎症"。引起该病的是一类特殊的朊病毒，朊病毒是一种蛋白传染粒子，不含核酸。构成朊病毒的蛋白质有两种形式，一种是存在于人脑或动物脑内的正常蛋白，另一种是具有致病性的蛋白质，具有抵抗蛋白酶的消化特性。两种蛋白质具有相同的氨基酸顺序，由同一基因编码，但三维结构却相差很大。致病的朊病毒来源于患羊瘙痒病的绵羊，能够在不同物种间传递。编码朊病毒氨基酸序列的基因，不存在于朊病毒中，而是正常哺乳动物基因组中的一部分。这种蛋白前体必须在致病蛋白的催化下进行构象转变，才能转化成有传染力的病毒蛋白。朊病毒恶性颗粒必须达到一定量后才能发挥作用，因此朊病毒蛋白侵入体内后的潜伏期长达数月甚至数年，具有很大的潜在危害性。

有一类动物，它们不能独立生活，需要永久或暂时地依附于生物体，从中获取营养，繁殖自己，这类动物称为寄生虫。寄生虫的大小不一，有属于微生物的原虫，也有大型的节肢动物和蠕虫，如蛔虫和钩虫。引起人体寄生虫病的寄生虫有很多，如引起酒糟鼻的螨虫，由蚊子传播的疟原虫，寄生在荸荠中的姜片虫，钉螺中的血吸虫等。

蛔虫是一类大型肠道线虫，其卵在外界发育，成虫在小肠内寄生。一般通过误食被感染期卵污染的食物或水，进入人体内。以肠腔内食糜为生，夺取人体的营养，导致人体营养不良。

引起痢疾的阿米巴虫，是一类以伪足为运动器官的原虫，一般只有 2～200 微米，形态多变，因此我们也称它为变形虫。寄生在人体腔肠内的变形虫，并不是全都会致病的，只有在侵入肠壁组织时，才会导致痢疾的发生。

血吸虫也是一类寄生虫。血吸虫生活史包括：成虫、虫卵、毛蚴、胞蚴、尾蚴和童虫 6 个阶段。血吸虫成虫寄生于人体或其他多种哺乳动物肠系膜静脉中，雌雄虫体交配产卵，排出的卵随血流沉积于肝脏和肠壁组织中。部分沉积于肠壁的卵落入肠腔后，随粪便排出体外。卵在水中孵出毛蚴，并自由游动。

毛蚴能主动钻入钉螺并在其体内发育，经两代胞蚴的无性繁殖后形成大量尾蚴，尾蚴离开钉螺在水面自由游动。毛蚴和尾蚴仅能在自然界水中短暂的自由生活。人因生产或生活的需要，与含有尾蚴的水接触后，尾蚴立即钻进人体皮肤并转变为幼虫，经过移行和一定时间的生长，最终在肠系膜静脉定居并发育成熟。因此，血吸虫需要两个宿主替换，一是人或其他哺乳动物，另一是钉螺。人或其他哺乳动物被有性繁殖的成虫所寄生，故称为终末宿主。钉螺被靠无性繁殖的幼虫所寄生，故称为中间宿主。

在学习寄生虫知识时，我们应把寄生虫和生活在人体内的一类有益肠道微生物区别开来。如体内的大肠杆菌、乳酸菌和双歧杆菌等却能与人体合作代谢，对人体有益。它们都是人体消化系统的好助手，有的还会分泌一些有益健康的活性因子。

7.2　免疫

人类在漫长的进化中发展了十分完善的防御疾病的免疫系统。免疫系统由免疫器官、免疫细胞和免疫分子组成，实现细胞免疫和体液免疫。免疫系统能特异性或非特异性地排除侵入机体的异物，如细菌、病毒、移植器官等。进入人体能引起免疫反应的物质称为抗原（antigen），大多是多糖类或蛋白质大分子。机体免疫功能的强弱与健康有关，免疫系统功能与机体发育有关，也受药物等因素调控。

7.2.1　人体免疫系统

人体免疫系统是一个极其复杂而重要的生理系统。它的基本单位是免疫细胞（immune cell），由免疫器官产生，免疫器官分为中枢免疫器官（central immune organ）和周围免疫器官（peripheral immune organ）两大类。中枢免疫器官由胸腺（thymus）和骨髓（bone marrow）组成，它们发育的完好性，结构和功能的完整性是保证机体正常免疫功能的先决条件。骨髓是产生造血干细胞的场所，一部分新生的造血干细胞能在骨髓中发育成为 B 淋巴细胞，另一部分发育成淋巴母细胞后，随血液和淋巴液进入胸腔前纵隔上部的胸腺中，进一步分化成为 T 细胞。B 淋巴细胞参与体液免疫，T 淋巴细胞参与细胞免疫。它们和另外一些免疫细胞随循环进入包括脾脏、淋巴结及全身的淋巴组织等周围免疫器官，行使机体的免疫功能。杀伤细胞、单核巨噬细胞、中性粒细胞及其他一些具有免疫效应的细胞，也能在机体受到侵害时，聚集到受害部位，直接或间接的吞噬颗粒状异物。

免疫分子有抗体、淋巴因子、单核因子、补体、干扰素等。最典型的抗体(antibody)是由B淋巴细胞受抗原刺激后形成和释放的免疫球蛋白(immunoglobulin, Ig)，简称Ig，它能与相应的抗原进行特异性结合。抗体分子由4条链组成，2条重链2条轻链，其分子结构呈"Y"型，可分为可变区和恒定区，如图7.1所示。恒定区有物种特异性，可变区位于"Y"分子两臂的末端，有独特的结合抗原的部位。抗体分子结构由基因决定，免疫细胞在受不同抗原刺激时，其基因在表达时会有复杂的重排，形成抗体的多样性。抗体分为五类，功能各有不同。

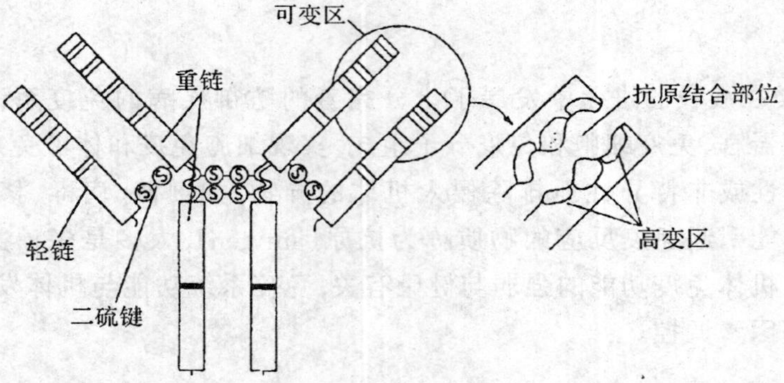

图7.1　免疫球蛋白的结构

T淋巴细胞有许多亚型，它受抗原刺激后形成和释放一组具有多种生物学活性的淋巴因子。单核巨噬细胞亦能释放一些促进和抑制免疫应答的可溶性物质，统称为单核因子，如白细胞介素1等。体内尚存在着多种具有非特异性免疫作用的体液因子，如溶菌酶、乙型溶素、吞噬细胞杀菌素等，共同构成人体的免疫屏障。

人体免疫系统与机体的生长发育、衰亡一致，也有发育和衰退的过程。幼儿期免疫系统尚未完全形成，抵抗力低下，要特别注意远离病原体，增加母乳以供给免疫分子。成年以后胸腺慢慢萎缩，免疫机能逐渐下降。老年人的免疫功能更低，所以更容易患病。

7.2.2　细胞免疫与体液免疫

免疫反应是指免疫系统识别、杀死、分解和排除异物的生理机能。当外来抗原进入机体后，机体产生的特异性免疫反应有两种表现形式：一种是产生对该抗原特异性的致敏淋巴细胞，这种致敏淋巴细胞能特异性地与该抗原发生反应，这一免疫反应称细胞免疫(cellular immunity)。另一种是产生对该抗原的抗体，这种抗体能特异地与该抗原发生反应，抗体游离于血液、淋巴液等体液中，因此这一免疫反应称体液免疫(humoral immunity)。免疫反应的过程如图7.2所示。

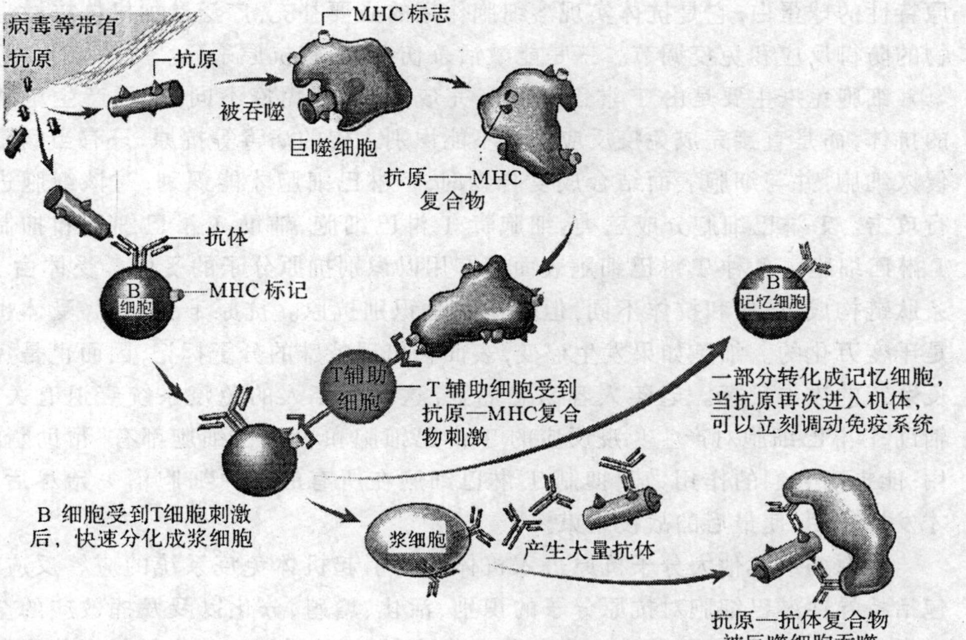

图7.2　免疫反应

体液免疫通过抗原和抗体的结合，将抗原消灭。当一种外来分子进入体内后，能刺激B淋巴细胞分裂，形成许多寿命很短的浆细胞。浆细胞内有非常发达的蛋白质合成系统，能大量合成抗体，合成速度达到2 000个/秒，但它们维持时间也短，产生的抗体量少，因此，往往还不足以抵抗相应的病原微生物的侵袭。另一部分成为记忆细胞，它们的寿命很长，能"记住"入侵的抗原。当第二次相同抗原入侵时，记忆细胞会作出很快的反应，产生出新的浆细胞，分泌抗体。第二次反应抗体量多，持续时间长，产生的时间也比初次反应快。因此在预防接种中，特别强调基础免疫的全程与间隔时间。虽然每个B淋巴细胞只能产生一种抗体，但是许许多多的B淋巴细胞可形成千百万种的抗体；每种抗体只与一种抗原结合，多种抗体，就可以与各种抗原结合。如果抗原是病原体，那么就可通过特异性抗体将其消灭。

抗体和抗原结合后，可以启动三种反应。一是抗原抗体的沉淀和凝集反应，沉淀和凝集的细胞团可被体液中的巨噬细胞吞噬清除。二是由肝细胞和巨噬细胞产生补体。补体是人和动物新鲜血清中经常存在的一组具有酶或酶原特性的球蛋白，它是抗体实现溶细胞作用的必要补充，广泛参加机体抗微生物的防御反应和免疫调节。三是能激活杀伤细胞，将抗原杀死。

细胞免疫主要是由T淋巴细胞来完成，和体液免疫不同，它不产生游离的抗体，而是直接完成免疫反应。它不能识别入侵的病毒等抗原，只有当病毒侵入细胞，并与细胞表面结合成复合物时，T淋巴细胞才能识别，对该细胞进行攻击。T淋巴细胞分成三类：细胞毒T淋巴细胞、辅助T淋巴细胞和抑制T淋巴细胞。各种T淋巴细胞表面都有用以识别抗原分子的受体。受体由2条肽链构成，结构和抗体不同，但作用也是识别抗原。抗原千变万化，受体也是千变万化的。细胞如果发生癌变，表面会出现特殊的分子标记，因而也是免疫系统的攻击目标。老年人容易患癌症，这与老年人的免疫系统衰退有关。辅助T淋巴细胞对产生免疫反应的T淋巴细胞和B淋巴细胞都有"帮助"作用，能提高它们的作用力。抑制T淋巴细胞在所有的抗原细胞消失殆尽后，才发挥作用，使最后的战役结束。

病原菌或其他大分子抗原进入机体内部引起机体免疫系统的应答反应，包括特异性淋巴细胞对抗原分子的识别、活化、增殖、分化以及发挥效应的全过程，这是一个由多种免疫细胞和免疫分子参与，并受组织相容性复合体限制的极其复杂的过程。免疫应答基本过程包括感应阶段、增殖分化阶段和效应阶段，其机制主要是保护机体免受抗原异物的损害。但免疫应答的过程十分复杂，目前还有许多环节尚未完全清楚。

7.2.3　免疫系统疾病

和许多的生命现象一样，免疫系统也有两面性，它不但能排除外来因素的侵袭，又能因免疫系统的失控而导致疾病的发生。在免疫系统受损时，免疫力低下，机体易患病；但当免疫力过强时，也会导致疾病产生。

超敏反应(hypersen-sitivity response)指机体受同一抗原物质再次刺激后产生的一种异常免疫反应。诱发超敏反应的抗原称为过敏原(sensibiligen)，如异种动物血清、各种微生物、寄生虫及其代谢产物、植物花粉和动物毛皮、青霉素、磺胺类药物以及染料、生漆和多糖等物质，此外受电离辐射、烧伤等影响而使结构或组成发生改变的自身组织抗原、以及由于外伤或感染而释放的自身隐蔽抗原却可以成为过敏原。过敏反应是临床最常见的一种超敏反应，典型的如哮喘病，有明显的个体差异和遗传倾向。输血反应、新生儿溶血病、类风湿性关节炎等也都是超敏反应的表现。

正常人血清中可以有针对多种自身抗原的自身抗体，但它们的效价很低，因而不足以破坏自身正常成分，但却可以协助清除衰老蜕变的自身成分，故有人称之为“生理性抗体”。在健康人中，自身抗体出现的频率随年龄增长而增高。60 岁以后有 50% 以上的人有自身抗体，如抗核抗体、抗线粒体抗体等。但是，自身免疫反应如果达到一定强度以致能破坏正常组织结构并引起相应临床症状时，就称为自身免疫病(antoimmune disease)，如包括全身性红斑狼疮、甲状腺机能亢进、类风湿病在内的自身免疫病有数十种之多。它的发病因素受到遗传、自身免疫调节机制、年龄、性激素等影响，其中，患者又以女性患者居多。不少自身免疫病目前尚无很有效的治疗方法，其中有些还严重地威胁着病人的生命。

免疫系统的完整性是机体免疫防御、自稳和监视功能的基本保证。但免疫系统的各个部分都可能发生缺陷，任何一个成分的缺失或功能不全都可导致免疫功能障碍，由此而引起的疾病称为免疫缺陷病(immunodeficiency disease)。由遗传因素或先天性免疫系统发育不全而引起的免疫障碍称为先天性或原发性免疫缺陷，如原发性 B 淋巴细胞缺陷造成的无丙种球蛋白血症，特征是血液循环中缺乏 B 淋巴细胞及丙种球蛋白。由后天因素而引起的免疫功能障碍称获得性或继发性免疫缺陷，最典型的即艾滋病及一些恶性肿瘤。

7.3　疾病的预防和治疗

疾病给人类带来痛苦和死亡，给社会带来负担，阻碍人类文明的发展。因此防治疾病是人类生存和提高生活质量的基本保障，某种意义上说人类文明史就是人类与疾病斗争的历史。人们希望不生病，或者生了病很快康复，希望在治疗过程中没有痛苦。由于对病理机制研究的深入，有效药物不断发现，医疗水平的提高，这种愿望正在逐步实现。人类如果没有自身的免疫系统，只能活两周；如果没有药物，平均活30岁；而现在的平均寿命超过70岁，等到基因治疗、细胞治疗等技术成熟后，人类也许可以活到200岁。现代生命科学正是以此为目标，从彻底了解人体基因结构和基因表达规律出发，积累关于病症、病理、病因、治疗等大量的知识，提高治愈疑难杂症的能力。医疗水平已是公认的人类社会文明水平的评价标准之一。

7.3.1　抗生素和抗药性

感染性疾病曾是对人类威胁最严重的疾病，它是由致病菌引起的，如伤寒杆菌、结核杆菌等，人类一度对这些肉眼看不见的敌人束手无策，眼看着它们每天吞噬着成千上万的人。1928年，英国细菌学家弗莱明在做细菌实验时，由于忘了给玻璃培养皿加盖，结果引出了青霉素的发明，它的出现使人类同细菌的斗争进入了一个新时代。大量的微生物被用来生产出对付病菌的抗生素。生产抗生素的微生物主要是放线菌和霉菌，也可以通过合成得到抗生素，如对付肺炎球菌的青霉素、头孢菌素，对付结核杆菌的链霉素、卡那霉素等。抗生素的作用机制有很多，青霉素类专门抑制细胞壁合成过程中关键的酶，使细菌得不到合格的细胞壁，失去细胞壁保护的细菌在通常的环境中迅速吸水、溶胀、变形，最后破裂死亡；有的抗生素损伤细胞膜；有的影响细菌蛋白质合成；有的抑制细菌核酸合成。

抗生素是针对性杀灭细菌的，细菌也会发展出一种机制抵抗它，这就是临床上的抗药性问题。如青霉素使用初期，疗效很高，但是不久就发现连续使用后，疗效逐渐下降，原因是有的病原体通过突变产生了分解青霉素的酶。有的耐药性是因为改变了抗生素的渗透障碍或改变作用靶位等。细菌突变的几率是很低的，但在数亿个体的病原菌中只要有几个个体出现抗药性突变，能够经受筛选，新的抗药菌株就会蔓延开来。抗药基因可以在细菌染色体基因中，但更多存在于细菌质粒上，质粒会在细菌之间传递，因此会出现普遍的抗药性问题。这时继续用药不仅无效，而且造成有抗药性的病原体对无抗药性微生物种群的优势。抗生素的过量使用，会引起药源性疾病和造成环境污染。有些抗生素半衰期很长，随人的排泄物进入水体等环境，使环境微生物产生抗药性，再作用于人，使很多抗生素药效下降，使用周期缩短。

医疗上解决抗药性问题的办法是进行药敏试验，方法是分离病原菌，再用不同种抗生素去试验，找到最有效的抗生素，然后针对性治疗。在治疗过程中采取变换药物的方法，即在一个疗程结束之后，换用疗效相同的另一种药物继续治疗。这样变换使对第一种药有抗性的突变病原体无法发挥作用，以达到治疗的目的。在使用抗生素时应考虑人体内正常微生物菌群的平衡，在人体肠道中存在着各种微生物菌群，这些微生物在人体免疫功能正常时不但对人体无害，而且有益，它们能帮助消化和物质转化，在使用抗生素杀灭有害菌时常常也会杀灭这类有益菌群，引起机体的失调。

7.3.2　防疫

在与疾病的斗争过程中，人们不仅希望有了病能立即治好，最好是能不生病。利用免疫学原理，我们可以运用免疫防治达到防病的目的。免疫防治就是借助免疫系统调节机体免疫功能，通过免疫接种的方法使人增强或抑制机体免疫应答能力，特异或非特异地发挥其生物学效应，具有针对某种传染病的特异性抵抗力，以达到控制疾病的目的，由此建立起了预防科学。机体获得特异性免疫力，主要有天然获得性免疫和人工获得性免疫。人工获得性免疫包括人工被动免疫，如被毒蛇咬伤后注射蛇毒抗血清，和人工主动免疫，如接种乙肝疫苗等。在免疫学建立之前，人们在长期的生活实践中就发现有些传染病如麻疹、天花等患者在康复后很少发生再次感染，这说明康复者获得了某种抵抗力。15 世纪我国民间就流传用天花患者的干燥痂皮磨成粉末，用吹鼻法进行免疫预防。琴纳(Jenner)最早用牛痘病毒做疫苗给人接种预防天花，开创了接种疫苗的防治技术。许多疫苗是由病原微生物制得，但它无害而保持其自身的免疫原性，即接种于人体后，能诱发人体产生抗体，但对人体没有损害。当再有病原入侵时，机体会产生大量抗体而杀死病原。根据病原体的不同可分为活苗、死苗、代谢产物、亚单位疫苗、生物技术疫苗、多价菌与联苗等。接种疫苗有效地控制了天花、狂犬病、炭疽、霍乱、白喉等一些危害严重的疾病。免疫接种成为最重要的防治传染性疾病的手段，在病毒性疾病的防治中，由于缺乏有效的药物进行防治，因而免疫防治显得更为重要。当今疫苗研究是一个十分活跃、十分重要的领域。

防治传染病是全球性的工作。国际组织制定的免疫计划，针对小儿麻痹症、猩红热、百日咳、肺结核、乙肝等。疫苗的研制是严肃的高科技活动，一般首先需进行大量的动物实验，在得到可靠数据之后，报有关管理部门批准后，才能在志愿者身上进行有限的人体试验。经过一期、二期、三期临床试验后，再经过结果评审通过后，才发给证书允许生产，生产过程必须严格达到质量标准。

7.4　癌症与艾滋病

癌症和艾滋病是当今社会威胁人类生命最严重的两大疾病，也是生命科学中两大难解之谜。世界各国的科学家联合起来对这两种疾病的病因、病理和防治方法进行了多年深入的研究。如果我们能在未来的 20～30 年内攻克癌症和艾滋病，人类文明的道路将充满阳光。

7.4.1　癌细胞和癌基因

在个体发育过程中，细胞通过有丝分裂增殖，并有秩序地发生分化。分化的细胞互相联系，互相制约，各自执行其特定的功能，使生物体协调发展。然而在从一个细胞分裂增殖到一百万亿个细胞的过程中，在保持生物体细胞更新时，有的细胞会受到某种因素的作用而偏离它原定的轨道并发生转化，即不再进行终末分化，而是回到细胞原始状态，不停地分裂、生长，变成了一些不受调节的恶性增殖细胞，这就是癌细胞(cancer cell)。在进行细胞体外培养时，正常细胞长满后，即细胞紧密接触时就停止了生长，但癌细胞还能继续生长成多层重叠。正常细胞传了一定代数后，就自然衰老死亡了；而癌细胞却有无限增殖的能力，并恢复了许多胚胎细胞所特有的能力，它可以穿过血管壁侵入实体组织，在机体内游走，侵蚀机体其他部分，并形成肿瘤(tumor)。

一个正常的细胞怎么会变成一个肿瘤的呢？早在 50 年代末，科学家就开始研究 Rous 肉瘤病毒，这种病毒能引起小鼠的白血病。后来发现使细胞癌变的是病毒基因组中的癌基因(v-one)。1972 年，Huebner 和 Todaro 提出了“癌基因学说”，他们发现在正常的细胞基因组中存在着一类和病毒癌基因在序列上有同源性的基因，称为细胞癌基因(c-one)。如果细胞癌基因完好无损，在染色体上位置正确、表达适量的话，它们并不具有危险性，并且是正常生长发育所必需的。但是如果因为突变、启动子插入、染色体重排或基因扩增等原因，这些基因会过量表达，就导致癌症产生。近年，科学家发现还有一类基因具有抑制细胞转化和维持细胞正常生长的作用，称为抑癌基因(cancer suppressor gene)，如 Rb1，p53 等，它们均能抑制肿瘤的发生。只有在原癌基因过量表达，抑癌基因发生突变失活的时候，才会形成癌症。因此，虽然我们每个人的细胞内都有癌基因存在，但发生肿瘤的可能性还是很小的。

7.4.2　癌症的产生和防治

人体的各种组织都会发生癌症，如肝癌、肺癌、脑癌、卵巢癌、子宫颈癌、皮肤癌、血癌、腺瘤、神经胶质瘤、肌瘤、骨髓瘤、淋巴瘤等。肿瘤可能是良性或恶性的，如果来自原始瘤的细胞迁移或浸润其他组织，并建立继发的肿瘤克隆，该肿瘤就是恶性的。世界上许多国家恶性肿瘤的发病率和死亡率都在逐渐增加，现在全世界肿瘤患者已经超过 2000 万人。中国每年肿瘤发病约 140 万人，死亡 105 万人。我国恶性肿瘤死亡率也逐年上升，尤以肺癌、肝癌、食管癌等明显增加。恶性肿瘤病人增加的原因可能与人群平均寿命的延长有关。因为肿瘤病人大都发生在 50 岁以上的中老年人群中，随平均寿命延长，这个群体基数增加，检出率当然增加。此外与检测技术的进步也有关，过去很多肿瘤检查不出来，作为别种疾病死亡统计，现在一张小小的蛋白芯片，采一滴血就可以检查十几种肿瘤。更重要的原因是环境的恶化，我们饮用的水和呼吸的空气中有大量有毒有害物质，食品和药品安全性得不到保证，均导致肿瘤高发。

现在已经知道物理因素、化学因素、生物因素、遗传因素、激素因素、营养因素、免疫因素、精神神经因素都会导致肿瘤发生。

物理因素，如电离辐射、创伤、长期慢性刺激及片状异物等对人类和动物都有致癌作用。放射性核素有强致癌性，广岛原子弹爆炸的幸存者中肿瘤的发生率明显增高。紫外线对人类和鼠的皮肤都有致癌作用，因此长期暴露在强烈日光下的人群，需加以保护。纤维性物质（如石棉、玻璃丝等）长期大量被吸入肺内或人工植入动物的胸膜腔内，可诱发肺或胸膜的恶性肿瘤。电磁辐射的致癌作用受到广泛的关注。

化学因素造成的环境污染已成为人类患癌症的主要原因。据估计约80%～90%的癌症与环境因素有关。大部分环境污染是不规范工业化的产物，如多环芳香烃类、芳香胺类、亚硝胺类、乙硫氨酸、铅和铬等金属、以及医源性化学因素也都可引发癌症。但是必须指出，无论何种化学致癌因素，只有在一定量和相当时间的反复接触后才能起作用。致癌物最终导致DNA受损。

生物学因素包括病毒因素、霉菌毒素和寄生虫等多种因素。自然界有不少霉菌的代谢产物，能对动物的神经、消化、泌尿、血液等系统引起毒害，某些霉菌毒素对动物有致癌和促癌作用，如黄曲霉素。中华分枝睾吸虫是原发性胆管细胞癌的致病因素之一。埃及血吸虫病患者的膀胱癌发病率也很高。

肿瘤发生的家族性和种族性，显示肿瘤发生有遗传因素。如视网膜母细胞瘤、乳腺癌、胃癌、结肠直肠癌、子宫颈癌等，可每代或隔代发生，有明显的家族性遗传倾向。

激素是神经一体液调节机体发育和功能的重要物质，各种激素维持着机体动态平衡。当疾病或某种外因引起内分泌紊乱的时候，可使某些激素作用敏感的组织器官引起细胞增殖和癌变，如卵巢的雌激素、垂体的促性腺激素、促甲状腺激素等紊乱都有致癌作用，而胰岛素、甲状腺素等无致癌作用。

营养因素中限制食物可使动物自发性肿瘤的潜伏期延长，发生数目减少，阻抑移植性或诱发性肿瘤的戍活和生长速度，尤其以限制热量对肿瘤发生率的影响最为显著。缺乏维生素A，易于诱发口腔黏膜肿瘤、皮肤乳头状瘤等；缺乏维生素B_2会提高上皮组织对致癌物的敏感性；缺乏维生素B_{12}，可能增加胃癌和白血病的发病。维生素C能阻断亚硝胺的体内合成，降低肿瘤发病。维生素E可能加强对致癌物的解毒作用，抑制肿瘤的发生。过量微量元素如铜、锌、锰、钼、铬、硒、钴、镍等可能诱发肿瘤。

肿瘤细胞在体内产生，不断被免疫细胞清除。当免疫功能降低时肿瘤的发生就增加，而且发展加快，先天性免疫缺陷或长期大量应用免疫抑制剂的患者，肿瘤的发生率远远超过正常人。肿瘤患者由于种种原因造成免疫功能减低时，病情急剧恶化，甚至死亡。当免疫功能改善和提高时，病情逐渐好转，乃至肿瘤消退。实验研究也证明，给动物造成免疫低下状态，致癌因素就容易使动物发生肿瘤。中老年人的肿瘤发病率高与免疫功能降低也有关。

精神神经因素与肿瘤的发生有明确的关联。当高级中枢神经系统遭到破坏时，肿瘤的发病率明显增加。因此，目前一般认为各种刺激因子，长期而过度地作用于中枢神经系统，导致高级神经活动机能衰减，正常的物质代谢失调，利于致癌物质发挥作用，容易发生肿瘤。反之，高级神经系统活动正常，调节机体内、外环境保持平衡，在一定程度上对防止恶性肿瘤的发生具有重要意义。这就是长期精神压抑、郁闷易患癌症，而精神开朗达观发病就少的原因。

肿瘤形成是一个长期、缓慢的发展过程。肿瘤的发生，常常受一个以上的致癌因素或多种内、外源性病因的作用，引起神经、内分泌或其他适应性调节的改变。肿瘤的发生就是这些致癌因素和促癌因素综合作用的结果，因此我们应重视病因的综合作用。

肿瘤病是人类最主要的死亡原因之一，治愈肿瘤不仅是全世界生物医药科学家的重要任务，也是各国政府和基金组织的工作重点。美国前总统尼克松在70年代曾提出10年攻克癌症，最后没能实现。因为肿瘤的发病机制非常复杂，至今尚没有全部研究清楚。对于大多数肿瘤，还没有找到有效的治愈方法。常规的治疗方案是手术切除肿瘤，放疗化疗抑杀肿瘤细胞，同时调节免疫功能，并且利用中药扶正祛邪。针对产生原因不同的肿瘤，治疗方法也不同。良性肿瘤外科切除是惟一的治愈性手段。常见的表皮样囊肿、脂肪瘤、纤维瘤、甲状腺腺瘤、乳腺纤维瘤、子宫肌瘤、卵巢囊肿等均可手术切除而治愈。恶性肿瘤具有浸润和远处转移的生物学性能，手术范围比较广泛，破坏性较大。要充分估计到可能出现的一切问题，避免癌细胞远处播散和局部种植等。

放射治疗是利用各种射线(如X线、β线和γ射线)以及高速发射的电子、中子和质子等照射肿瘤，产生电离或激发作用，使肿瘤细胞的DNA分子遭到破坏而死亡。除射线的直接作用外，射线还可使机体内环境的水电离产生不稳定的、化学活性很强的自由基团，也可对肿瘤细胞起抑制和杀灭作用。化疗一般是利用肿瘤细胞分裂快的特点将核酸类似物如GTG、5BudR等渗入肿瘤细胞，导致被渗入的肿瘤细胞DNA不正常而使细胞死亡，以达到杀灭肿瘤细胞的目的。

我们还可以利用恶性肿瘤细胞表面特异抗原，进行免疫治疗。大量植入巨噬细胞、细胞毒T淋巴细胞、自然杀伤细胞等免疫细胞来杀灭肿瘤细胞。利用单克隆抗体，补充白细胞介素、干扰素、免疫球蛋白等免疫因子来杀灭肿瘤细胞或抑制肿瘤细胞的生长。

传统中医药以整体观为指导，对肿瘤进行辨证施治。通过望、闻、问、切将纷纭复杂的症状加以分析、综合、归纳、判断为某种性质的症候，确定治疗原则。根据中药四气五味，升降沉浮及脏腑归经等原理选药组方，使药症相符，做到纠正机体阴阳失衡，脏腑失和，调整整体机能，从而抑制肿瘤生长的作用，收到了一定的效果。

精神疗法对肿瘤病有一定的疗效。由于癌症的难以治愈性，当一个患者被确诊为癌症时，常常会陷入绝望，导致精神崩溃而加速病情的恶化。因而调整心理状态，建立积极人生观，在疾病发生、发展、治疗中起了重要的作用。心身医学的研究发展，精神、心理、行为疗法在防病治病中的作用得到广泛的重视。

近年来越来越多的癌症俱乐部的成功经验揭示：精神心理因素对于肿瘤病人有着非常重要的作用。社会和家庭如果能一如既往地给以鼓励、温暖，就能使病人建立战胜疾病的信心，配合治疗，最后得到康复，或延长生存时间和提高生存质量。

癌症是一种不能治愈的绝症的观点正在改变。随着研究越来越深入，治愈的例子越来越多了，5 年生存率在上升。人类战胜癌症的曙光已经出现，文明的阴霾正在被揭开。

7.4.3　艾滋病

艾滋病(AIDS)在医学上称为获得性免疫缺陷综合征，是 1981 年最先在纽约、洛杉矶和旧金山患卡氏肺囊虫肺炎和卡波西肉瘤的男同性恋者中发现的。到 80 年代中期，艾滋病发展成为一个全球性的流行病，其病原也被确定为人类免疫缺陷病毒(HIV)。据世界卫生组织艾滋病全球计划统计已有 5 940 万的人类免疫缺陷病毒感染者，其中约 3 000 万已经死亡。截至 2000 年底，我国 31 个省、自治区、直辖市(不包括台湾省、香港和澳门特别行政区)累积报告 HIV 感染者 22 517 例，其中艾滋病病例 880 例，报告死亡病例 496 例。

HIV 是逆转录病毒，是具有包膜的 RNA 病毒，如图 7.3 所示。它能侵入宿主细胞，以自身 RNA 为模板合成双链 DNA，再整合到宿主染色体上，进行复制。然后利用宿主细胞中的 RNA 聚合酶合成病毒的 RNA，进一步翻译形成蛋白前体，组合成为成熟的病毒颗粒。在电子显微镜下可以看见病毒颗粒呈球形，直径约 1 微米，外层有膜包裹，外膜是脂类双分子层膜，来自宿主细胞的细胞膜，膜中嵌有病毒糖蛋白 gp120 和 gp41，外膜下紧贴蛋白质 p17。核心部分呈截去头部的圆锥体，由蛋白质 p24 所构成的衣壳包裹。基因组是两条相同的 RNA 单链，与蛋白质 p9 和 p7 紧密结合。核心部分还有逆转录酶、蛋白酶和整合酶等。

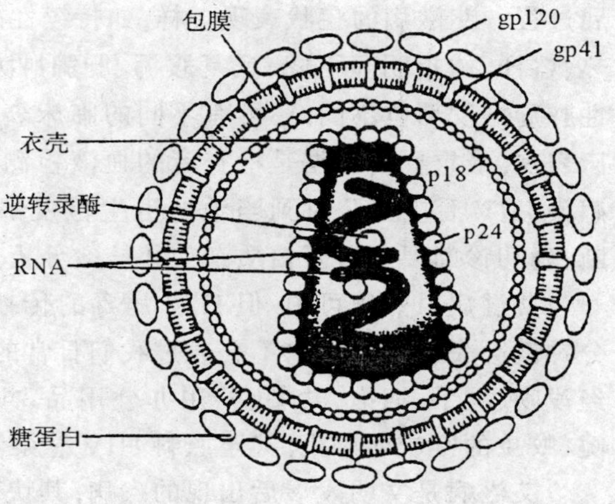

图 7.3　HIV 的结构

艾滋病的传播途径有三条：一是同艾滋病感染者发生无保护的性行为。性行为传播为艾滋病全球性流行的首要传播途径。在北美洲、欧洲和澳大利亚等国家中以在同性恋者中传播为主，在非洲、东南亚、部分南美洲和加勒比海等国家中以在异性恋者中传播为主。到目前为止，已从 HIV 阳性者的血液、精液、阴道分泌液、尿液、脑脊液、唾液、眼泪和乳汁中分离到了人类免疫缺陷病毒。理论上说，接触任何这些液体均有感染 HIV 的可能，但在唾液和眼泪中病毒的浓度非常低，至今未发现任何 HIV 是由接触这两种体液传播的。在精液中 HIV 的浓度高于阴道分泌物，因而从理论上支持传播从男性到女性比从女性到男性更容易的假设。二是接受了被 HIV 污染的血液或血制品，使用了被血液污染而又未经严格消毒的注射器、针灸针、拔牙工具，都是十分危险的。如果与感染者共用一只未消毒的注射器，也会被留在针头中的病毒所感染。三是通过被感染的母亲传染给未出生的婴儿。如果母亲是艾滋病毒感染者，那么她很有可能会在怀孕、分娩过程或是通过母乳喂养使她的孩子受到感染。

HIV 主要感染 CD_4 受体的细胞，CD_4 是一种白细胞表面抗原。HIV 也感染单核细胞和巨噬细胞等。CD_4 细胞是免疫反应的中心细胞，经过数月到数年，病毒使 CD_4 细胞数量不断地减少，缓慢地破坏免疫功能，最终导致特征性的条件致病感染，如肿瘤、神经系统疾病以及艾滋病消耗综合征。

从感染艾滋病病毒到发病有一个很长的过程，临床上将这个过程分为四期：急性感染期、潜伏期、艾滋病前期、典型艾滋病期。不是每个感染者都会完整地出现四期表现，四个时期不同的临床表现是一个渐进的和连贯的病程发展过程。艾滋病的症状表现多样,如持续性的全身淋巴肿大、不规则发热或低热、盗汗、体重明显下降、反复腹泻、肝脾肿大等,因合并的机会性病原体和恶性肿瘤好发部位不同,还可有不同的临床表现。因此确诊艾滋病不能光靠临床表现,最重要的根据是检查者的血液检测是否为阳性结果。所以怀疑自身感染 HIV 后应当及时到当地的卫生检疫部门做检查,千万不要自己乱下诊断,确切诊断要通过蛋白质杂交和核酸分析。

艾滋病虽然很可怕,但 HIV 病毒的传播力并不是很强,暴露在空气中一分钟就会失去活性。它不会通过我们日常的活动来传播,也就是说,我们不会经浅吻、握手、拥抱、共餐、共用办公用品、共用厕所、游泳池、共用电话、打喷嚏、蚊虫的叮咬而感染,甚至照料 HIV 感染者或艾滋病患者都不致病。

艾滋病是文明发展后出现的疾病,其快速传播使全世界为之颤抖,大有催毁人类文明之势,人类和 HIV 感染已经惊心动魄地战斗了 20 年。化学药物成为抗 HIV 感染的最有力的工具,核苷类逆转录酶抑制剂单独或联合使用,即鸡尾酒疗法,显著地抑制了病毒复制,部分地恢复了机体的免疫功能,减轻了症状,延缓了病人的死亡。

对付艾滋病病毒最好的办法当然是疫苗。由于艾滋病病毒易变,免疫原性弱,研究有效的疫苗有很大困难。经过全球科学家的努力,已经有一些新型的疫苗进入了临床试验。在尚未研究出疫苗的情况下,我们可以通过一些方法预防艾滋病。艾滋病病毒一旦离开血液和体液,在自然界环境中抵抗力很弱而不具备传染性,高温和许多消毒剂都可以迅速杀灭艾滋病病毒。洁身自爱,遵守性道德是预防艾滋病的根本方法。进行安全的性行为,每次发生性行为时都正确使用避孕套;及时、规范的治疗性病可大大降低感染的可能;避免不必要的输血和注射,进行穿破皮肤的行为时保证用具经过严格的消毒;戒断毒品,不共用注射器;避免母婴传播等等。这些都已经被证明是预防艾滋病的有效方法,人类有信心可以通过人类的智慧克服艾滋病病毒的危害。我们应加大预防艾滋病的力度,提倡科学的生活方式。

艾滋病病毒是如何产生的并不清楚,传播途径也很复杂。许多艾滋病患者是在被动的情况下被感染的,他们经受了巨大的生理和心理的痛苦,但他们仍有正常人同样的权力。为了社会文明的持续发展,全社会应善待艾滋病病人,实行公平原则,给予他们更多的关爱。只有动员和集合全社会的力量,才能有效遏制艾滋病的大爆发和蔓延,保持人类文明的灿烂。

第 8 章 脑与神经科学

脑(brain)是动物高级神经中枢，是生命的主宰，是自然界最复杂的系统。脑由神经元组成，控制动物的感觉、运动、生长和繁殖。人类的大脑是智慧的载体，大脑的活动不仅使我们能看到色彩缤纷、千姿百态的世界，从动人心弦的音乐旋律中得到共鸣和灵感，更重要的是赋予我们思考能力和创造能力，并使我们能认识和改造世界，认识人类自身大脑的结构，以及它的记忆、思维、认知、情感等活动的规律。科学技术的发展，为揭示脑的奥秘提供了准备，21 世纪是生命的世纪，也是脑的世纪。

8.1 神经元与脑

人是大脑高度发达的动物。人脑是物质世界几十亿年进化的产物，是物质世界上最复杂的结构。它是由约 1 400 亿个神经元以各种形式的突触连接组成的复杂系统，是高级神经中枢。大脑结构复杂，控制人体运动，接受视觉、听觉、嗅觉及其他各种感觉，实现学习、记忆、思维功能，脑组织还能分泌各种激素，协调整体平衡发展。

8.1.1 神经系统

细胞对外界刺激能够发生反应，这种特性称为应激性(irritability)。多细胞生物有神经系统，它是应激性高度发展的神经细胞或称为神经元(neurons)和一些特殊的结缔组织细胞，即神经胶质细胞(neuroglia cell)等组成的。它的功能是接受、传递体内外信息，整理、加工并作出应答。最早出现神经系统的是腔肠动物，水螅的网状神经系统是最简单的。扁形动物如涡虫的一些神经细胞集中成为两个神经索和“脑”，但涡虫的“脑”没有明显的分析和协调作用。环节动物如蚯蚓的链状神经系统中，脑已经有了一定的学习能力。将蚯蚓放在“Y”型玻璃管的柄中，头朝向三个岔管，左岔管中通弱电，右岔管中有食物，每当蚯蚓进入左岔管中，就要受到电击而退回，反复多次后，受试蚯蚓不再向有电流的左岔管而直接进入右岔管，这说明多次刺激使蚯蚓产生了记忆。属于软体动物的章鱼有较强的学习能力，被誉为最聪明的无脊椎动物之一。节肢动物如昆虫的“头化”程度更高，分为前、中、后脑三个部分，其前脑和脊椎动物大脑相比，相当于是学习和记忆的中枢。脊椎动物神经系统高度集中，脑和脊髓(spinal cord)构成中枢神经系统(central nervous system)，从脑伸出的脑神经和脊髓伸出的脊神经属于周围神经系统(peripheral nervous system)。

人的头脑是管理和指挥人体一切活动的“司令部”，由大脑、间脑、中脑、脑桥、延髓和小脑构成。大脑皮层的不同部位具有不同的功能，分别管理躯体运动、感觉等机能。脊髓位于脊椎管腔内，其机能是通过上行与下行的神经束传递感觉和运动的冲动，将躯体各部分组织器官与脑的活动联系起来。

周围神经系统包括颅神经、脊神经和自主神经系统。颅神经有 12 对，对称地分布在脑底部，与头、颈部的特殊感觉及肌肉、腺体、皮肤和黏膜的神经支配有关。脊神经有 31 对，包括 8 对颈神经、12 对胸神经、5 对腰神经、5 对骶神经和 1 对尾神经，这些神经纤维分布在身体各部，支配着头部和躯干的皮肤、筋和肌肉的运动，传导相应部位的感觉。自主神经系统又称为内脏神经系统或植物性神经系统(vegetative nervous system)，如图 8.1 所示。植物性神经系统主要的机能是维持体内环境的稳定，包括调节体温、心率、动脉及静脉压、血流量、呼吸道阻力、胃肠蠕动和分泌、输尿管和膀胱的运动以及大多数腺体的分泌。所有这些活动一般都处于意识和意志控制之外，这就是所谓的“自主”，但有时也会受到心理变化的影响，如害羞脸红、惊恐失色、焦急流汗等情况。没有植物性神经系统，机体就无法对剧烈运动、高温环境等紧急变化作出及时有效的反应。植物性神经系统又分为：交感神经系统和副交感神经系统，它们作用相反、彼此协调、交替活动。绝大多数内脏器官，都受两个系统的支配，形成双重神经支配(double innervation)。

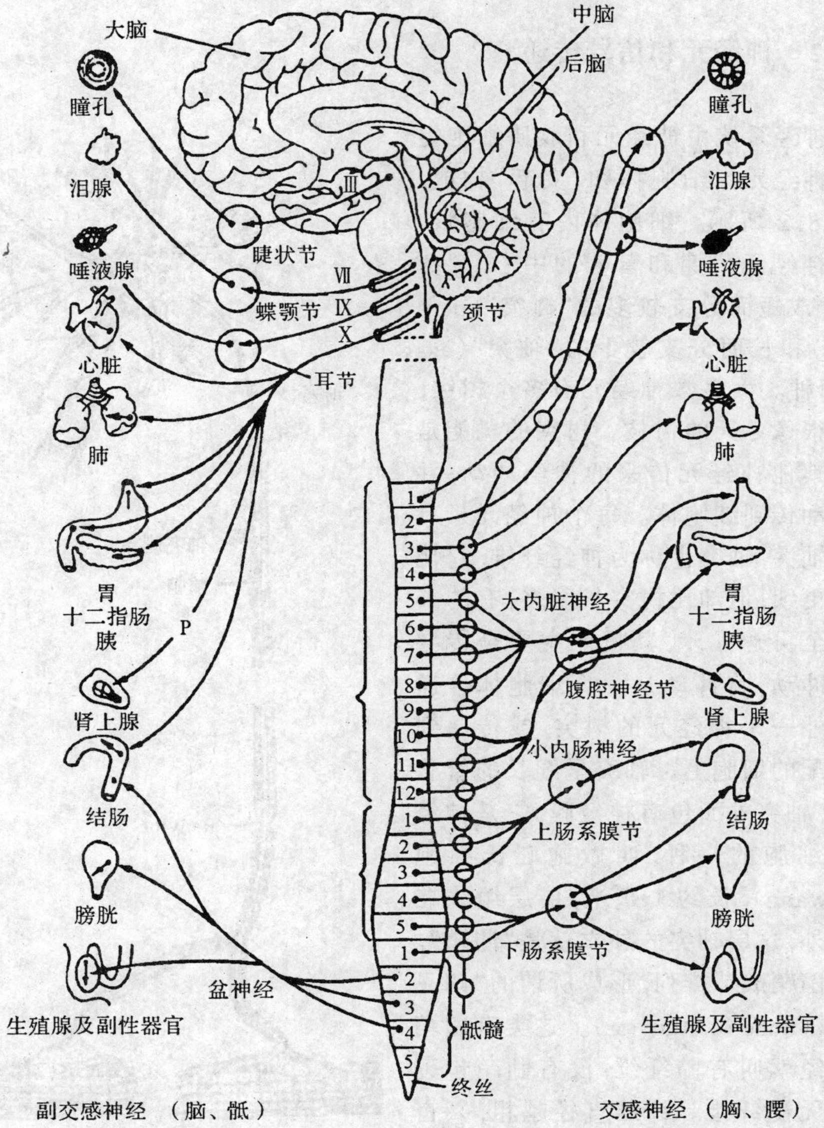

大脑
中脑
后脑
瞳孔
泪腺
唾液腺
心脏
肺
胃
十二指肠
胰
肾上腺
结肠
膀胱
生殖腺及副性器官
睫状节
蝶颚节
耳节
颈节
Ⅲ
Ⅶ
Ⅸ
Ⅹ
P
大内脏神经
腹腔神经节
小内肠神经
上肠系膜节
下肠系膜节
盆神经
骶髓
终丝
副交感神经 （脑、骶）
交感神经 （胸、腰）

图 8.1　植物性神经系统

8.1.2　神经元和信号传递

神经系统由神经元和胶质细胞组成。神经元由细胞体和“突起”构成，如图 8.2 所示。细胞体内有细胞核，它是神经元代谢和营养的中心。“突起”分成短而分支较多的“树突”(dendrites)和长而分支较少的“轴突”(axon)两种。大多数神经元有多个树突，它们很像冬天的树枝。树突的机能是接受其他神经元传来的神经冲动，并将冲动传到细胞体。每个神经元只有一个轴突，轴突也称为神经纤维，它比树突更细，但却比树突长得多，有的长度甚至可达几米，其机能主要是传导神经冲动，将冲动从一个细胞体传递到另外一个神经元的树突，或传递到所支配的细胞上。轴突呈细长的管状结构，轴突外面包有神经膜，它是神经胶质细胞的一种，叫做施旺氏细胞(Schwann)，长约 1 毫米，层层缠绕在轴突外，这层轴突的外衣就是“髓鞘”。由于髓鞘成节排列，形成所谓的“朗飞氏结”(node of Ranvior)。这类有髓鞘的神经就叫有髓纤维，没有髓鞘包裹的叫无髓纤维。纤维直径越粗，兴奋传导速度越快，有髓纤维又比无髓纤维的传导速度要快，称得上是脑内的特快路线。

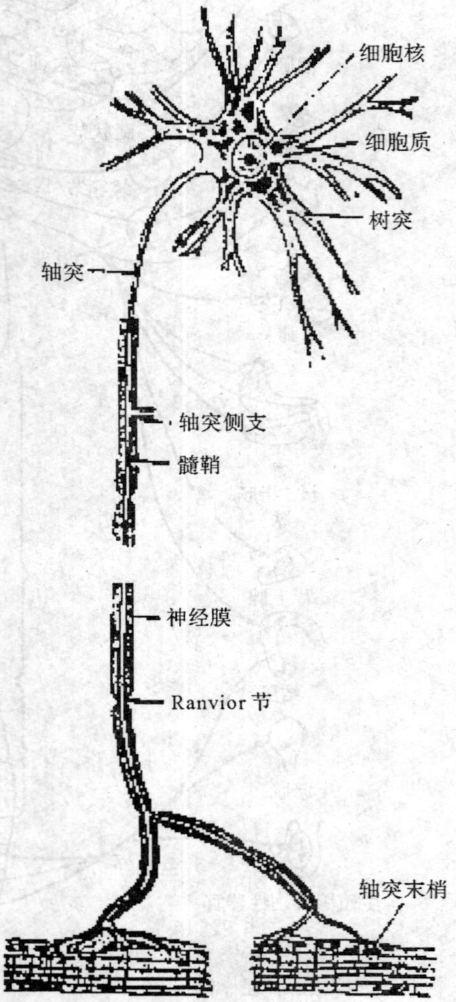

图 8.2　神经元结构示意图

神经系统就是利用这些神经元，通过反射活动来控制和调节机体内部的生理过程，使机体成为一个完整的统一体，并与外环境保持紧密联系和相互平衡。一个简单的反射弧由感受器、传入神经、神经中枢、传出神经、效应器五个基本部分组成。神经元根据其功能不同，主要分为以下三类：直接与感受器联系，把信息由外周传向中枢的，称为感觉神经元，也叫传入神经元；直接与效应器联系，把冲动由中枢传向效应器的，称为运动神经元，也叫传出神经元；接受其他神经元传来的冲动之后，再将冲动传给另一神经元，起联络作用的，称为中间神经元，也叫联合神经元。

感受器是一类特殊的换能装置，是将外环境作用于机体的刺激能量转化为神经冲动的一个或一群特化的细胞。我们所感受到的视觉、听觉、嗅觉、味觉、触觉以及皮肤感觉（包括压力感觉、温度感觉和痛觉）、肌动觉（又称本体感觉，当闭眼时仍能感知自己的腿、臂和躯体各部分的位置及其运动状态）、前庭感觉（也称平衡觉，内耳中与维持姿势和平衡有关的感觉）等，都是由感受器最先“感知”然后传递给中枢神经而到达大脑的。例如，视网膜中的光感受器对光产生反应，有一些感受器对化学物质产生反应（味觉和嗅觉），另一些感受器对机械形变产生反应（触觉和听觉），这些感受器是机体感受外界刺激的“窗户”。有些则只由感受器产生而无特定的感觉器官。如肌动觉就没有特定的感觉器官，而由关节感受器等完成感觉功能。机体的许多内感觉都是由这类散在的感受器完成的，如循环系统中有对血液中二氧化碳分压和血压改变敏感的感受器，消化道中有感受饥渴的感受器等等。

神经信息主要以电信号和化学物质的形式传递，信号的传递是一个极其精确和耗能的过程。整个神经冲动的传导是由感受器接受刺激，然后经传入神经以局部电流的形式在神经元上传导。早在 20 世纪初，人们就已经发现神经细胞内外存在着离子浓度差异，细胞外液中 Na^+ 比细胞内多，K^+ 比细胞内少。后来知道膜上有一种蛋白质，能够在一个 ATP 供能下，将 3 个 Na^+ 逆浓度梯度泵出细胞，而只将 2 个 K^+ 泵入细胞，由于细胞膜对 K^+、Na^+ 等离子是选择性透过的，所以胞外的 Na^+ 很难重新通过膜而进入细胞，而 K^+ 却可以从细胞内漏出，这样就使膜外呈正电性，而膜内呈负电性，用微电极可以测出细胞内外有 −70 毫伏的电位差，这是神经细胞未受刺激时的电位，被称为静息电位（resting potential）。不同细胞静息膜电位不同，在 −20 毫伏至 −200 毫伏之间。当神经细胞受到刺激，膜上的受刺激点的通透性发生变化，一些 Na^+ 通道打开，膜外 Na^+ 大量流入，使膜电位从静息时的 −70 毫伏转变到 0 毫伏，并继续转变到 35 毫伏，膜发生去极化（depolarization）。此时膜内阳离子多了，Na^+ 通道关闭，K^+ 通道打开，K^+ 流出，膜内恢复原来的电负性，也就是膜的复极化(repolarization),膜恢复原来的静息电位。从去极化到复极化,即膜上电位外正内负变成外负内正,再恢复外正内负,这样一个周期变化称为一个动作电位(action potential)。

所谓神经传导就是动作电位沿神经纤维的顺序发生。神经纤维上的某一点如果受到刺激,而且刺激强度足够,就会发生一个动作电位,使得原来正电性的膜表面变成了负电性,这就使它与左右相邻处出现了电位差,于是左右膜都发生透性变化,和上述过程一样发生动作电位,这样一步一步地发生连锁反应,从而出现动作电位的顺序传播,这就是神经冲动的电传导。这种传输的速度是很快的,最快的每秒行走 120 米,慢的也有 1 米,这就可以解释为什么我们大脑思维会如此迅速,我们的动作能如此敏捷。

动作电位出现非常之快,每一动作电位大约只有 1 毫秒,它的特点之一是"全或无",即刺激不够强时不发生,强度超过阈值,动作电位就发生,并向两边蔓延,增加刺激强度不会增加动作电位的强度和传导速度。

然而两个神经细胞的细胞质膜并不相连,神经冲动在两个细胞之间的传递需要通过一种突触结构。轴突的末端分成许多小枝,各小枝末端膨大成小球,小球与另一神经细胞或体细胞表面连接处就是突触(synaptic)。按其信号传递原理,又可分为电突触和化学突触两种类型,如图 8.3 所示。电突触间隙很小,神经冲动可以很快传导过去,而且没有方向性,而化学性突触的神经传导是有方向的,化学突触间隙宽,约 20～50 纳米,突触前膜内有很多突触囊泡,内含神经递质(transmitter),如乙酰胆碱、去甲肾上腺素、多巴胺等。当神经冲动从轴突传到突触前膜,膜上 Ca^{2+} 通道打开,Ca^{2+} 进入突触前膜内部,突触囊泡移向突触前膜融合,并放出神经递质。突触后膜上有递质受体,递质与受体结合之后,使 Na^{+} 大量涌入,于是膜静息电位变成动作电位,神经冲动发

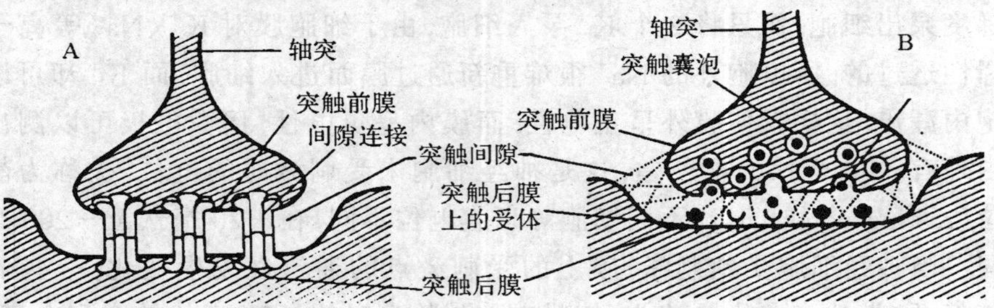

图 8.3　突触

A. 电突触　B. 化学突触

生。神经元细胞体能合成胆碱酯酶，乙酰胆碱在发挥作用后很快就被胆碱酯酶分解，使膜恢复到静息电位。这就是神经冲动在细胞间传导的机制。有机磷杀虫剂就是能抑制胆碱酯酶的活性，会导致神经系统失去抑制，使动物总处于震颤、痉挛而最终死亡。如果神经冲动不能使突触后膜去极化，即不能使 Na^+ 进入，反而阻止了 Na^+ 渗入，促进 K^+ 渗出，结果膜电位加大，这种就是抑制性突触。

在两个神经元的轴突与树突、轴突与胞体、轴突与轴突(高等哺乳动物)甚至树突与树突、树突与细胞体(无脊椎和低等脊椎动物)之间，都可以有突触存在，这些突触构成了整个神经网络的节点。一个典型的神经元可能有 1 000～10 000 个突触，能接收来自约 1 000 个其他神经元的信息。神经细胞之间形成了复杂的神经网络，在这网络中如何选择通路，哪些通路可被确定为优先，如何保持它的优先地位，与大脑的记忆和思维有什么联系等问题都是神经科学研究的热点。

8.1.3　脑的结构与功能

脑是中枢神经系统的主要组成部分，位于脊髓的前端，是全身最致密的器官。人体大脑包含约 140 亿个神经元，这些细胞可分成几千种不同的类型，但它们有着共同的特征。这些特征包括：神经元产生信号的机制；神经元连接的方式；神经元的各种连接与不同行为的关系等。它们之间相互联系，组成了一个复杂而神秘的神经网络系统。

人体大脑由大脑半球、间脑、中脑、脑桥、延髓和小脑等构成，如图 8.4 所示。延髓、脑桥和中脑统称脑干，其中的脑神经核团即神经细胞群中有些能接受各种感觉信息，另一些则控制运动信号。脑干内有许多重要的生命中枢，如呼吸、循环等的控制中枢。丘脑和下丘脑统称为间脑。丘脑是主要的感觉整合中心，处理来自中枢神经其他部分到达大脑皮质的信息；下丘脑则能调节自主、内分泌和内脏功能的整合，控制喜、怒、哀、乐等情绪，决定睡眠还是清醒。大脑皮质和髓质内的基底神经节(杏仁体、海马等)是实施脑的高级功能的关键部位，如感知、学习、记忆、思维、认知、运动以及情绪等。小脑与调节运动的力度和范围有关。

人的大脑主要由左、右两个大脑半球组成，可分为额叶、顶叶、颞叶、枕叶和岛叶等，如图 8.5 所示。每个大脑半球表层厚约 2 毫米，神经细胞的细胞体

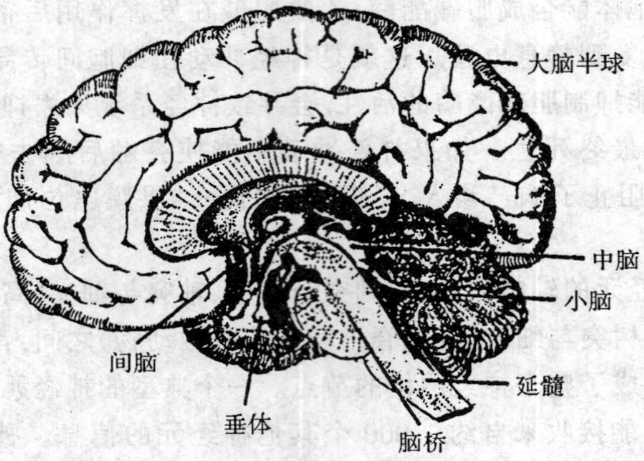

图 8.4　人体大脑结构

集中于此,是颜色较深的"灰质"部分,也叫做"大脑皮层"。人的大脑皮层布满了褶皱,有很多下凹的"沟"和隆起的"回",因而大大增加了大脑皮层的面积。如果把大脑皮层展平,其面积约有 1.5 平方米。与鲸、海豚等聪明的动物相比,人类的大脑皮层不仅面积大,而且高度分化,所以智力最高,并具有较高的推理能力、注意力和鉴赏力,支持复杂的心理活动。研究工作已经证实,大脑皮层才是人的思维器官。大脑内部颜色较浅的"白质"部分,则由神经细胞的神经纤维组成,其中还有相当数量的绝缘物质,把联结大脑各部分作为导线的神经纤维包裹绝缘起来,使之具有良好的信息传递功能。

脑的一个重要特征是它的不同区域功能的专门化。大脑半球侧面有一条中央沟,沟前为运动区,管理身体各部分肌肉的协调运动,沟后为感觉区,能感知冷、热、压力等来自感受器的信息。通过对动物进行电刺激试验和对大脑损伤病人的分析知道,视觉信息的分析集中于大脑皮质枕叶,当头的后部受到重击会眼冒金星;对听觉信息的分析主要在颞叶。大脑的两个半球的功能有所不同,例如语言、书写、计算和推理的功能主要位于左半球,而艺术、才干、三维空间的认识则主要位于右半球。大脑的另外一个特点就是交叉。由于神经纤维在脊髓和脑中发生交叉,所以大脑的左半部控制躯体的右半部,大脑的右半部控制躯体的左半部。而且,大脑的上部控制躯体的较低部位,大脑的下部控制躯体的较高部位。皮层机能定位区对躯体的控制,是上下颠倒和左右交叉的。

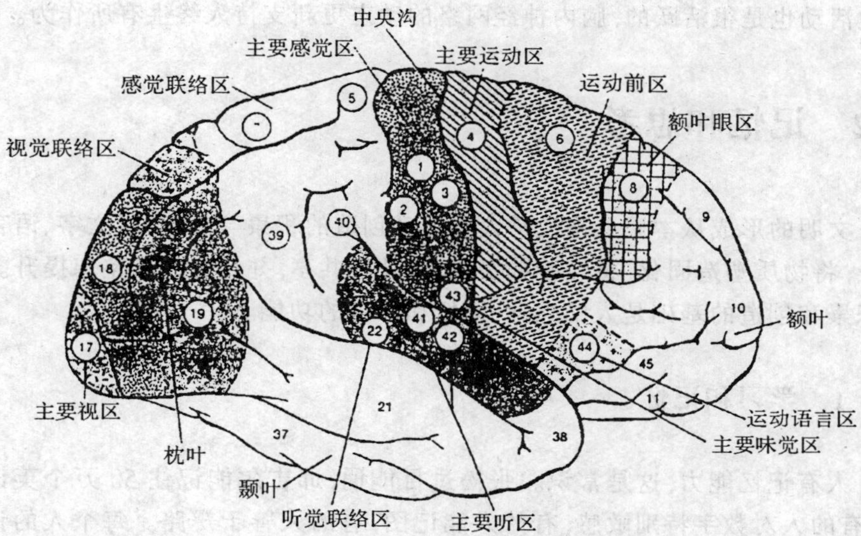

图 8.5　大脑皮层的各个区域

一般说来，动物越高等，脑就越大。但脑的体积和质量不能作为衡量智力高低的指标。研究表明，只有大脑皮层才是神经系统的最高级中枢。在胚胎发育过程中，人脑以每分钟 25 万个神经细胞的速度增殖，最终神经细胞的数量将达到千亿。人类大脑的进化，经历了三个阶段。400 万年前，人类开始直立行走时，脑容量仍为 400～500 毫升，直到 250 万年前的冰河期，原始人类大脑才有了明显的变化，扩大到了 900～1 100 毫升。今天，我们的脑容量已经达到 1 400 毫升。人类机体结构及脑的变化是很缓慢的，但近 200 年人类的科学技术发生了质的飞跃。脑是产生这种飞跃的物质基础，我们现在只使用了大脑的小部分功能，人的智慧还有很大的上升空间，这些事实提示我们脑的结构和功能、结构的形成和功能的开发之间有着更为深刻的相互关系。

人脑的很多信息是后天获得的，一般说获得性是不遗传的，大科学家的子女如果不受教育还是会目不识丁的，遗传的只是大脑的结构。大脑的许多功能是要后天开发的，包括聪明程度、记忆能力、反应速度、气质修养都是可以培养的。现代生物学理论支持早期智力开发和情感投资。在胎儿发育早期和幼儿期，大脑细胞还处于旺盛分裂状态，突触联系正在形成，这时期的营养、训练对于人的智力发育十分重要。即使在成年人或老年人阶段，脑的细胞活动和生化活动也是很活跃的，脑内神经网络的动态更新支持人终生有所作为。

8.2　记忆和思考

文明的形成从本质上来说是人类劳动创造的积累与加工，以文字、语言为媒介，将物质塑造固化，将经验数字化，供社会共享，并反复地调整和提升。这种积累和创造的基础是人脑感觉、记忆和思考的功能。

8.2.1　学习和记忆

人有记忆能力，这是常识。张松过目能诵，邱吉尔能记住 50 万个英语单词，有的人对数字特别敏感，有的人能记图，有的人善于辨路。每个人的记忆能力各不相同，那么记忆的规律是什么呢？古希腊的亚里士多德提出联想律，我国先秦的荀子提出虚藏统一论，艾宾浩斯的记忆实验，当代认知学派，都对记忆问题进行了研究。记忆是对客观事物的识记、保持、再认和再生。凡是人们直接接触到的事物，如听到的谈话、看到的东西、做过的事情、阅读的文件、思考的问题、体验到的情感等等，都会自觉地或不自觉地铭刻在头脑中，这就是识记。保持是识记的延续，是把通过识记所获得的事物形象或语词保留在头脑中。再认就是我们识记并保持下来的事物的形象或词语，当以后再接触到它的时候，会把它们重新认识出来。“十年离乱后，长大一相逢。问姓惊初见，称名忆旧容。”这便是再认的一个典型例子。再生又称再现，就是我们识记并保持下来的事物的形象或语词，在以后没有接触到它们的时候，也能在头脑中把它们重现出来。它是在感知过程之外进行的，背诵、答题、默写数理化公式等，都是再生的表现。

识记之后，遗忘很快就开始了，最初一段时间不仅遗忘得快，而且遗忘得多，以后逐渐减慢下来。这条最基本的遗忘规律，为德国著名心理学家艾宾浩斯发现。根据他的实验研究，用无意义的音节作为记忆的材料，经过 1 小时就只留下(即保持)44.2%；一天后保持 33.7%；2 天后保持 27.8%；6 天后保持 25.4%；31 天后保持 21.2%。据此实验材料，可以画成一条曲线，这就是著名的艾宾浩斯遗忘曲线。

按照信息在记忆中编码方式的不同，保持量的多少和保持时间的长短，一般可分为三种记忆系统,即瞬时记忆、短时记忆和长时记忆。

三种记忆方式的生物学基础是不同的,瞬时记忆的机制是当一个电脉冲到达神经元时,会压缩它的树突末梢。树突能够改变外形,变细长时犹如叶柄、受压缩时粗短似按钮,变短时容易导电。因此,在一瞬间,神经元的电路接通了,形成了记忆。可是,在电脉冲消失后,被压缩的树突很快恢复原状,记忆随之消失。这种瞬时记忆的特点是时间通常不超过一分钟,容量小,大多数人只能记住七位数以内的数码。人们通常打过电话,随即就把号码忘了,这就属于瞬时记忆。背外文单词时常常一放下书本,很快就忘了,其道理也在这里。要记牢单词,记住某件事,就得求助于持久记忆。

对于长期记忆,则必定要在细胞水平上发生更持久的变化,在细胞内部到底发生了什么变化而导致长期记忆,至今仍是个谜。但是已经有了一些假设:①短期记忆时,钙离子流入神经元内,利用本身寿命较短的蛋白质来激活某些基因。这些基因的产物,再激活别的基因,基因被表达,能长时间地对神经元活动进行修饰,包括提高传递效率,增加受体数或使某些重要的蛋白质(如细胞粘连分子、生长关联蛋白)活动起来,进而在相关神经元间产生新的突触。②当外界的刺激传入脑时,一部分神经细胞兴奋,另一部分不兴奋,并且不同的信息所引起的神经细胞活动方式也不相同。因此,脑细胞的活动方式随信息不同,在空间和构型上也不相同。如果同一类信息反复出现,与之相适应的构型就会稳定下来最终形成一条畅通无阻的联系脑内与该信息有关的所有神经细胞的特殊通道,这就是记忆。这也正是“学而时习之”、“温故知新”的道理所在。③记忆贮存在 RNA 分子中,神经元中 RNA 含量多,神经元活动能改变 RNA 的含量。如果抑制 RNA 合成,新的记忆不能形成,老的记忆犹存。

记忆是一切智力活动的基础,是获取知识、巩固知识的惟一条件,理论上人脑的记忆容量是很大的,约为 5 亿本书,但由于种种原因,记忆力再好的人也未能达到这种潜力的百分之一,绝大多数记忆都被忘记了。除记忆外,脑的另一种重要机能就是学习。学习简单地说,就是用经验调整行为,以便更适应环境。学习是一个十分复杂的过程。①最简单的学习是习惯化(habituation),当一种刺激反复进行时,动物的反应就逐渐减弱,最后可完全消除习惯;②印随学习(imprinting),在动物出生初期,将接触的物件印入脑中,如与母亲建立联系等;③联系学习(association learning),把两个或两个以上刺激联系起来,如巴甫洛夫对狗进行实验,建立条件反射;④洞察学习(insight learning)是利用脑中其他性质的刺激取得的经验来决定学习新问题的能力,人类的大部分学习都属于这一类。记忆是学习的基础,又能把学习所得到的信息加以贮存。因此,记忆在学习过程中的作用十分重要。

学习过程中有许多不同的神经细胞参加,这些神经细胞彼此联系,相互影响,几乎整个大脑都在活动,但某些特殊的区域和环路与学习记忆的关系更为密切。大脑皮质联合区可以对已获得的信息进行集中加工处理,成为记忆的贮存区域。如果破坏某一联合区,可以分别引起失语症、失认症、失行症等疾病。海马是另一个和学习记忆联系较多的部位,海马自身的活动和其空间位置都对记忆有影响,如果损伤或切除海马可以引起健忘症。

人通过眼、耳、鼻、舌、身,每日每时获取的信息量是相当大的,这些信息被整理、归档,但大都被遗忘了,可是常常遗忘的记忆又能恢复,似乎它们并没有完全从人脑中消除,只是我们一般无法主动读取。人能设法记住什么,但却无法主动忘记什么!

8.2.2 思维

人的认识过程可以划分为感知和思维两大范畴。思维在感知的基础上形成,同时它又对感知具有指导作用,思维已经摆脱直观性,具有一定的间接性和概括性。思维还具有敏捷性和灵活性、广阔性和深刻性、独立性与批评性等特点。和感知一样,思维也是人脑对客观现实的反映。我们把思维分为具体思维和抽象思维两大类。前者分为动作思维和形象思维;后者分为形式思维和辩证思维。

恩格斯在《费尔巴哈与德国古典哲学的终结》中指出"我们的意识和思维,不论表面上如何,像是超感性的东西,但它们是物质的、肉体的、器官的即肉体的产物。"大脑皮层是思维器官。思维过程是大脑皮层的感觉区、运动区、记忆区、语言区等各个分区协同一致、共同工作的结果。大脑皮层的前额叶部位与思维活动直接相关,因而大脑皮层额叶受损的病人不能正确进行分析、判断,不能正确思维,以至不能运用知识和经验去指导自己在日常生活中采取适当的行为。

从个体发育来看,人的思维是从动作思维发展到形象思维,再发展到形式思维,最后发展到辩证思维。思维的具体过程就是不断发现问题和解决问题。正如鲁宾斯坦所说:"思维通常是由问题情境产生的,并且以解决问题情境为目的的。"一句话,问题,思维,再问题,再思维,两者如此循环往复,相互推进,就能使思维逐步深入。在学习、工作和科研中，人们总是在某种思维的主导作用下，各种思维相互配合、彼此促进。

思维是智力活动的核心。思维是科学工作者进行科学创造最重要、最核心的心理品质，它在科学创造中起着举足轻重的作用。只有通过思维，才能把大量的感性材料、具体事实、丰富经验，经过由此及彼、由表及里、去粗取精、去伪存真的改造，上升为理性认识，构成一定的理论体系。古今中外许多著名的科学家无不重视培养思维、发挥思维的积极作用。例如爱因斯坦曾这样强调："学习知识要善于思考、思考、再思考，我就是靠这个学习方法成为科学家的。"又说："发展独立思考和独立判断的一般能力，应当始终放在首位，而不应当把获得专业知识放在首位。如果一个人掌握了他的学科的基础理论，并且学会了独立思考和工作，他必定会找到自己的道路，一定会更好地适应进步和变化。"

8.2.3　痴呆病

随着人的年龄上升，身体的各种器官都会老化，人往往会表现为记忆力减退、健忘、诵读出错、思考力下降等特征，这是脑衰老的表现。引起脑的老化的原因之一是神经细胞的减少，老人脑细胞的数量只有年轻人的 60%～70%。另外，树突的减少和变性，神经细胞兴奋与抑制的活动速度减弱，传递动作电位的神经速度减慢，都会造成老年迟钝。其最显著症状就是遗忘和迷路，如果这种症状是暂时的，过段时间不再发展，那么，此时脑内变化还没有到不能恢复的状况，我们把这种现象称作迟钝，只有当这种症状较重时，不可逆转，我们才称之为老年痴呆。随着人口老龄化，在老年人群中，痴呆病患者的比例越来越高。

老年痴呆症是由于一些与思维过程有关的大脑神经元的丧失，神经纤维缠结和 β-淀粉样蛋白沉积以及大脑化学物质数量的异常而造成的，即大脑皮层里的一种叫做乙酰胆碱转移酶的物质显著减少，从而使得合成出的神经递质乙酰胆碱明显变少，影响神经传导造成了记忆力丧失和行动不便。

早老性痴呆又名 Alzheimer 氏病(AD)，它是成年痴呆病中最常见的一种，其特征为智能恶化严重到足以妨碍工作或社交。在美国该病是第四位致死病因。AD 中常见的认知变化不仅是记忆损伤，而且还妨碍到语言的使用，感知、学习必需技能的能力，抽象思维及推理。在一些病人中还会出现人格的改变,如偏执狂。其最早期的症状是短期记忆能力损伤。AD 的损伤主要集中在海马的主要输入和输出通道上,包括老年斑和神经纤维缠结块。AD 患者脑中也有大量的神经元丢失及在乙酰胆碱方面确定位点的减少。其他神经递质,如去甲肾上腺素、5-羟色胺、生长激素抑制因子和谷氨酸盐以及神经滋养因子(例如神经生长因子)也可能同这一疾病有关。AD 病因至今还没有确定,遗传的和环境的因素以及两者之间的相互作用都有影响。头部外伤、感染物和神经毒素(如铅)都可能在以 AD 为特征的疾病发生过程中起作用。除了遗传因素和环境因素之外,太少用脑是造成痴呆病的最主要原因之一。事实证明,勤思考,多讲话,常记忆,参与一些社会活动和老年娱乐活动是避免迟钝的好方法。

8.3　梦与虚拟人生

没有驾驶过飞机的人,不知道驾机飞行的感觉;未当过宇航员的人,体会不到太空飞行中失重的滋味;若不是潜水员,也很难想像大海深处那眩目的景观。那么,是否我们每一种感受都是来自亲身感受呢？我们应如何理解梦,解释幻觉,面对毒品,如何发挥人的克制能力？生命科学中还有许多未知的却又与我们休戚相关的领域,需要我们去探索。

8.3.1　视觉与幻觉

眼睛的结构我们已经有所了解,形成视觉最重要的结构是视网膜,视网膜上有复杂的神经网络系统,如图 8.6 所示。视觉信号穿过眼睛的折光系统后,首先到达视网膜上的光感受器,光感受器是视觉系统捕捉光信号的接收器。信号经光感受器加工和处理后,通过化学突触传递给双极细胞,双极细胞再传递给神经节细胞,最终传向视觉中枢,在脑中形成视觉映像。在这个过程中,光感受器—双极细胞—神经节细胞构成了网络的纵脉,而水平细胞和无长足细胞具有广泛的树突分支,分别在外网状层和内网状层横向起着信息的整合作用。五种细胞相互配合,进行复杂的信息处理,为我们的视觉形成奠定了最初的基础。

能供脑利用的视觉刺激并不提供稳定的信息码,但大脑通过自身的一种

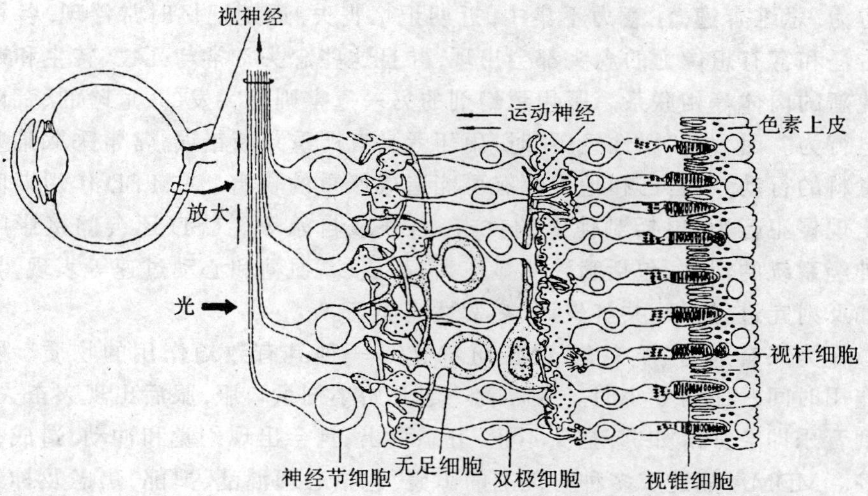

图 8.6　视网膜结构

精巧的机制，从物体的大批不断变化的信息中抽取物体恒定不变的特征，实现了视觉。例如，由表面反射的光的波长是随照度的变化而改变的，而脑却能够赋予这些波长一种不变的颜色。尽管打手势的发言者的手所造成的视网膜像每一瞬间都不相同，脑还是始终如一地把它归结为手。物体形象大小会因距离而异，但脑还是能探查出它的真实大小。

可奇怪的是，有时在没有外界刺激或闭上眼睛时候，我们也会产生一种虚幻的知觉——幻觉。通常，在病人膏肓或是精神病患者中才有该现象的出现。当服用了致幻剂之后，也会导致该现象的出现。人们对致幻剂的认识和使用可以追溯到 3500 年以前，一种被称为毒蝇伞的蘑菇就已成为印度传说中"醉人植物"的来源。这种植物曾在古人举行宗教仪式时使用，而且还用它作为医疗、巫术、魔术以及犯罪的麻醉剂。至今，发现的各种致幻植物已达 120 多种。

麦角酸二乙酰胺（LSD）是致幻剂中最典型的代表。麦角是从麦角菌中提取的，这种真菌能在某些谷物中生存。艾伯特·霍夫曼在一个偶然的机会中意外地服用了少量 LSD，使他经历了约两个小时的非常奇异的梦幻状态，并对这与精神病类似的表现作了具体的描述。LSD 常以口服方式摄入，10 微克就可产生明显欣快，50～200 微克时便可出现幻觉，可以从感知增强到出现一种心醉神迷的离奇幻觉，情绪变化起伏无常，对他人的反应或是冷淡或是出现偏执行为，思维奔逸，注意力不集中，近期记忆丧失，远期记忆时常浮现，各种稀奇古怪和富有想像力的念头都会出现，并且这些念头常常与死亡、转生和赋予灵魂新的肉体等相联系。服用致幻剂的另一危害则是突发的、危险的、荒谬的强迫行为。因为在"恶性经历"时，用药者具有严重判断错误，常常采取某些出人意料的行动，对自己和他人都有可能造成严重的伤害。在 LSD 作用期间可能出现侵犯行为，包括对他人的攻击，自残或自杀等。LSD 还会间接影响植物神经系统的活动，包括瞳孔明显扩大、高热、高血糖和心动过速等表现，导致诸如反射亢进、震颤、共济失调、痉挛性瘫痪等。

作为兴奋剂的"摇头丸"(MDMA)也是一种具有致幻作用的物质。服用后作用时间一般为 6 小时。吸毒者一般开始小剂量口服，服后出现兴奋失态，听到音乐即会如醉如痴，摇头不止，丑态百出；且会出现幻觉和冲动，造成行为失控。MDMA 能造成多种心理上的障碍，包括心理混乱、抑郁、焦虑及神经错乱，身体症状包括肌肉紧张，不能自控的咬牙、恶心、视觉模糊、发冷、出汗、虚脱。随着机体产生耐受性，服药剂量愈用愈大，会达到初始剂量的 100 倍，每天可达数百毫克，造成精神损伤，甚至出现生命危险。

这些致幻剂都属于解胆碱能类药物，能阻断乙酰胆碱与毒蕈碱型胆碱能受体结合，从而改变或破坏神经系统的正常功能，造成中枢神经系统的功能障碍。

8.3.2　梦

梦是睡眠中常见到的心理现象。梦中的情景，有的形象鲜明，有的依稀难辨，有的一瞬即逝，有的记忆犹新。梦的内容大多神奇、怪诞，但也有不少是现实生活的再现。梦的意境常与人的年龄、经历、知识、情绪以及所处的环境，尤其是睡眠的环境有着极为密切的关系，所谓"日有所思，夜有所梦"。梦是脑的思维活动，它与视觉形象再现几乎没有差别。生理学家认为"梦是睡眠时大脑皮层普遍出现抑制状态的情况下出现的兴奋活动"。睡眠是大脑皮层的一种弥漫性抑制，但抑制过程发展不平衡，有一部分神经细胞仍处于兴奋状态，故出现梦幻。

为什么人们一到晚上就发困呢？原来脑的前部存在着能引起睡眠的睡眠中枢，白天由于神经抑制睡眠中枢的作用而使大脑处于兴奋状态。睡眠分两种，其中做梦为假象睡眠，做梦时荷尔蒙游弋大脑。也有人从新生儿大约有

50%的睡眠时间在做梦,而 60 岁的老人只剩下 15%的事实,认为梦是胎儿或婴儿建立脑网络信息处理系统过程中起调试或促进作用的程序。根据做梦伴随有眼动的现象,科学家做了一个实验,每当观察到受试者眼动,即立刻叫醒他,多次以后停止叫醒他,再观察受试者,发现最后时期的眼动睡眠的总共所用时间和一次也不叫醒他时相加的眼动时间一样长。由此可以推测,做梦也是一种正常的生理要求。

用脑电图研究人的睡眠,发现从入睡到深睡,脑电图有 4~5 种不同的变化,它们周期性地出现。因此,可以把睡眠概括为两种状态:一种称为"慢波睡眠"(slow wave sleep),是睡眠的开始。另一种称为"快波睡眠"(paradoxical sleep),即 REM 期睡眠。在 REM 期睡眠状态下肌肉完全松弛,而眼球快速地转动,每分钟达 50~60 次。梦多出现在 REM 期。做梦时,肾上腺素能使神经细胞得到充分休息,而当人不能进入 REM 期睡眠,不做梦时,这类神经细胞就会疲劳而得不到恢复,人就会变得焦躁不安、精力无法集中,工作、学习效率下降。反之,睡眠充分时,精力充沛、办事效率高。有试验表明,睡眠必不可少。科学家们不让出生后三、四个月的小狗睡眠,半个月后,小狗因脑细胞严重损伤而死亡。

"光学习不做梦等于零",提出这个观点的是 DNA 双螺旋结构的发现者之一英国生物物理学家克里克。他认为:大脑贮存的信息越多,信息的传递就越容易发生紊乱,而做梦可以消除大脑中无用的多余信息,从而使有用的信息传递正常、迅速、准确,并使脑力得以恢复。

一般来说,梦是一种正常的生理现象,它不仅使人头脑恢复敏捷,而且给人以发明的启迪、艺术的灵感,著名的苯环发现过程就是一例。德国化学家凯库勒一次在梦中看到六条蛇首尾互衔形成环状,茅塞顿开,画出了苯环的结构。当然,并不是所有的人都能抓住梦所反映出来的信息。在实际生活中,作家、诗人、画家从梦中得到启发,激发出灵感较多。此外,梦与生理状态和精神状态有关,某些身体的隐患会通过梦反映出来。

8.3.3　瘾与毒品

毒品已经成为世界性的社会问题,例如毒品走私的罪恶、瘾君子的贫困、绝望、丧失人格、家破人亡却给人以深刻印象。为什么毒品会有如此之大的破坏力? 毒品一般指会使人成瘾的药物,我国在《关于禁毒的决定》中,把毒品定义为“鸦片、海洛因、吗啡、大麻、可卡因以及国务院规定管制的其他能够使人形成瘾癖的麻醉药品和精神药品”。这类药物一旦被滥用之后，就是毒品。毒品以多种方式作用于大脑中多种化学物质，干预突触传递的不同阶段，其关键在于药物依赖性和药物耐受性。

当人们长期服用可卡因、大麻等麻醉品，一旦停药，病人会出现一系列不适的症状，如心慌、心率加快、腹痛、打哈欠、流泪、流涕等等，统称为“阿片戒断症状”。如继续服用，上述症状立即消失。这种病人已对药物产生依赖，也就是生理的依赖性，或称身体依赖性，一般常用的“成瘾性”一词就是指身体依赖性。还有一种依赖性属于精神依赖性，或心理依赖性，它使人产生一种对药物欣快感的渴求，这种不能自制的强烈愿望驱使病人周期性地用药或连续地用药。为了得到药物可以不惜一切代价，甚至倾家荡产，触及刑律。有些药物只有精神依赖性，而没有身体依赖性，一种致幻剂就属于这一类药物。

毒品中尼古丁可能是最常见的，尼古丁实际上是作用于乙酰胆碱的一种受体。当脑内的这种受体受到重复和过度的刺激时，它就变得越来越不敏感。这也就是说，相应的神经元变得习惯于这些人为化学物质的高剂量刺激，而正常量乙酰胆碱的刺激却不能使它正常发挥功能，从而需要药物提供超常的刺激，这便是药物成瘾的化学基础。

吗啡是从一种特殊的罂粟中提取的药剂，其有效的镇痛作用是人们所熟悉的，但因其成瘾特性，仅用于疾病晚期治疗及严重或慢性的疼痛。长期服用或注射吗啡，会产生精神依赖，吗啡类药物的耐受性发展得快，吗啡耐受常常与吗啡成瘾性联系在一起，使人望而生畏。

海洛因是吗啡的一种衍生物，经过化学修饰后更易进入大脑。它能作用于脑内内啡肽的受体，直接刺激补偿通路。

可卡因来源于生长在南美安第斯山脉上的可可灌木，它作用于脑中的去甲肾上腺素。正常情况下，去甲肾上腺素在突触上作用结束后，会从作用位点被清除掉，但可卡因阻断了这个过程，使递质产生不正常的持续性作用。可卡因还能阻止了运输蛋白质的作用，因此，在有可卡因存在的情况下，突触内就会有过多的多巴胺积累。过多的多巴胺会过度刺激补偿通路，从而增强可卡因的效用。

许多吗啡成瘾者自愿地或强迫地到戒毒所去戒毒，采取逐步降低吗啡用量，以及加用其他药物来减轻戒断症状的办法，最终可以完全戒掉阿片药物。但离开戒毒所后，一旦遇到引诱，又会重新吸毒。因此，防止复吸比戒毒本身更为困难。人们也用针灸、电针、跨皮穴位电刺激等方法，促进病人自身阿片肽的释放，逐步取代外来的吗啡的作用。

药物耐受是另一个概念。人们都有这样的经验：服用安眠药开始一片就有效，如果经常服用，一片就不解决问题了，需要两片或三片才有效。头痛服用止痛片（阿司匹林类药物）也是如此，这就是药物耐受。有个假说认为阿片类药物应用过久，身体会产生对抗阿片的物质，使阿片的药效降低，目前所知体内最重要的抗阿片物质是一种由 8 个氨基酸构成的肽类物质，名叫“胆囊收缩素”。

从本质上讲，所有成瘾性药物都要刺激一种神经“补偿通路”。补偿通路包含着突触，当突触一侧的一个神经元触发时，便会将一种神经递质（如多巴胺）释放到细胞间的狭小空隙中，而突触另一侧的神经元则通过改变其自身的触发速率而作出响应。为了防止信号发出过量，第一个神经元会自动吸收突触空隙中的神经递质。这一通路会激活大脑的“皮层边缘区”，该区支配着最基本的情绪活动和行为。当神经递质刺激这些通路时，人就会觉得“愉快”。每一种阿片药物都刺激补偿通路的某一部分，从而“教唆”滥用者再次滥用药物。此外，这些药物会改变神经递质的正常产生，这样一旦毒瘾根深蒂固，放弃吸毒就会引起戒断反应，从深度不快到危险的抑郁状态的肉体或心理上的混乱。

吸毒者受到了众多的困扰，包括严重的心理障碍和突如其来的心脏病发作等。毒品正在吞噬着人类文明，生物医学至今也未能提供用药物解决这一问题的办法。在寻求科学解决办法的同时，人类需要发挥理智的力量，发扬普遍的关爱精神来解决这一问题。

8.4　灵感与无线上网

在思维过程中，我们运用记忆的再现、比对、分析、推理、联想等方法，实现多因素的组合，实现对原来认识水平的提升，获得解决方案。有时也会在思维的跳跃过程中，突发奇想获得灵感。由于灵感的不确定性，灵感与天才之间相关的描述，常常陷入不可知的泥潭。实际上灵感是正常思维活动中快速闪现的部分，脑神经系统是一个相当复杂的网络结构，与信息存贮相关的生化反应是复杂的多分子体系，分子的空间结构及变化都受到环境乃至宇宙大环境（射线等)的影响,出现无数多的可能性,并表现不重复性或不确定性。灵感——思想的火花是经常出现的,它只在有准备的头脑中才会燃烧。灵感与知识积累、积极思维有关。社会需要创造性的灵感腾飞,成为文明进步的原动力。

8.4.1　无线接收

随电子信息技术的发展,无线上网、发短信息已成为时尚。电波的通路是地面发射站→卫星转频器接收→卫星转频器发射→地面天线接收→降频→接收机。只要有合适的软件,一台个人电脑,就可以轻而易举地从空中下载《大英百科全书》或美国国会图书馆的资料。

更先进的量子通讯使我们联想到人的心灵感应是否也和无线上网的原理有相同之处呢? 1982 年,哈尔滨医科大学在对 40 对孪生子的调查中,发现一对孪生姐妹的如下情况。一次姐姐在校参加考试,因精神过度紧张而出现头痛并伴有恶心现象,当时孪生妹妹正好在看电影,也突然感到头部阵发性胀痛,想呕吐,只好中途退场。又有一次,妹妹在医院做人工流产手术,正做家务的孪生姐姐,突然感到腹部疼痛难受,待妹妹做完手术,姐姐的疼痛也顿时消失,可谁也不知当时的疼痛是怎样感受到的。

其实,像这种孪生子同时出现相同的感觉的现象,古今中外都曾有过记载。这是否表明孪生子之间存在某种联系通道呢? 从遗传上讲,同卵双生的基因是完全相同的,孪生子会有相同的肤色、身材、智力、性格、爱好等,生活环境条件相似时,还会同时患上同种疾病。这是复杂的四维时空遗传现象。由于他们的生物电接受器和释放器那么一致,表现出思想和行为上的响应。已有一些实验表明,它们可能有更为复杂的生物物理学原理。

8.4.2　天才

在数千年的文明史中,先后出现了像亚里士多德、哥白尼、牛顿、爱因斯坦等多位天才科学家,他们独具慧眼,超越时代,发现了许多重要的科学规律,推动了社会进步。他们的许多发现有着显著的思维飞跃的特征,其神奇之处常常不能完全用努力来解释,因而被公认为天才。然而是否他们的才能是天生的呢? 多少年来,对天才一直存在着两种截然相反的意见:有的认为,天才是天生的,而不是后天能造成的;而另一些人则把天才归功于实践,坚定目标、持之以恒的精神以及少许运气，天才是后天努力的结果。

爱因斯坦在谈到他的相对论时，认为好奇心、决心和勤奋是他成功的关键因素。牛顿也不是个天生聪明的人，在读笛卡尔的几何学时，经常读三两页就读不下去了，因为理解不了，于是再重新读，直到理解了再往下读，花了好长时间才读完。就是这样勤奋学习，积累知识，所以当他看到一个苹果落到地上时突然来了灵感，并最终发现了“万有引力定律”。

苏珊·格林菲尔德是牛津大学的药理学教授，她也是《头脑——一次被引导的旅行》一书的作者。她指出：“遗传基因可能起一些作用，但远没有脑神经的连接重要。我们知道脑的可塑性和它的发展过程，比如说，小提琴演奏家比别的人更注意训练掌管左手指的右半脑。一个人的成功更多地得益于他的平时训练和经验，而不是遗传因素的作用。”

而德国心理学家坎特认为，天赋就是天赋，无论环境的影响有多大，这是不能传授的。达芬奇、莎士比亚、贝多芬、毕加索的成就远不能仅仅用勤奋来解释，让一个普通的三岁的孩子像莫扎特一样每天练三个小时的琴也未必能成为莫扎特那样的音乐家。

人类确实有生来聪明和愚笨之分，如兄弟姐妹间的天分高低，同班同学的智力差异。他们有相似的生长环境和教育环境，他们之间的差异在一定程度上是先天遗传的。

为了彻底解开“天才之谜”，科学家们做了很多研究。但至今我们仍无法确定一个天才的诞生，是由于遗传的作用，还是由于后天训练的结果，才使得大脑的结构有所改变，而成为天才。从爱因斯坦大脑的研究中发现爱因斯坦大脑左右半球的顶下叶区域异常发达，比普通人的平均厚度多出一厘米，这造成爱因斯坦大脑宽度超过普通人 15% 左右。位于大脑后上部的顶下叶区在视觉空间认知、数学思维和运动想像力方面发挥着重要作用，该区域的异常发达在一定程度上可解释为什么爱因斯坦会形成自己独特的思维方式。爱因斯坦大脑的一些不同结构可能会导致位于顶下叶区的神经元彼此间更容易建立起联系，因而思维更为活跃。他的脑皮层比正常人的脑皮层要薄得多，脑细胞密度要高，具有更强的感知能力。还有一种理论认为爱因斯坦“非神经元”细胞的比率高，从而给用于思考的神经元细胞一个更好的活动环境。

如果说天才是百分之九十九的勤奋加百分之一的灵感，那么生命科学家的任务就是将这百分之一搞清楚，将奥妙提供给教育家，使他们来实现这百分之百。

8.4.3 创造力

创造是思维的最高层次，和一般的思维相比，创造思维并不按循规蹈矩的路子去思考问题，而是能突破种种常规，跨越推理障碍，敏锐地发现新问题，从而得到不同凡响的结果，给表面看上去无关的事物以新的排列组合，使之具有更大的作用。创造力是脑的功能，在脑内能够做出新组合最佳行动方案的部位，是大脑联合区中的最高联合区——额前区。丧失了额前区的人是不能创造出新的排列组合的，他们虽然能重复以前所记忆的反应，能自如地支配双手，也有基本的感觉。

一个创造力丰富的人，一般反应都很灵敏，不时有新见解，很聪明，有广泛的兴趣和知识，有钻研精神，典型代表如爱迪生、贝尔等。他们未必智商很高，一个人的智力主要受到先天遗传的影响，但创造力是可以后天培养的。创造力是世界进步的原动力，科学研究本质上就是创新。人类的创造力就如生物的进化动力，是无止境的，可以无限地被激发。

种种资料都显示，一个人一生中青年时创造力较高，以后就相对较弱。自古英雄出少年，因此我们要为青少年营造一个尊重、开放、民主的环境，鼓励、激发儿童的创造思考力。让孩子在面对困难时，不轻易退缩、放弃。大学时期也是创造力勃发时期，我们应主动培养自己在这方面的能力，为繁荣人类的进步而发挥自己的才能。

第9章　生态与人类环境

地球是人类的母亲，她不仅在漫长的演化过程中创造出生命，创造出人类，而且以她丰富的“乳汁”哺育着人类。我们每天都在吮吸着地球母亲的“乳汁”，赞美地球母亲的崇高、伟大和无私，总以为母亲是那样的富有、健康，能为她的子孙提供取之不尽、用之不竭的物质财富。殊不知我们在向地球索取的同时也在损害她的健康、消耗她的能量，摧残她的生命。人类向地球的索取已经超过了地球的承受能力，这就造成了环境问题，如淡水资源的匮乏和污染、森林缩小、水土流失、土地沙漠化、臭氧层破坏、大气污染、温室效应、厄尔尼诺现象等等，危及人类的生存和人类文明。

人与环境的关系必须建立在一种和谐、互助的基础上，人类才能得以发展，人类文明的辉煌才能得以继续。

9.1　生态系统

生物群落与生物环境相结合形成了生态系统(ecosystem)，地球生态系统是人类生存的基本环境。自然生态系统创造了人，但由于人的无知和无序一度破坏了人类赖以生存的地球生态系统。随着科学的进步，人们认识到只有与环境友好相处，灿烂的人类文明才可持续发展。

9.1.1　种群

种群(population)是在一定空间中同一物种的个体组合，如某块森林中的梅花鹿种群。各个物种按其栖息地的不同，形成大大小小的种群，大的如海洋中的蓝鲸种群，小的如一个池塘中的全部鲫鱼，实验室饲养的一群小家鼠，也可称为一个实验种群。因此，种群是物种在自然界中存在的基本单位，同一物种的种群之间不存在着生殖隔离，不同物种的种群之间存在着生殖隔离。

组成种群的个体是随着时间的推移而死亡消失的，同时又不断地通过新生个体来补充持续，所以进化过程也可以说是种群中个体基因频率从一个世代到另一个世代的变化过程。种群是物种进化的出发点，可以通过分化和隔离逐渐形成新种。

从生殖能力看，理论上理想环境种群个体以指数增长。指数增长律只适用于高等生物迁入新环境初期的种群扩张，当家兔迁入澳大利亚初期，生活条件十分优裕，既无天敌又无竞争者，兔种群按指数增长律扩大。这种增长方式的出现需有三个条件：

1. 生物的生活资源十分丰富，足以供应扩大了的种群，或生活资源再生速率超过该种群扩大了的消耗速率。

2. 环境阻尼很低，特别是天敌、病害少，竞争者微不足道，生活环境适宜，化学污染低。

3. 种群密度不高，并处在繁殖旺势期。

目前，世界上这种理想环境已经很少，大多数生物种群数目已经达到平衡的稳定期。这种平衡是动态的平衡，决定这种平衡的基本因素是出生率和死亡率，迁入和迁出的数目。种群内部的自我调节能力，很多物理、生物的因素也都在影响并保持着这种平衡。有些因素是随着种群密度变化而变化的，例如食物、生殖力、抑制物、疾病和寄生虫的影响等；有些是和种群密度无关的，如水灾、虫灾等。各种因素并不单独作用于种群，它们之间往往相互制约、相互影响，使自然界中所有生物的真实增长曲线呈 S 型。即一个物种经过一个适应环境的延滞期后，会进入指数增长期，然后增长速度变慢，最后，增量和减量相等，种群不再增长而达到最高密度的稳定期。这种种群的密度是环境所能负担的最高密度，即环境的满载量，或负载能力(carrying capacity)。

种群内部有一定的性别比例，并由一定的年龄组组成。动物种群雌、雄个体之比与它们的配偶制有关。有的是一后多夫，如蜂、蚁，一窠成一居群，各有一个功能雌体，过多的雄性个体会被杀死或因没有得到交配机会而被淘汰；有的动物是一夫多妻，如海豹、鹿、鸭、鸥；也有一夫一妻，如天鹅、鸳鸯。年龄分三大组：未成熟年龄组(包括幼年和少年)、育龄组和老年组，育龄长短随物种而异。多年生植物育龄可持续几百年，高等动物育龄约占一生平均年龄的1/3至 1/2。有的昆虫一生只交配生育一次，生育后母体立即死亡。也有些昆虫，雄性在完成交配后立即死亡，或被雌虫所啮食，比如螳螂就是这样。

种群之间有竞争、捕食和互利共生等关系，是构成生物群落的基础。当两种或更多种生物共同利用同一资源时，会发生竞争作用(interspecific competition)，竞争的结果是不对称性，即竞争对各方的影响大小和后果不同，各个物种可能共存，也有可能一方被完全排斥。捕食(predation)是指一种生物攻击、损伤或杀死另一种生物，并以之为食。狮子吃鹿，羊吃草，寄生虫吸血等都属于捕食的范畴。世界上大部分生物之间的关系还是互利共生，比如反刍动物的胃中有密度很高的细菌和原生动物种群，帮助其消化；昆虫采蜜的同时，又传播花粉；地衣是藻类和菌类的共生体等等。

9.1.2 群落

自然界任何种群都不是也不能独自存在，动物依赖于植物，微生物依赖于动、植物。例如一片山林有许多种草木禽兽，各自形成种群，它们共处在一起，互相联系、互相影响成为一个共同体。像这样，在同一地区范围内，两个以上的种群由于生活繁殖上的连锁而构成的相互依赖相互制约的生物集团，生态学上称为生物群落(biotic community)，简称为群落。

自然群落包含的物种极多，以一个森林群落为例，在1英亩中大约平均有400多个物种，400万个体，这还不算微生物和原生生物。不同物种形成了大大小小的种群，在有序的状态下生存。

群落中各种生物所占据的空间和时间各不相同，因而各个群落都有一定的结构，表现为种群在空间上的垂直和水平分布，时间上的先后或交替分布。一个森林群落分为地下层、地表层、草被层、灌木丛、下木层和树冠层，这是一种典型的垂直结构。在同一水平上，生物有随机分布、集中分布和均匀分布三种结构。松鼠白天活动，蝙蝠却是夜间活动，这反映了生物群落的时间分布随昼夜、季节的变化而变化。

群落有小群落和大群落之分。小群落分布在相对狭窄的地区范围之内，其中各植物种群的具体分布点，由各点的无机环境因子构成的小生境和种群生理生态学特性决定。大群落占有广大的地域，对大群落的地理分布决定性最强的是陆地与海洋(包括淡水)的地域差，其次是热带至寒带极区的纬度差，再次就是陆地高度与海洋深度的高度差，还有地势、地面质地与气象的差别等。

陆地群落中起重要作用的是植物，海拔高度、土地质地与地势不同决定了各地区植物群落的特色。从赤道热带多雨向北亚热带、温带、寒带至北极的森林群落沿纬度分布分别为热带雨林—雨林—常绿阔叶林—混交林—落叶林—针叶林—苔原；从热带平原向山地、高山至雪线附近的森林群落沿高度分为：雨林—常绿阔叶林—混交林—落叶林—针叶林—草甸；从大沙漠向干旱沙砾、少雨、季雨至多雨，沿雨量增多方向的植物群落分布：沙漠—荒原—灌丛—干旱草原—草原林—季雨林—雨林。这其中包括了几种典型群落：热带雨林群落、亚热带常绿阔叶针叶林群落、温带落叶林群落、针叶林群落 、冻土苔原群落、灌木丛群落、草原群落和沙漠群落等。

沧海桑田，生态环境不断在演变，生物群落也不断地变化。这些变化是有规律的，掌握规律有利于改善生态环境。生态环境的演变主要指地学的、气象水文的自然力变动，生物群落的演变和人类改变自然的活动三方面。地壳变迁、大陆板块运动、造山运动、海陆进退、冰川火山活动、地层断裂、地表泥石流等地学变动是地表变化的伟大力量。自然力变动可推动群落演变，生物群落演变可反转来改变无机环境，对生态的影响是大规模的，产生的变化是深刻的、根本的。气候变迁也是推动生态变动的有利因素。人工开垦是生态变迁的第二位动因，却是最活跃的动因之一。几千年来人类不断扩大开垦范围，开山、围海、伐木、垦荒、烧荒等等农垦活动，使大片土地改变面貌，从而使生态环境发生变迁。

生态环境变迁必然带来群落演变或加速群落演变。任何地区的生物群落在长期生长繁殖中必然有所演变。某一地区生物群落的成系列的演变即称为群落演替(community succession)，如图9.1所示，其所经历的程序称为系列。群落演替即是生物群落改造和演变的过程。各地区的生物群落有顺序地更替，后续群落一般要比前行群落包含更多的物种，更加繁荣昌盛，群落结构也更加复杂和先进。一个有名的例子是印尼的Krakatoa岛在1883年8月7日火山喷发，喷发终止后地面覆盖的火山灰厚度达60米。这火山灰将岛上生物全部掩埋。一年后，几种草和一种蜘蛛在岛上出现，它们是开路先锋。1908年，植物大量迁入，动物种类达202种；1919年，动物多至621种；1934年，岛上出现了新生森林，动物种类计有880种。经历50年，小岛恢复了它的生物群落。

植物群落演替是生物群落演替的先行者。在新开的岩石表面，最先落脚的往往是地衣和苔藓。在淡水水体逐渐干涸的地方，首先繁殖的往往是芦苇或水藓。在新的沙质地，首先繁殖的是生活周期较短的有匍匐茎的一年生草本，滨海沙泥滩是耐盐的莎草先行，红树林最能适应于泥滩海岸。先行植物在

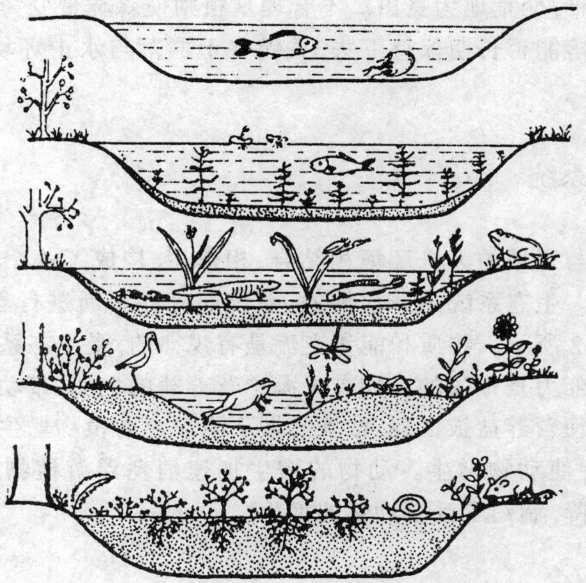

图9.1 生物群落演替图

新现地面繁殖，发挥了改造环境、固着泥沙、增加有机质、为后继植物开路的功能。后继的种类陆续迁入，与先行的种类在一起生存繁殖，逐渐将群落推向新阶段。

生物群落演替有一个相对稳定的阶段。植物群落演替到了与该地点的地理、气候、地貌、土质、水文适应良好的生物群落出现之后，群落的演替暂时停顿，生态系统便稳定下来，这时该地群落称为顶极群落(climax community)。除非气候、地质剧变，顶极群落将长期维持下去。例如寒带近北极地区的地衣苔藓群落是当地的顶极群落，此群落决不可能演替为落叶林。其他生物区系也是如此。

动物群落的演替与植物的情况略有不同。动物群落主要决定于食物资源的数量变动和更新速率，还决定于天敌的繁殖率和猎食动物的猎食强度。

稳定的群落是可变的。水、火、风、沙等各种灾害发生都可以使群落发生变迁。人类活动是改造群落的有利因素。合理经营可使群落在对人最有利的、生产力最大的演替阶段稳定下来，也可因地制宜使经济效益更大的生物群落取代当地的稳定群落。例如合理经营可使荒漠草原变成牧场，合理垦植可以变荒坡为林带，变荒地为良田。不合理垦植则使森林带变为光秃山，水土流失。稳定的群落能否长期保持下去，关键在于群落与水土环境是否建成平衡的生态系统。

9.1.3　生态系统

生物群落与当地的无机环境相结合、相作用，构成了一个个的动态系统，称为生态系统。生态系统是开放性的，系统同外界不断进行着能量交流和物质循环如图 9.2 所示。物质和能量交流是有规律的，受生态系统自身的调节，而且这种调节能力是很强的。如春天海中营养盐的上涨，带动浮游植物增生，浮游植物增生使营养盐被消耗，浓度随即下降。浮游植物增生，为浮游动物提供丰富饲料，促使动物增生。动物的增生加速消耗浮游植物，引起植物量下降。植物量下降，制约了浮游动物的增生。

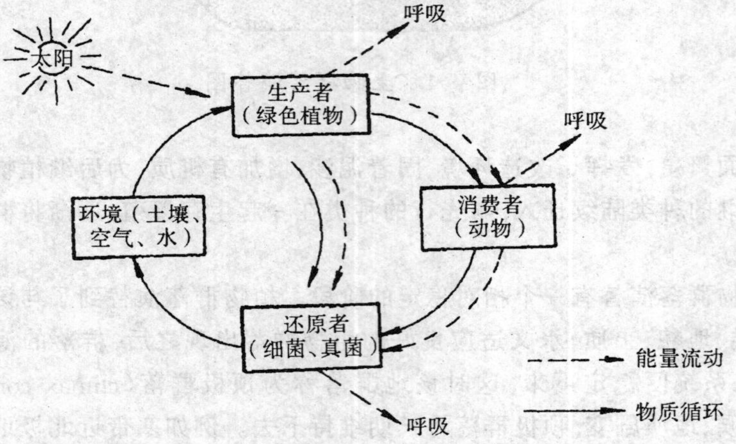

图 9.2　生态系统的物质循环和能量流动的关系

太阳辐射能是生物圈的主要能源，地面接受的太阳辐射有地带、季节和昼夜变化。全年平均每平方米每天所接受太阳能约为 8 000～10 000 千卡，其中大部分被地面反射、吸收和散射，有一部分用于加热空气、地表和水体。只有一小部分到达植物体，被用于光合作用的仅为 1％～2.2％。提高植物的光能利用率是许多植物学家和生态学家共同追求的目标，有多种多样的途径，其开发的前景十分广阔。

能量流动有很多途径，绝大部分流动的能量是不可回收的，能回收的能量中也只有一部分是可贮存的。那就是光合作用所产生的有机物，主要是糖类。测定光合作用贮存光能效率的办法是收集和测定单位时间内单位面积所生产的有机干物质的量。以每克有机干物质完全燃烧或完全氧化可得4.25千卡能量换算，我们可以从有机干物质产量中计算出光合作用的光能利用率来。

被固定的生物圈内的能量可以流转，能量以食物为主要的传送带，构成了食物链(food chains)与食物网(food web)。食物链中每一类生物成员称为一个营养级(trophic lever)。植物是太阳能的截收者，是生物能的原初生产者(producer)，它的产品是素食和杂食动物的食料。素食动物称为初级消费者(primary consumer)，素食动物又可以作为食料被肉食动物所消耗。肉食动物称为次级消费者(secondary consumer)，肉食动物也可作为食料被肉食猛禽、猛兽所消耗，后者称为三级消费者(tertiary consumer)。这些生物由低等到高等传递物质和能量，从而组成了一个食物链(food chains)。食物链按照生物间的关系可分为捕食食物链、碎食食物链、寄生性食物链和腐生性食物链四大类。通常一种消费者常常不是只吃一种食物，同时又相互交叉地连接在一起形成复杂的食物网。这种网状结构以营养为纽带，把整个生物群体紧密结合在一起。

在生态系统中，能量通过食物链的每一级流动时，呈现递减的规律，能量转化率大约只有10%，使各营养级的能量呈一种金字塔状，生物数目和生物量也呈金字塔形，统称为金字塔营养级(pyramids trophic levers)，如图9.3所示。金字塔式能流规律对动物饲养业等具有指导意义，改进饲料质量和改进饲料配方以提高饲料转化率，减少能量耗费是合理经营的要点。

生态系统内的能量流动必然与物质的循环相结合。物质在循环过程中，其成分可能发生改变，但在量上没有变化。各种化学元素在不同层次、不同大小的生态系统内，乃至生物圈里，沿着特定的途径从环境到不同的生物体，再回到环境。在这种流动过程中，也可被暂时固定和贮存在一些特定的库(pool)中，如植物库、动物库和土壤库等。而在生物个体中，某种元素或难分解的化合物会在生物体内积累，使生物体内的物质浓度超过环境中的浓度即生物富集(biology enrichment)，浓缩系数不断增加后，还会产生生物积累(accumulation)的现象。这种积累有时会给人类带来危害。

生态系统内各种物质成分和生物成员都参加循环，在各种生物成员中，微生物起着关键性的作用，它们在循环中担任了物质释放者或称还原者角色。

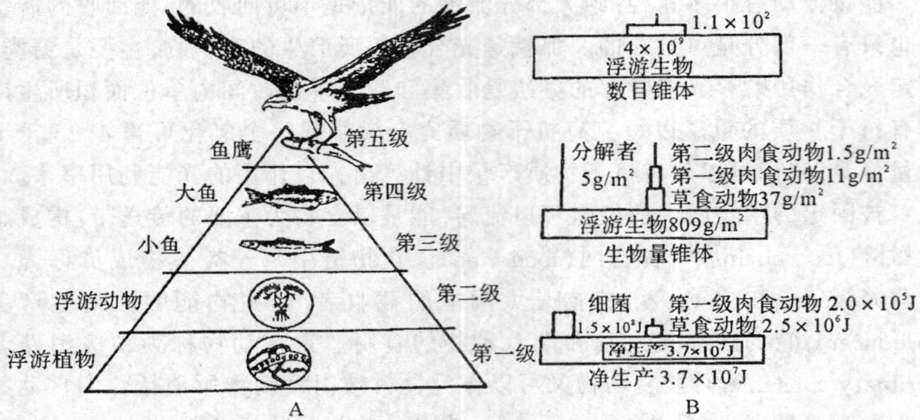

图 9.3　金字塔营养级

A 营养级　B 数目锥体、生物量锥体和能量锥体

物质循环包括碳素循环、水循环、氮循环与磷循环、硫素循环等。以氮素循环为例，如图 9.4 所示，氮以 3 种形态存在于自然界，其中氮分子约占 4/5，还有有机氮和无机氮两种形式。3 种氮素形态在自然界中不断转化。植物利用以无机氮为主，豆科植物的根瘤菌通过生物固氮的方式将 N_2 还原为 NH_4^+，供植物利用。工业上也利用合成等方法将氮固定为尿素等肥料。一些特殊的微生物通过硝化或反硝化作用，分解生物体内的各种有机物，再以 NH_3 和 NO 等形式返回环境，完成氮循环。

生态系统的另一个普遍特性是存在着反馈现象。反馈（feedback）是生态系统中某一成分发生变化的时候，它必然会引起其他成分出现一系列的相应变化，这些变化最终又反过来影响最初发生变化的那种成分的过程。反馈有两种类型，即负反馈和正反馈。

负反馈是比较常见的一种反馈，它的作用是能够使生态系统达到和保持平衡或稳态，反馈的结果是抑制和减弱最初发生变化的成分所发生的变化。例如，如果草原上的食草动物因为迁入而增加，植物就会因为受到过度啃食而减少，植物数量减少以后，反过来就会抑制动物数量。这种负反馈在一个生态系统中有时还受到其他负反馈的影响，如图 9.5 所示。

正反馈是比较少见的，它的作用刚好与负反馈相反，即生态系统中某一成分的变化所引起的其他一系列变化，反过来加速最初发生变化的成分所发生

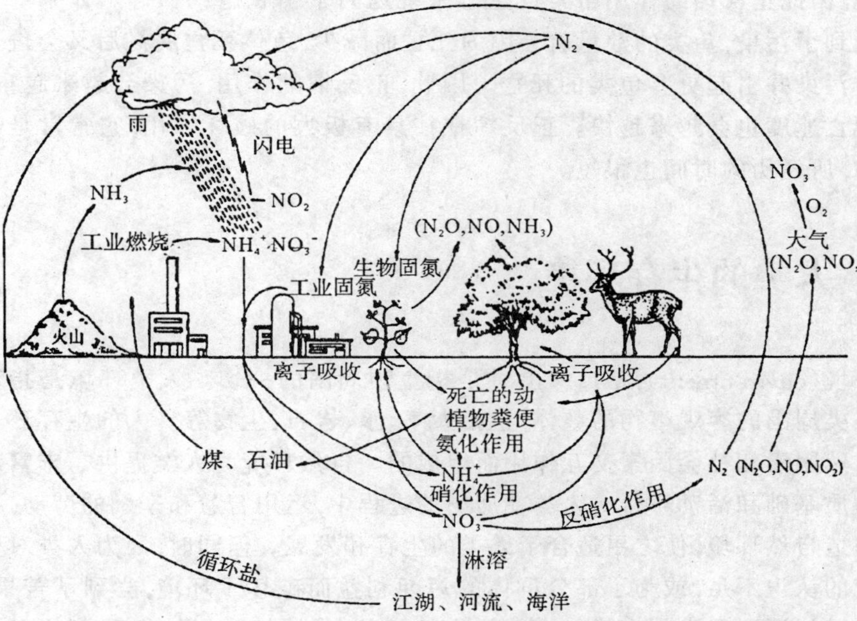

图9.4　氮素循环

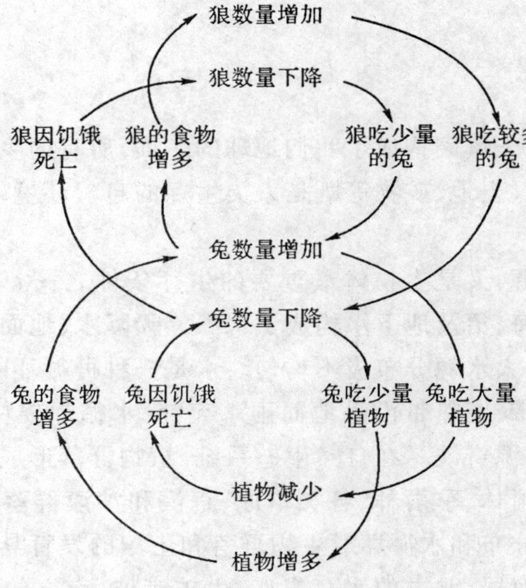

图9.5　两个负反馈之间的相互关系

的变化,因此正反馈的作用常常使生态系统远离平衡状态或稳态。如果一个湖泊受到了污染,鱼类的数量就会因为死亡而减少,鱼体死亡腐烂后又会进一步加重污染并引起更多鱼类的死亡。因此,正反馈的作用,污染会越来越重,鱼类死亡速度也会越来越快。正反馈往往具有极大的破坏作用,它常常是爆发性的,所经历的时间也很短。

9.2　人类的生存环境

环境(environment),从广义上讲是指生物周围的一切。人类环境是指环绕于人类周围的客观事物的整体,包括大气、水、岩石、生物等。人的生存环境是由自然因素和社会因素交互作用而组成的。自然环境为人类提供了丰富多彩的物质基础和活动舞台。人类在历史的进程中,运用智慧和辛勤的劳动,不断地改造自然环境,使之更适合于人类的生存和发展。但同时,因为人类对生存环境的认识不足,或为了部分群体的短期利益而破坏了环境,尝到了苦果。人类已经认识到在发展工业、大幅度提高生产力的同时,保护好环境的必要性。地球人应在可持续发展的思想指导下,建设美好的家园。

9.2.1　物理环境

水圈、大气圈和土壤圈构成了我们地球的表面,所有的生物都在其中进行活动。大气辐射、水、土地、矿物等既是人类生存的自然环境,又是人类生产的自然资源。

水是生命的起源,又是生物体最重要的生存条件之一。地球表面的各种水体,如江、河、湖、海、沼及地下水构成了水圈。天降水、地面水、地下水,合称三大水源,各地的三大水源分布极不均匀。水是一种可循环的资源,各地的水循环也不一致。热带、亚热带沿海地面雨水充沛,水循环较快。沙漠、荒漠地区地面蒸发量大,水源奇缺。在自然生态系统,植物群落形成与水资源的分布是相适应的。热带雨林、季雨林、各类草原、荒漠和沙漠群落都是因水分多寡而成立的。水源的分布和水循环对生物群落和土壤的发育具有重要的决定作用。原始人逐水草而居,北方的水草丰盛,牛羊满坡,南方的风调雨顺相应发展了农牧业和渔业。水资源对人类的生活和生产有重大的影响。

大气圈由氧气、氮气和二氧化碳气体等组成，从地球表面到几十公里以至近一千公里的高空，它的厚度在地球表面的不同地带是不一样的。大气圈不但供给生物活动所必须的C、H、O和N等元素，其间的臭氧层还可以保护地面生物免受各种宇宙射线的危害，防止地球表面温度的激烈变化和水分过量散失。空气中的二氧化碳是植物进行光合作用的最主要原料。大气中的氧气含量通常为21%左右，若低于该值，呼吸频率和血液循环就会加快，如果少于10%，人就会恶心、呕吐。

土壤是包括人类在内的所有生物的重要资源，它的形成是由于地球表面的岩石，经过长年的风化侵蚀和生物作用的结果。几乎所有陆地生态系统的一个“基底”都是土壤，无数的动物、植物和微生物都栖息其中。

在各种自然资源中，有包括太阳能、风能在内的非枯竭自然资源，有经过漫长地质演化作用自然循环聚集而成，在短期内不能得到恢复的不可再生资源，如铁、镍、金、银等一般金属，氮、硫、磷等矿物原料，石油、天然气和煤等能源燃料，以及铀、钍等特殊金属资源。人们需要从地球取得这些资源来维持生命和生活。由于人类的不断开采和消耗，这类资源面临着短缺甚至枯竭。不可再生资源已经成为制约人类社会经济增长的关键因素。历史上，对不可再生资源的争夺与反争夺引发了多次国际战争。因此充分认识、合理利用和开发不可再生资源是社会稳定发展的前提。为了能够更好地改善人们的生活水平，在科学技术水平不断提升的同时，人们越来越重视方便、高效和清洁的新能源，包括太阳能、核能、风能及生物能源等，以保持与自然环境间的和谐统一。

此外，自然环境中的物理因素常常是生物不可抗拒的，生命演替过程中的多次振荡如外星球撞击地球、冰川覆盖等等，都解释为物理因素的影响。生命发展到人类高级文明阶段，人改造自然的能力极大地增加，森林的砍伐和再造，荒漠侵蚀文明和文明抵御荒沙，河流的肆虐和水域的治理，围海建堤造田，臭氧层的消减和弥补，温室效应现象和限制CO_2的排放，北极冰山融化控制等等。人类在自然环境中追求自由，甚至发展出了在极端逆境下生存的能力，例如行走太空、登陆月球、进军火星、居住泽底。它是人类生存能力的发展，也是生命保留的技术贮备。

9.2.2 人口问题

在人类很长的进化历史过程中，人口长期处于很低的水平。茹毛饮血、渔猎为生的早期人类，大约每30平方千米的陆地面积才能养活一个人，整个地球只能养活500万人。随着社会生产力的提高，人口持续增长，从8000年前，世界人口不到1 000万，到公元初的1.5亿，今天世界的人口已超过了60亿。

世界人口每增加10亿的时间，从100年缩短到了8年。人类对于生殖意义的认识程度低于人类生育的本能，繁殖的需要和地球资源支持的可能之间发生矛盾。在经济与文化传统落后的发展中国家里，无序的人口增加，直接导致贫穷和饥饿。为了生存而进行过度的开采土地和资源，更大程度上破坏了环境，进入恶性循环。从1950年至1970年，全世界耕地面积减少了25%。我国合理的人口承载量是9.5亿，而今天却已经达到了13亿，到2020年将达到15亿，人均耕地将下降到0.085公顷。人类正面临人口继续膨胀而土地资源接近承载极限的双重压力。人口绝对数太大、增长速度过快、教育欠缺、贫富悬殊等引起社会秩序不稳，战乱频起。部分人群失去理性，大量精力内耗，使社会无序或减缓了文明的进程，制约了全球经济发展。减少人口增长已成为保持人类文明发展的重要前提。

在人口问题中，老龄化也是一个突出的世界性问题。通常认为，60岁以上人口占总人口数的10%以上，或65岁以上人口占总人口7%及以上时，即为老年型人口社会。由于基本生存条件的满足和医疗的进步，老年人口的增长速度比总人口增长速度高出两倍。发达国家人口老龄化开始较早，60岁以上老年人所占比例都超过17%。我国也开始进入老龄化社会。因老年人的特殊需要，国家必须对老人实现社会保险养老等问题，无疑增加了社会经济的负担。但人类寿命的延长，老年人口增多本身是社会进步的象征，有利于智力的凝聚，延长智力产出期，从宏观上看就是整个人口群的知识库在不断扩大和延伸。因此发挥老龄人口的积极因素，缓解人口老龄化所带来的不利影响，是实现社会持续发展的必要条件。

9.2.3 人类的生存需要

经几千年文明的发展和积累，几百年的科学技术继续进步，人类生产力水平极大地提高。21世纪人类的生存需要已经不是吃饱穿暖的基本生存条件，食物不再仅仅是裹腹和供给热量的需要，还要讲究科学调配，色香味俱全，无污染的安全优质营养绿色食品成为首选。我国的绿色食品要具备这些条件：①产品或产品原料产地必须符合绿色食品生态环境质量标准；②农作物种植、畜禽饲养、水产养殖及食品加工必须符合绿色食品生产操作规程；③产品必须符合绿色食品产品标准；④产品的包装、贮运必须符合绿色食品包装贮运标准。绿色食品的标志是以上方为太阳、下方为叶片和中心的蓓蕾三部分构成的正圆形图案。它是产品质量的证明商标，经国家工商局商标注册，注册申请涵盖全部食品五大类近1 000个品种。这些食品在大气环境、农田灌溉、水质、土壤质量、农药安全使用标准等各个方面都有各种标准。它的生产体现了生产过程与生态环境的保护紧密结合。

随社会进步，人类的活动范围在增加，为减少污染应鼓励步行、自行车、无动力交通，鼓励更多的可视电话，互联网应用，同时将更多地使用核能、太阳能、风能，鼓励生态旅游，欣赏自然，保护自然，以自然生态景观和人文生态景观为消费客体。观光、度假、休养、科学考察、探险和科普教育可以陶冶性情、净化心灵。原始自然的美丽风光给我们带来种种美好感受，我们要加强环境保护意识。

人类住宅的生态化，旨在实现自然、建筑和人三者之间的和谐统一。它运用生态学原理和遵循生态平衡的原则，设计、组织建筑，使物质、能源在建筑系统内有秩序地循环转换，获得一种高效、低耗、无废无污染、生态平衡的建筑环境，包括住宅区的人文环境、经济系统和社会环境。要充分考虑气候因素和场地因素，材料的无害化、可降解、可再生、可循环，水的循环利用与处理，使用本土材料、降低由于材料运输而造成的能耗和环境污染等，实现高效、美观、舒适、健康和节能的完美统一。

9.3　生态平衡的自然调控与人类的干预

地球生物经历了38亿年的演化，建立的各种生态系统都是基本达到平衡的。生态系统受多因子相互作用，近几十年人类改造自然力的突发、人类的创造力和破坏力已经超过了自然的调控能力，几千年来我们在建设地球环境的同时又破坏了地球环境。自然报复已直接或间接地作用于人类，使人类感到生存危机，激发了人类的智慧，全球各地区已经联合起来，共同参加解决地球环境问题。

9.3.1 生态平衡

生态系统是开放性系统，自然界生态系统的一个很重要的特点是通过发育和调节达到一种稳态或平衡状态，使系统内的所有成分彼此相互协调。这种平衡包括结构上、功能上和能量输入输出上的稳定，同时也是生物群落与环境之间相互作用的动态平衡。能量和物质每时每刻都在生产者、消费者和分解者之间进行移动和转化。如果长时期输入多于输出，生态系统便离开平衡态而有所发展；如果输出多于输入，生态系统会被消耗。在自然条件下，生态系统总是朝着种类多样化、结构复杂化和功能完善化的方向发展，直到使生态系统达到成熟的最稳定状态为止。

生态平衡通过自我调节适应于物质和能量输入和输出的任何变化。例如某一生境中的动物数量决定于这个生境中的食物数量，最终这两种成分将会达到一种平衡。如果因为某种原因使食物产量下降，而只能维持比较少的动物生存，那么这两种成分之间的平衡就被打破，这时动物种群就不得不借助于饥饿和迁移加以调整，以便使自身适应于食物数量下降的状况，直到调整到使两者达到新的平衡为止。

生态系统中各个成分都能使自己适应于物质和能量输入和输出的任何变化。生态系统遭水、火、风等自然灾害的干扰是不可避免的，同时也受人类的干扰。人类生产活动是有意识的，如果取用的是老弱、过熟、过密、多余的部分，生态系统的恢复尤其迅速。但是，这种自我调节功能是有一定限度的，当外来干扰因素如火山爆发、地震、泥石流、雷击火烧、人类修建大型工程、排放有毒物质、喷撒大量农药、人为引入或消灭某些生物……超过一定限度的时候，生态系统自我调节功能就会受到损害，从而引起生态失调，甚至发生生态危机。

人类盲目活动而导致部分甚至整个生物圈结构和功能失衡的事情已经发生，正威胁着人类的生存。为了正确处理人和自然的关系，我们必须认识到生态系统的自我调节功能是有限的，生态系统破坏后的恢复是长周期的。保持生态系统结构和功能的稳定是人类生存和发展的基础。因此，人类必须注意生态效益，维持生物圈的稳定和平衡。

9.3.2　自然的报复

人类是一定环境阶段的产物，环境是人类生存的物质基础。人类祖先采撷狩猎，他们的活动对环境产生的影响和动物区别不大，人类主要是利用环境。当人们学会驯化植物和动物，出现了农业和畜牧业，开始如砍伐森林、破坏草原，引起了水土流失。从 16～17 世纪以来，发明了锯、网、电力、核能、炸药、车船、化学品等等，人类的生产力得到了巨大的发展，同时开始对地球大动干戈。现代化工业大大提高了人类利用和改造环境的能力，在追求人类局部更舒适的生活环境的同时，却把地球生态推到了崩溃的边缘，恶化了的生态环境开始回击人类。

全球性淡水危机。全世界有 100 多个国家存在着不同程度的缺水情况，28 个国家被列为缺水国或严重缺水国。淡水不足制约了世界许多地区的社会和经济发展。中国淡水资源总量为 28 000 亿立方米，人均水量相当于世界人均水量的 1/4。

水体污染。目前全世界每年约有 16 000 亿～21 000 亿立方米的污水排放，包括生活污水、工业废水、土地利用泾流、矿尾浸出、工业固体废物（特别是有毒有害危险废物）、生活垃圾倾倒和大气污染物在水体中的沉积。这些污染水使河流中鱼、虾、贝死亡之外还产生大量污泥，并通过污泥扩散，最后影响所有的水系。地球上将没有净水。

海洋中大面积的赤潮是某些微小粉红色或红褐色的浮游生物急剧繁殖和高度密集所引起的海水变色和水质恶化的现象。引起赤潮的生物约有 60 多种。赤潮发生的主要原因是水污染，大量涌进海洋的废水之中有很多是植物生长所必需的营养要素，使海水出现"富营养化"，浮游生物得以大量繁殖。例如一个鞭毛虫细胞经过 25 次分裂之后，能产生 3 300 万只鞭毛虫，一滴海水中就有 6 000 个。就这样赤潮生物发生了爆炸性的繁殖，它们大量死亡后，就会把海水"染"红。赤潮一般在春夏季，于内海、河口、港湾或暖流流经的水域处最易发生，由于浮游生物消耗大量氧气，并释放一些毒素，常常使鱼类大批死亡。

水土流失。水土与植被是互相依赖的，过度砍伐植被将造成大面积水土流失和发生泥石流，造成赤地千里或大地沙漠化，形成沙尘暴。黄河是我国的母亲河，黄河中游是古代文明的发源地，由于水土流失黄河变成历史上有名的害河。地中海南岸在古罗马帝国时代本是产粮富庶之地，现在则成了沙漠的前沿。人们记忆犹新的 30 年代美国的黑风暴从破坏最严重的西部干旱区刮起。目前全世界平均每分钟有 20 公顷森林被破坏，有 10 公顷土地沙化，有 4.7 万吨土壤被侵蚀。每年因土地沙化要损失 600 万公顷的农田和牧场，有 90 多个国家和 1/5 的人口不同程度地受到沙漠化的危害，全世界每年因沙漠化带来的直接损失约 260 亿美元。

地面沉降使河流泄洪不畅，造成洪涝灾害。黄河是我国水患最多的河流，2 000 多年来决口泛滥 1 500 多次，大改道 26 次。通常认为黄河多洪灾是由于上游水土流失严重，大量泥沙淤积，使下游河床愈益抬高，现已高出地面 3～5米，成为“悬河”。地面沉降易使建筑物地基失稳、下沉，使构筑物遭受破坏，也易使地下管道变形、破裂而危及地下工程。上海就曾因过度开采地下水而使地面沉降。

大气污染。自然界中局部的质能转换和人类的生产、生活不断地向大气排放污染物，当污染物的含量超过环境所能允许的极限程度时，大气质量就会恶化，使人类的健康及生态环境遭受恶劣的影响和破坏。凡是能使空气质量变坏的物质都是大气污染物。气溶胶状态污染物主要有粉尘、烟液滴、雾、降尘、飘尘、悬浮物等。气态污染物如硫化氢等，危害人类身体健康。大气污染危害所有生物，也形成酸雨，加剧温室效应，产生光化学烟雾等，造成危害更为严重的二次污染。颗粒物污染会遮挡阳光，降低可视度，影响天气和交通，造成人类生活不便和不适。飘尘可长期飘浮于大气中，易进入人和动物的呼吸系统，对健康造成危害。废气和烟尘的主要来源在于工厂和居民以燃煤或燃石油作为动力和热源。长远解决办法在于发展无污染的能源。太阳能、水力、潮汐能、风能、地热和沼气的利用，都是值得重视的。

生物污染中有外来生物，它们适应新的环境并占据优势不断地增殖，从而危及本土物种。深圳西南海面上的内伶仃岛，“植物杀手”薇甘菊在迅速蔓延，已成不可阻挡之势。往日浓荫蔽日、绿树摇曳的岛上，长满了薇甘菊，宛如一张张巨网，黑压压地笼罩在美丽的荔枝树、芭蕉树、相思树上。树木因为沐浴不到阳光而无声无息地死去，鲜花和绿草因为呼吸不到新鲜的空气而枯萎，岛上的土地正蜕变成荒原，素有“植物天堂”美誉的内伶仃岛，可能会被薇甘菊毁于一旦。

农药污染包括为控制害虫而施洒的杀虫药和为控制杂草而施洒的除草剂两大项。第二次世界大战期间，人们发明剧毒制剂 DDT（二氯二酚三氯乙烷),其后陆续合成了各种有机氯、有机磷、有机砷等剧毒农药,促进了农业发展,但也带来了环境污染。合成农药不是自然界固有成分,在自然界极难分解。污染物通过土壤和地下水传播,扩散于生物圈中。不少溪流由于农药污染变成了人畜不能饮用的毒水,不少农副产品由于农药残毒浓度大而变成毒品。农药喷施杀死了害虫同时也杀死了以害虫为食料或以害虫为宿主的天敌。农药对青蛙、益鸟直接间接有毒性,生态平衡中的环节被切断了。这种破坏有时是不可逆的。其次,施用农药只能收到当前短时间的效果。潜伏在邻近地区的害虫在药效失去之后,将处在无天敌、无竞争者、虫口密度低的有利环境中,按生态学规律大量繁殖后代。因此灭虫之后,常出现害虫大发生。再次,农药如同一面筛子,它杀死了无抗药性的害虫,但保留了有抗药性的种类或个体。这些经过“筛选”遗留下来的种类或个体一旦生活在无天敌、无竞争者而生活资源十分优裕的环境里,就可以按指数增长律加速地扩大种群。这些新出现的害虫种群有抗药性,下次农药用量不得不提高。于是人类的农药使用陷入了“恶性循环”之中。

9.3.3　拯救地球

20世纪70年代的石油危机,80年代的水资源危机,90年代的空气污染、海洋污染,人类惊恐地发现短短的几十年中,已探明的矿产资源已经所剩无几。地球生态在人的干预下,已被破坏,靠生态系统的自然调节已经很难恢复,需要靠人类的理智活动来保护和建设。

1972年联合国召开了第一次人类环境会议,对人类面临的环境问题包括生物多样性的保护,形成了一系列决议。1980年联合国环境规划署(UNEP)、国际自然与自然资源保护联盟(IUCN)和世界自然基金(WWF)共同制定了《世界自然保护纲要》,注意到了保护和发展之间不可分割的联系,同时强调了“可持续性发展”的必要性。1987年世界环境与发展委员会的报告《我们共同的未来》,探索了解决人类经济活动与自然资源可持续利用之间的矛盾的途径。1992年在巴西联合国环境与发展大会上通过了《生物多样性公约》,该公约成为生物多样性保护及可持续利用过程中具有划时代意义的文件。人们提出了生物多样性保护策略:①通过国际合作和国际规划,促进行动开展,建立生物多样性保护的国家政策纲要;②创造一个国家政策环境以支持国家生物多样性保护;③为地方生物多样性保护创造条件并予以鼓励;④管理整个人类环境中的生物多样性;⑤加强保护区建设;⑥保护物种、种群和遗传多样性;⑦扩大人类保护生物多样性的能力。

一些发达国家正在积极寻求应对措施,这些措施主要包括:完善国际植物保护公约等相关国际条约,减少漏洞;切断外来生物的侵入通道;建立国际生物监控体系和数据库;克服侵害物种信息的分散;结束自然资源管理者对外来物种的引进,如牧区外来饲料植物、用作土壤保护的外来草种;提高人口整体生态意识,使人们了解当地自然风景的价值,抵抗外来生物的侵入。

我国对生物多样性保护与持续利用,从20世纪50年代以来,努力不懈地开展了大量工作,包括实行计划生育、提高人口素质,减轻人口对土地的压力;综合运用财政、金融、税收、信贷等手段鼓励发展节能降耗的产业和产品;禁止陡坡开垦,退耕还林、还水还草;加强城市基本设施建设,减轻城市对农村环境污染等一系列措施,并取得了令人瞩目的巨大成就。迄今为止,建立了1 000余处自然保护区,保护区内严禁任何直接利用自然资源,严禁一切生产性经营活动。保护的对象主要包括:有代表性的自然生态系统,濒危动植物的主要分布区,水源涵养区,有特殊意义的地质构造、地质剖面和化石产地等。根据自

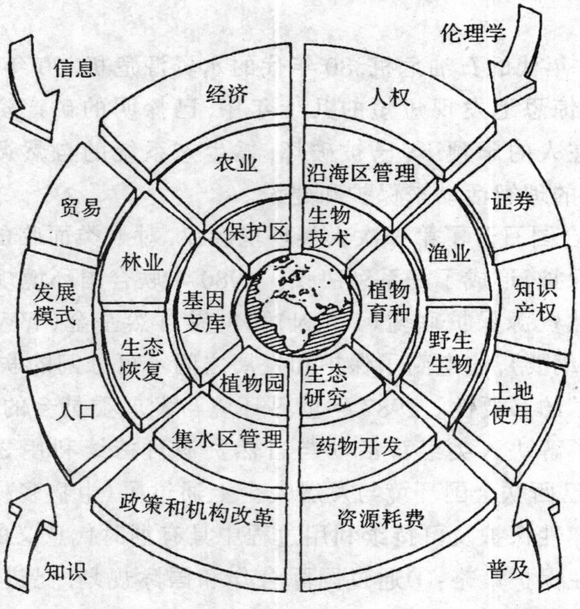

图9.6　环境保护范围

然保护区的保护对象、性质、功能与发展趋势，科学家把我国的自然保护区分为5种类型：综合型、生物型、自然历史遗迹型、自然风景型和养殖型。如长白山自然保护区、神农架自然保护区、卧龙大熊猫自然保护区、山旺生物化石自然保护区、九寨沟自然风景保护区等，对全球的生态环境保护作出了贡献。此外，还开展了6大生态工程："三北"防护林工程、平原农田防护林工程、沿海防护林工程、国家造林项目、治沙工程、长江防护林工程。

环境保护是一个牵涉方方面面，与很多学科、技术相关联的系统工程，如图9.6所示。

为了我们共同的地球，为了给我们子孙一个美好的未来，从现在做起，从孩子做起，开展全民教育，全民宣传，结合本国政策，保护正走向衰竭的生物多样性，是我们义不容辞的责任。总之，地球只有一个！善待地球就是善待自己。

第 10 章 生物技术——生产力发展的引擎

生物技术(biotechnology)是利用生物体或生物活动过程来获得产品，并服务于人类的技术。广义的生物技术可以追溯到 4000 多年前，古罗马时代就能生产出奶酪和酒。我们将这种利用生物活动过程，但并不了解其机制的活动称为传统生物技术。直到 1860 年，法国生物学家巴斯德(Pasteur)发现了发酵是微生物活动的结果，而后开始分离培养纯种微生物进行生产，称为近代生物技术。利用纯种技术大大提高了生产效率，现在许多味精、抗生素的生产仍是应用这种方法。20 世纪 70 年代，由于基因重组和细胞重组技术的建立，改造和利用生命的能力极大提高。细胞培养、基因克隆、单克隆抗体、生物芯片等生物新技术日新月异，精彩纷呈。

生物技术通过操作 DNA 来操纵生命，通过酶来改变物质结构，是一种全新的生产方式，蕴含有极大的生产力。生物技术的广泛应用，将改变社会的物质文明和社会结构。国际科学界的有识之士纷纷预言，21 世纪将是生物世纪，生物技术将是 21 世纪的主角。日本科技界流传一种说法是："今后将不再是'矿物时代'，而是'生物时代'了"。生物技术成了科学竞争的制高点。生物技术在农业、医药、化工、环保、海洋等领域有广泛的应用。它的发展将会引起工业结构的调整，并在解决人类面临的粮食危机、环境污染和能源危机中发挥巨大的作用。

生物技术也称生物工程(bioengineering)，包括基因工程、细胞工程、酶工程和发酵工程等，其核心是基因工程。

10.1 生物体与生命过程的定向设计和改造

遗传学的知识告诉我们，生物的性状是由基因决定的，基因是 DNA 的一个片段。无论是蚊子还是大象，其 DNA 的化学结构都是一样的。自遗传密码破译，生物中心法则建立和各种工具酶的发现之后，人们可以方便地设计、加工 DNA，通过改变基因来改造生物体或生物活动过程，甚至可以设计生命。

10.1.1　基因工程

1973 年由美国斯坦福大学的伯格(Paul Berg)领导的小组把一种猿猴病毒的 DNA 和一种细菌病毒的 DNA 用同一种限制性内切酶切割后，再将这两种 DNA 分子连接起来，结果产生了一种新的重组 DNA 分子，这一研究开创了基因工程新领域。

DNA 是细长的核酸链，只有在高倍电子显微镜下才能看到。如果想要加工 DNA，就需要有一些特殊的酶的参与，如限制性核酸内切酶(restriction endonuclease)，顾名思义是可以在一些特定的碱基序列处把核酸链切断。限制性核酸酶 EcoR I 能够识别下列碱基序列，并将其按图 10.1 切为两段。

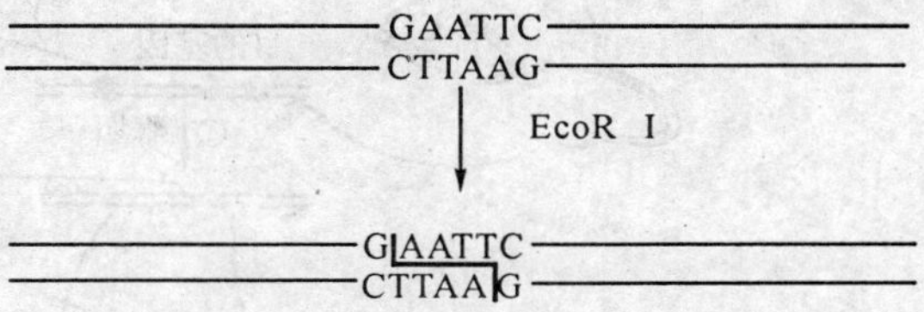

图 10.1　Ecor I 的酶切位点

在不同的生物中有许多不同的核酸内切酶，可以在特定的序列处切开核酸。此外，还有外切酶、DNA 连接酶、修饰酶等，有了这些酶，就可以方便地加工核酸，因此，我们也称它们为工具酶。

图 10.2 所示的是利用小鼠和细菌质粒进行基因工程操作的示意图。生长激素是脑垂体分泌的，可促进蛋白质合成，与人长高有关。生长激素分泌过少会患侏儒症，生长激素分泌过多则会患巨人症，少年期发现生长激素缺乏可通过注射生长激素的方法来治疗，恢复正常发育。生长激素需要从大量的动物脑组织中提取。利用基因工程技术，我们可以从人脑垂体中提取出生长激素 mRNA，再将它逆转为 DNA，即获得了人的生长激素基因。然后将其插入到大肠杆菌的质粒中，形成重组质粒。质粒(plasmid)是细菌染色体外具有自主复制和遗传特性的双链环状 DNA 分子，其大小不定，小的约 1 000 个碱基对，大的可达 20 万个碱基对。质粒上常带有一些对各种抗生素有抗性的基因。将重组质粒转化到大肠杆菌内，一般外源基因安排插入在某抗性基因中，当抗性基因中插有外源基因后，就失去了这一抗性，这样就可以通过培养大肠杆菌，并加入一些抗生素来筛选含有插入外源基因质粒的菌株。有些质粒在

每个宿主细胞中可以有很多拷贝，这样就可以利用大肠杆菌来生产人的生长激素。大肠杆菌生长很快，每 20 分钟就可以分裂一代，一加仑细胞发酵液一昼夜能获得的生长激素相当于 100 万头羊脑中提取的量，可见生物技术生产效率之高。用同样的方法，大肠杆菌、酵母、培养细胞可以生产人的胰岛素等多种稀缺高价的细胞因子和疫苗等。基因工程利用生物 DNA 的统一性，将外源基因转到细菌等受体细胞水平内，靠细菌快速生长来生产珍稀的生物活性物质。

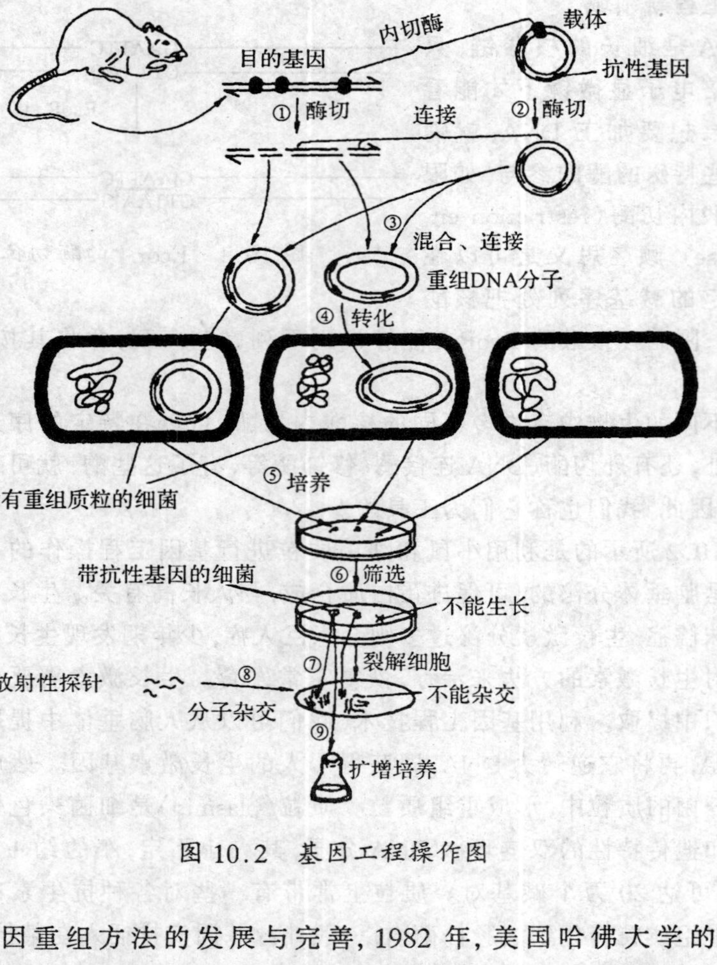

图 10.2　基因工程操作图

随着基因重组方法的发展与完善，1982 年，美国哈佛大学的科学家 Plimster 等将大鼠的生长激素基因用显微操作器（一种可以在微距内三维移动的精密仪器），通过微针注入到小鼠的受精卵内，再将受精卵植入同步发情的假孕母鼠，使其在假孕母鼠子宫内发育。最后，生出的小鼠有的个体比对照大了一倍，分析证明这些小鼠体内有大鼠的生长激素基因和生长激素，这就是著名的哈佛鼠，其操作过程如图 10.3 所示。哈佛大学将转化技术申请了专利。哈佛鼠的研究成功表明，一种哺乳动物的基因可以转移到另一个物种中去，并能表达和实现生物学的功能，转移的基因可以长期存在，并表现为孟德尔遗传。由此人们自然想到把牛的生长激素基因转到猪体内，将猪的生长激素基因转到兔子体内等，这些研究中的一部分已经获得成功，如我国朱作言研制的转基因鱼比对照大了 4 倍。但是转基因生物也并不是都像预期的那么简单美好，生物有它的保守性，要想随意改变一种性状不是那么方便的，对此科学家做了大量的研究。

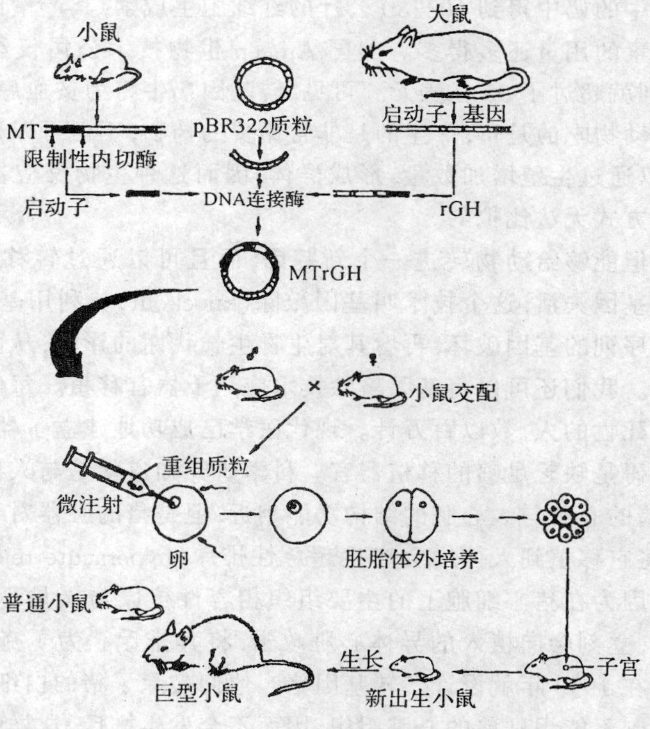

图 10.3　哈佛鼠的制作过程

现在利用定点突变(site directed mutagenesis)技术，把一个外源基因在一个特定的位点上加上去。如把一个药物蛋白基因与乳腺启动子重组，插入适当位点之后，发育而成的雌性个体的乳腺就可能会产生该药物蛋白。由于乳腺能不断分泌乳汁，长期收集不会造成对正常生物的伤害，而且相对比较容易分离纯化，因此乳腺表达的转基因动物就如一座活的工厂，其生产效率是非常高的，我们称这种转基因动植物为生物反应器(bioreactor)，现在已经成功利用转基因羊，生产出了人的胰岛素、纤维素酶等。美国现已培育出一头转基因猪，能生产人体的血液蛋白。1 头母猪 1 年能产 300 升奶，每升奶含有 1 克 C 蛋白，这比正常人血液中 C 蛋白的浓度要高 200 倍。英国一家公司用转基因技术培育了一头叫“罗斯”的转基因奶牛，并从其奶中获取含有与人乳相同成分的 α 乳清蛋白，这种含多种必需氨基酸的乳清蛋白是婴儿健康所必需的。芬兰培育成功可生产红细胞生成素的转基因奶牛，从理论上计算，1 年内可从这头转基因牛的奶中得到 60～80 公斤的红细胞生成素，其产量比目前全世界红细胞生成素的用量还多得多。美国 Amgen 生物技术公司仅红细胞生成素一项，年获利就超过了 35 亿美元。可见，转基因奶牛将为贫血患者带来福音。这些转基因动物吃的是草，产生的是非常昂贵的药物，不但可以连续不断地生产，而且可以通过生殖增加数量，形成群体，因而这种生物反应器的应用前景是传统生产方式无法比拟的。

我们不但能够给动物转进一个新基因，而且可以通过转移一段 DNA 使原有的某个基因失活，这个技术叫基因敲除(knockout)。利用基因敲除技术，将某个已知序列的基因破坏，再看其对生物生长代谢的影响，从而可以确定该基因的功能。我们还可以将基因敲除技术应用于器官移植。每年因心、肝、肾等组织病变死亡的人，数以百万计。现代医学已成功地建立了器官移植技术，目前主要障碍是缺乏足够的移植器官。科学研究知道猪是与人比较接近的动物，特别是猪的心脏与人心脏的结构功能相近，但是猪的脏器对于人来说是异源的，如果将它移植到人体内会产生超急性排斥(hyperacute rejection)。产生这种排斥是因为在猪心细胞上的主要组织相容性抗原与人是不同的，人体白细胞发现后，立刻会向植入的异体心脏攻击，将其排斥。为了克服这种排斥，英国科学家在 1993 年就设计了转基因猪。他们敲除了猪的白细胞抗原基因，使人的白细胞不能识别猪的心脏组织，因而不会发生排斥，这样的转基因猪的器官就能应用于人体的器官移植。美国做的异种动物心脏移植病人已存活多年。

转基因技术也可以应用于植物，如通过转基因将番茄成熟过程中的一个关键酶破坏，番茄就不会熟烂，可以像苹果一样贮存和运输，等到上货架之前，再用化学方法催熟。又如抗虫的棉花、玉米和马铃薯，抗除草剂的棉花、大豆和玉米等等都是转基因植物。抗虫棉是一个典型的例子，为了防治虫害，全世界每年用了大量的农药，总金额在 200 亿美元以上，造成了土壤、水质的严重污染。在寻找无污染抗虫方法的过程中，人们发现有一种叫做苏云金杆菌的细菌，蚜虫吃了后，就会死亡，原因是该细菌内含有一种毒蛋白在昆虫的肠道中活化。科学家克隆了这种毒蛋白的基因，把它转到棉花中，于是就在棉花的叶、花等组织中表达产生出这种毒蛋白，当蚜虫吃下了该植物，就会死亡。这种方法大大提高了棉花产量，减少了用药，又避免了污染。科学家将细菌的有关基因转入拟南芥，转基因的拟南芥能够大量表达一种具有热塑性质的聚酯，是可降解的生物塑料，它的产生可以消除白色污染。转基因技术在植物抗病毒、抗虫、抗除草剂的品种改良等方面已经取得了举世瞩目的成就。植物是自养生物，满山遍野的生长量非常之大，转基因植物大量推广后将改变现有的产业结构。

全世界现有的转基因植物已超过 1 万种，主要农作物如大豆、小麦、玉米、水稻等，很大部分已经用转基因品种。美国是转基因食品最多的国家，60％以上的加工食品含有转基因成分，90％以上的大豆、50％以上的玉米和小麦也是转基因的。转基因植物在一个或多个性状上具有传统育种植株所无法得到的优势，能够获得稳定的高产，还可以大大减少杀虫剂等化学药品的使用量。

然而转基因技术的长期影响还不清楚，管理体制还不健全时，它也有负面影响。如转基因植物对进化、环境、人类健康和其他方面的影响还知之甚少，不可避免地会产生一些有害的转基因生物，它们会扩散吗？生物“入侵”问题，是否有毒性问题，是否会引起食用者产生不良反应，特别是有无可积累的长期作用等都是我们尚未知道的。

各国都对大面积种植转基因植物持谨慎态度，只有经过了长期监控证明了确实对环境无害的转基因植物才能大面积种植。生物安全性是一个复杂的问题。经过 10 多年的艰苦工作，目前人类已经对转基因的安全性评估积累了比较丰富的经验，有一些问题，还需在长期实践中去解决。

人们一直对转基因食品存在着不安心理。目前，普遍公认的转基因食品安全性评价原则是 1993 年欧洲经济发展合作组织(OECD)提出的“实质等同性”原则，即转基因食品是否与目前市场上销售的传统食品具实质等同性。在购买商品时，消费者至少应当知情，应能自己决定是否购买转基因食品，采用的最有效办法之一就是在转基因产品的包装上贴上标签，做出标示。欧洲国家对此的规定最为严格，在瑞士食品中如果存有痕量(微克/公斤以下)的转基因成分就必须明确标示。

遗传病和某些基因损伤性疾病是无法用药物根治的，基因发生了变异必须在基因水平上动手术，转基因技术为此提供了可能。基因治疗(gene therapy)也称“分子外科”，可以将基因治疗分为性细胞基因治疗和体细胞基因治疗两种类型。性细胞基因治疗在患者的性细胞中进行，使其后代从此再也不会得这种遗传疾病，这是最为理想的根治方法，但目前的技术水平还远远没有达到临床的要求。体细胞基因治疗成功的例子已很多，但不能改变病人基因缺陷的遗传背景，其后代仍然还会患这一疾病。体细胞基因治疗将外源功能基因送到体内，穿过细胞膜，进入到细胞核内与染色体整合，这是基因治疗成败的关键。无论是体内还是体外，基因转移都需要一种安全无毒的工具来携带外源基因进入细胞内，这种工具被称作载体(vector)。科学家们发现，病毒侵染人体细胞时能将自身的基因组携带到细胞内，并利用人体细胞内物质完成自身繁殖，最终导致人类疾病。利用这一特性，科学家将病毒基因组中与致病相关的基因去掉，保留其携带基因组进入人体细胞的功能，再组装上理想的外源基因，即成为一种病毒载体。这样经过遗传修饰的病毒载体不能在人体细胞内复制，更不会致病，但可以将外源治病基因带入人体细胞内。

总之，转基因技术已在生物学、医学、农牧和食品等方面取得了卓著的成绩，但转基因研究的低重复性和结果的多样性，也反应了客观世界的复杂性和多样性。从此意义上看，转基因研究为人类更多地提供了展示自然规律的窗口。转基因技术作为认识和改造生命的手段，能为人类做出更多更大的贡献。

10.1.2　细胞工程

细胞工程(cell engineering)是指在细胞水平上运用各种生物技术来大量获得细胞和细胞产物，改造细胞，创造新的物种。它主要包括动植物细胞培养、细胞融合、细胞核移植、体细胞发育等。

动物细胞培养(cell culture)开始很早。1907 年，美国科学家哈里森(Ross Harrison)利用淋巴液在玻璃片上培养蛙神经板成功，揭示了神经突触的发生规律。20 世纪 60 年代由于生化研究的成果，改进了培养基配方。70 年代由于癌症研究需要和单克隆抗体技术的建立，细胞培养有了很快的发展。现在，许多的组织细胞都可以在体外长期培养、建系，如上皮细胞、内皮细胞、神经细胞、心脏细胞、成骨细胞、破骨细胞等。培养细胞是有寿命的,也会衰老,体外繁殖有一定的限制,其传代次数与物种的自然寿命有关,如人胚成纤维细胞约可培养 50 代,小鼠成纤维细胞的寿命最多只能生长 8 代。有些细胞在体外传代中发生转化变成不死的细胞,如著名的 Hela 细胞是黑人妇女宫颈癌细胞。能稳定在体外培养的细胞可建系,现在已经建系的细胞有几千种,分别保存在各国的细胞银行内,可以申请或购买。培养细胞很小,生长容易控制,1 个 25ml 细胞瓶内贴壁生长的细胞就有上百万个,因而细胞培养是研究生物学、病理学、药理学、遗传学、生理生化规律的好材料。一些特种的细胞可以用于治疗,如皮肤细胞、角膜细胞和各种干细胞。

各种细胞的细胞膜有相似的结构,二个细胞的细胞膜紧密接触后会发生融合,称为细胞融合(cell fusion)或称细胞重组。细胞融合可以由病毒、化学物质或物理因子介导。80 年代末,科学家又发明了效率高、操作简单的细胞电融合技术。一些融合细胞能正常生长。将不同种的活细胞融合成杂交细胞,通过培养后,往往能得到一个新品种。科学家将除去细胞壁的番茄和马铃薯的细胞原生质体融合以后,培育出了番茄和马铃薯杂交的品种,这种新品种既有番茄的滋味,又有马铃薯的味道。

随着免疫学技术应用的日益发展,抗体在基础研究、疾病诊断和治疗工业产品方向中的应用越来越多,需要有特异性更好和敏感性更强,能大量生产的抗体。1975 年,米尔斯坦(Milstein)和科勒(Kohler),发明了单克隆抗体技术(monoclonal antibody)。他们将在体外永久繁殖的骨髓瘤细胞和产生抗体的 B 淋巴细胞融合,产生了能大量分泌单一抗体又能在体外大量培养的杂交瘤细胞。

图 10.4 所示为杂交瘤细胞生产单克隆抗体的技术路线。大量生产单克隆抗体可以制作治疗用的生物导弹药物及诊断试剂和分析试剂。

利用显微操作可以取出细胞核,也可以用化学试剂使细胞脱核,失去细胞核的部分称为胞质体,不同细胞的核与胞质体合并。这种细胞重组技术 20 世纪 60、70 年代就已取得了蛙类、鱼类细胞核移植的成功。我国著名生物学家童第周以金鱼和旁鲏鱼等为材料,进行鱼类不同亚科间的细胞核移植获得成功,为研究核质杂交,探讨核质关系起了很大的作用。如今生物学上重要的动物克隆技术其实质就是细胞重组。

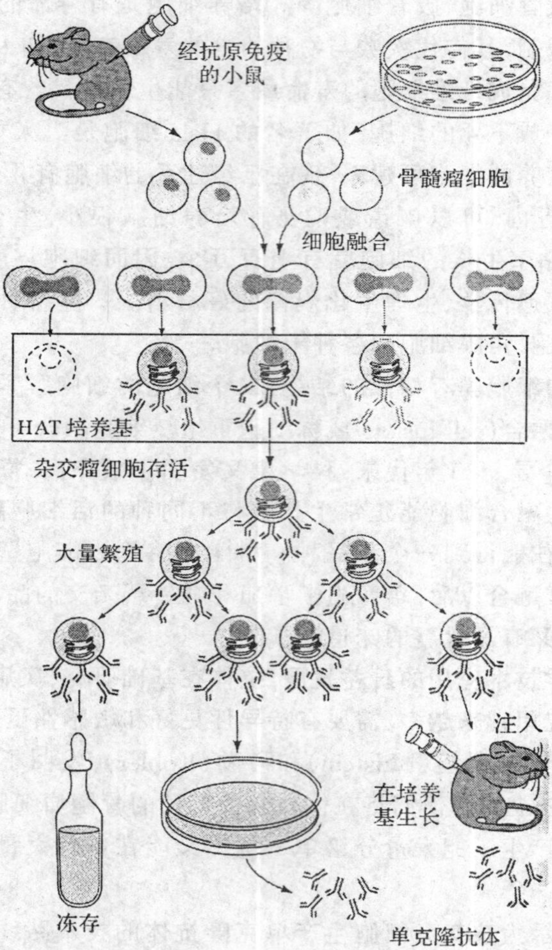

图10.4　单克隆抗体技术

10.1.3　植物组织培养

20世纪30年代,Gautheret等人在无菌条件下切取胡萝卜根的韧皮组织置于含有椰子汁的化学固体培养基上,数天后,切块边缘长出了一团团薄壁细胞,这些去分化的薄壁细胞被称为愈伤组织(callus),愈伤组织可以反复培养增殖。随着这些细胞团的生长,添加不同的生长调节剂可以诱导分化出芽和根，在试管内形成完整的小植株，这就是最早的植物组织培养(plant tissue culture)。今天我们只要取下一些植物的一部分叶片、一小段根茎或一小片花瓣、花药甚至一个细胞就有可能培养成根、茎、叶齐备的完整植株，这就是植物细胞的全能性(totipotency)。植物组织培养得到的植株没有经过有性生殖过程，是无性繁殖形成的，也可称为植物克隆，理论上它们可以保持亲本的全部优良性状。植物材料在试管内有很好的温、光、水、气、肥等条件，因此生长很快，一般 1 到 1 个半月传代 1 次，每次传代扩增 5～10 倍，1 年可以增殖几百万倍，因而组织培养是快速繁殖优良植物品种的好方法。将组织培养的规模扩大可以生产植物次生代谢产物，如大量培养人参细胞可以获得人参的活性成分人参皂甙，这样我们就可以像生产啤酒一样生产人参饮料。同样的办法可以培养紫草细胞来获得紫草素，可用于制作口红；培养非常稀缺的抗癌药物紫杉醇、毛地黄苷等。图 10.5 所示的是苹果的组织培养流程图。

利用植物组织培养还可以进行植物脱毒，恢复植物的优良品性。土豆、芋头、郁金香等很多植物常受病毒侵染，这些病毒在世代间传递，植物染病后，并不死亡，而是影响生长，花型变小，食用时口感不好等，常常减产 30%～50%。科学研究表明，在这些带毒植株的芽尖的 0.5 毫米处，由于细胞分裂快，是没有病毒的，把这一部分组织切下来培养，就可以得到完全没有病毒的无菌苗，无菌苗能明显提高产量和品质。

组织培养还是一个非常好的实验系统。一小块愈伤组织常有数百万个细胞，理论上每个细胞都可以长成一个植株，因此我们可以在这个系统中进行抗病、抗逆品种的筛选。比如我们为了获得能在广大红黄壤土地上生长的大麦，可以模拟红黄壤高酸铝的条件，在培养基里加入大量的酸铝来筛选耐酸铝的突变细胞，再将其诱导分化成植株，植株就可能有特殊的耐酸铝能力，适应在红黄壤中生长。同样的原理可以用病原菌筛选抗病品种，用温度、盐度来筛选耐寒、耐盐的品种。

植物组织培养为提高生产和研究水平提供了一条有效途径。

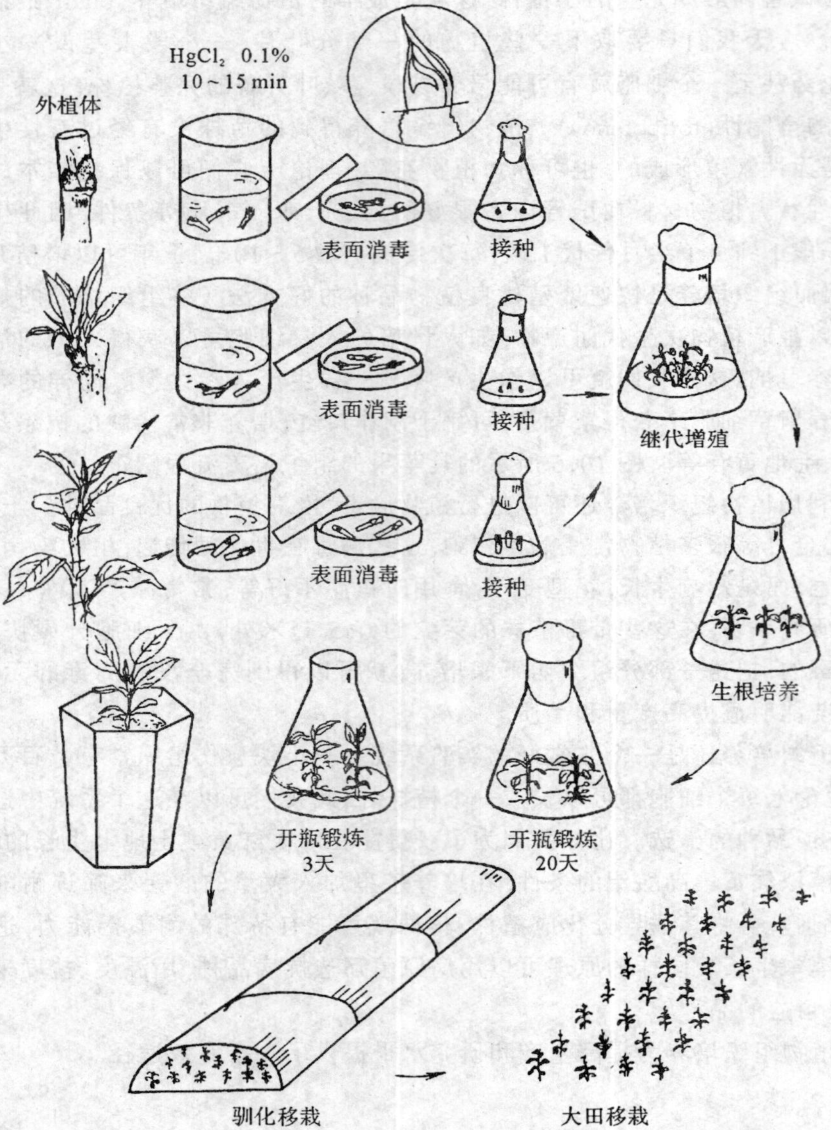

图 10.5　苹果的组织培养流程图

10.2　生物体有限的突破

生物体是在一定时空条件下的物质的复杂结构系统，它遵循物种固有的规律，周而复始地演进。就地球生命发展的轨迹来说，它是连绵不断的，但就单个生物体来说，其生存和作用范围却是有限的。跑得最快的猎豹时速为 110 公里/小时，嗅觉最为灵敏的雄性帝蛾能闻到约 10.9 公里以外雌性帝蛾发出的 0.0001 毫克的气味。龟虽然长寿也不过千年，树再高也不过百米，生物还是在非常有限的时空内活动。但是这种有限性在人类出现后，逐渐被突破了。人的身高一般只有 1.4～2.2 米，跑步速度小于 10 米/秒，最多能举一两百公斤的物品，寿命一般短于 100 年。但由于人有灵巧的双手和发达的头脑，人类开始创造工具，并通过技术创新发展了制造业，大大地拓宽了人类的活动范围。现在我们可以乘飞机全球旅行，可以移山填海，可以登月俯瞰，可以深海探矿，可以通过射电望远镜看到几十亿光年外的物体，可以通过电子显微镜看到小如原子的排列，人类运用智慧制造的机器和机器人大大延伸了人体各种器官的功能，扩大了人类活动的范围，我们还在与外星人联系，因特网把千万个头脑连接起来，向宇宙进军。这种以物理空间为主的突破正在被认识人体、认识自身、改造自身的生物技术所突破，如器官移植、组织工程、克隆动物、干细胞等等，可以大幅度延长寿命，增强脑的功能，这更多是在时间及多维空间的突破，它明显地表现出主客观双重性，使人类社会及地球自然界进入了一个新的时空概念领域。

10.2.1　生物钟

很久以来，人们就知道植物和动物在自然界中的活动都是有节律的，如人的日出而作，日落而息，月经周期，情绪变化；候鸟的迁徙，熊的冬眠，鱼的洄游，植物的春起秋落等，我们把这样有规律的变化的现象称为生物节律(biological rhythm)。生物节律的一个特点是可以脱离外界环境的变化而独立存在。将小鼠放在不分昼夜光照差异的环境中饲养数周后，小鼠依然表现 24 小时的近似昼夜节律。有些昆虫的体色随昼夜而变，如果将它们放置在全暗的环境中，它们的体色仍随昼夜而变。一种金毛松鼠每年晚秋进入冬眠，如果除去它们的眼球，将它们放在全暗和恒温的环境中饲养，它们每年仍然按时冬眠。这些现象都表明，生物体自身具有一个掌管时间的钟，即生物钟(biological clock)。

生物钟存在于生物体的什么地方是科学家关心的事情。蚕蛾的切除、嫁接脑组织的实验证明了生物钟是位于脑中的。鸟类和大鼠等兽类的松果体大概有控制生物节律的作用。很多实验表明，哺乳类的生物钟存在于丘脑中，毁去丘脑的某些神经中心，就破坏了生物的某些正常的节律，如激素分泌节律、心律、取食行为等。丘脑下部的腺体释放的激素可能作为化学信号启动其他部位与生物节律有关基因的开启或关闭。几乎所有的生物都对光照时间的长短和强弱变化有反应。动植物都有控制内在活动过程的光感受器。对植物及低等动物来说，受光照射的细胞起光感受器的作用，对较高等的动物来说，光感受器是眼睛。对光照时间长短的反应称为光周期或日周期现象。每一种生物在其发育中都需要一定的光照期和黑暗期，尤其是黑暗期。以植物为例，如果没有足够的黑暗期，植物就不能开花。大多数植物的生物钟存在于何处更不清楚。也许动、植物体内有多种生物钟机制，它们的共同作用使生物具有了适应环境周期性变化的能力。生物节律并不是绝对不受环境变化影响的，有些节律是可以随环境的变化而调整。例如我们从北京飞到纽约，有 11 小时的时差，北京是中午，纽约是半夜。由于生物节律的关系，刚到纽约时我们白天困倦思睡，晚间反而精神抖擞。经过几天适应，时差就可以调整过来，在纽约也可按正常的昼夜节律生活和工作。当我们回到北京又会出现时差问题，还要调整。倒时差，有的人适应快，有的人适应慢，这又是为什么呢？用什么办法才能有效调整？解决这些问题，对于经济全球化发展也是有意义的。

生物钟现象的本质可能是因为细胞经过长期适应，在确定的时间表内制造某些蛋白质。这些蛋白质控制一些特定的生化反应，这些生化反应决定人体代谢和活动的规律。如果是这样，生物钟的控制开关一定在染色体 DNA 上，这就可以解释生物钟有个体差异，还有种族特异性，可以在世代间传递的现象。当控制开关打开后，调控某些生理过程的蛋白质基因就被激活，蛋白质大量合成，生物体就会出现某种生理活动的高潮。这一认识推动了生物钟的研究。

遗传学家把数千只果蝇分别装进很细的试管中，果蝇只能在试管里转身，却飞不出来，红外线可射入试管，然后将这些果蝇放到一个黑暗的房间，研究者就可以通过红外线观察仪观察每只果蝇的昼夜活动规律。果蝇虽然不会像人那样睡觉，但是到晚上它们的活动会停止，近似人的睡眠，白天勃起的触角在晚上会垂下来。处在睡眠状态的果蝇的光感受器对光线是不敏感的。因此不会干扰红外线。没有睡的果蝇在试管里乱转，就会干扰红外线，这样研究人员就可以确定哪只果蝇发生变化。用化学试剂，使果蝇发生突变，再重复睡觉实验。研究者就找到了一些生物节律发生突变的果蝇，这些果蝇有的睡眠时间特别短，有的则非常长。比较它们的 DNA，就可以确定哪些基因发生了改变，确定这些基因和昼夜节律相关。用类似的方法，遗传学家在 1988 年从一个遗传突变的小鼠身上鉴定了一个生物钟基因，并定名为钟基因（clock gene），这个基因位于小鼠的第 5 号染色体上。1997 年美国和日本的几个实验室的分子生物学家们都成功地用基因工程技术在哺乳动物中获得了几个生物钟基因。美国西北大学的科学家得到的是仓鼠 5 号染色体上的仓鼠钟基因，证明它是一个控制基因转录的蛋白质。如果把钟基因转入到一个缺失钟基因的受精卵中，让受精卵发育成小鼠，这个转基因小鼠就和其他小鼠一样能正常作息，也就是说有了正常的日周期。华人科学家孙中生得到 17 号染色体上的日晷基因。已经获得的这些生物钟基因表达分布很广，除视上核外，在其他多种组织中都有存在，它们之间有很多序列是相同或相似的，这就使得科学家们更有理由相信生命在诞生时就与宇宙的节律同步。生物钟机制起源很早，正是生物钟机制使得地球生命取得了巨大的成功。人们正在思考利用生物钟基因来达到延长寿命的目的，使人类社会、人与自然更为和谐。

10.2.2　再生与器官移植

我们知道，将涡虫头部切去又会生出一个头部，将其尾部切去又会生长一个尾部；切除人的肝脏的一部分，一段时间后，细胞会再生，行使正常的功能。生物个体或器官受外力作用后，部分丢失能在剩余部分的基础上又生长出与丢失部分形态和功能上相同的结构，这一修复过程称为再生（regeneration）。再生是生物界普遍存在的现象，但各种生物的再生能力是不同的。一般，植物的再生能力强于动物，低等动物的再生能力强于高等动物，分化程度低的细胞强于特化的细胞组织。海绵动物和原生动物的再生能力与植物相同。腔肠动物中的水螅再生能力很强，但水母则很弱。大多哺乳动物的再生能力很弱，除肝、胃等器官外，其他部分只具有组织水平的再生能力。

各种组织有不同的再生能力。部分细胞或组织丧失后，细胞会再生，一旦机体修复完毕，再生立刻停止，可见机体存在着刺激再生与抑制再生两种机制，两者处于动态平衡。刺激再生的机制增强或抑制再生的机制减弱，则促进再生，否则再生受到抑制。短距离的调控细胞再生的重要因素包括：①细胞与细胞之间的作用，细胞在生长过程中，如果细胞相互接触，则生长停止，这种现象称为生长的接触抑制。细胞间的缝隙连接也许参与了接触抑制的调控。②细胞外基质对细胞增殖的作用，正常细胞只有黏着于适当的基质才能生长，脱离了基质则很快停止增殖。③生长因子及生长抑素的作用，近年来分离出许多因子，即某些细胞分泌的多肽类物质，能特异性地与某些细胞膜上的受体结合，激活细胞内的某些酶，引起一系列的连锁反应，从而调节细胞生长、分化。能刺激细胞增殖的多肽称为生长因子(growth factors)，能抑制细胞增殖的则称为抑素(chalon)。

目前已分离纯化出了数十种重要的生长因子，如表皮生长因子(epidermal growth factor, EGF)，血小板生长因子(platelet derived growth factor, PDGF)等。许多细胞因子(cytokines)也是生长因子，如白细胞介素（IL)、肿瘤坏死因子(TNF)、集落刺激因子、神经生长因子等都能刺激特定细胞的增殖或再生。细胞因子活性高，刺激细胞生长作用十分明显，但在体内含量十分微小。在基因工程技术建立之后，这些细胞因子都可以用重组的方法利用微生物或细胞来生产，成本大大降低，用途增加。有了各种细胞因子使许多特殊的细胞器官在体外培养有了可能，人们希望能在体外培养出器官，用于移植来拯救生命。

生物体是一个复杂精确的有机体，生物体系统组织必须协调作用，才能保持机体的健康生命力，如果有部分器官损伤就可能牵涉整个个体。人们常常由于心脏、肾脏、肝脏、食管等脏器的永久性损伤，而导致死亡。现代医学已可以用健康的同种器官去取代功能衰竭、先天性畸形或有致命性疾病而药物又无法治愈的器官。20 世纪初的法国卡雷儿创建了现代的血管吻合法，使器官移植的接受者首先恢复了植入器官正常血液的供应。然后，为了提高移植器官保存的质量，延长保存的时间，人们又发明了器官的保存液，使离体供植的器官能较长时间保持活力，为手术、器官运输争取了时间，也扩大了器官供应范围。最后，一些免疫抑制剂如环孢菌素的问世，解决了移植器官的免疫排斥问题。在建立了这些相关技术之后，人类从真正意义上突破了个体的界线，肝、肾、心脏移植相继成功。器官移植可以是先将病变器官切除，再将健康器官植入原切除器官的位置，也可以是不切除病变器官而将健康器官移植到别处的异位移植。

我国器官移植的工作起步于 20 世纪 70 年代末期，与国外相比晚了约 10 年。现在国际上所有类型的器官移植，我国都能够施行，从角膜移植、肾移植、肝移植、心移植，发展到胰岛、胰腺移植、脾移植、小肠移植、甲状旁腺移植、肾上腺移植，以及骨髓、胸腺、睾丸移植等。据不完全统计，到 1998 年底，全国肾移植共施行了 2.5 千余例次，肝移植已施行了 200 余例。浙江大学第一附属医院成功地进行了多例肝、肾和心脏的联合移植，拯救了许多人的生命。现在制约器官移植的主要因素已不是医学技术，而是适合的器官供体和抗排斥反应，常常为了一个器官要等待七、八年时间。有相当多的医学能治愈的患者因为不能及时地获得器官而遗憾地离开人世，寻找更多的器官供体是当代生命科学的一个主要任务。

10.2.3　组织工程

组织工程是根据组织细胞等原理利用生物医学工程、新材料和电子技术，致力于人工组织和器官的形成和再生的技术。1997 年，我国曹谊林教授等人培育成功的裸鼠背上的“人耳”，是世界首例用体外细胞繁殖的组织工程试验产物。他们利用软骨细胞，模拟体内生理环境，进行体外培养，然后将这些细胞吸附到用特殊生物材料制成的人耳模样的支架上，再浸泡于含有适当养分和生长因子的培养液中，使细胞获取足够营养，进行正常的呼吸和代谢，并按预制形状生长。数周后，细胞裹住了整个支架，再将其植入裸鼠背部皮下。6 周后，特殊的生物材料支架被鼠体吸收，软骨细胞发育存活，在裸鼠背上长出了状似“人耳”的组织。目前大量研究制造半月瓣、关节腔、心脏瓣膜、泌尿道瓣膜，甚至人造肝脏、肾脏、心脏、神经模板和角膜等。人们希望结合电子技术和蛋白质技术，能像制造电脑部件一样来制造人的组织器官。组织工程在组织修复和重建领域中有着无比广阔的应用前景。

10.2.4　低温生物技术

长期的自然观察告诉我们，适当降低温度可减慢生物体的代谢，生命力可以维持更长的时间。进一步研究表明，只要能克服分子的热运动，就能永久地保持细胞的结构。在 -196℃ 的液氮溶液中，长期保存培养细胞方面已经十分成功。将细胞在需要的时候，迅速恢复到适当的温度，细胞不但能正常生长，而且保持了冻存前年轻的生命力。低温生物学技术给人类带来了很好的应用前景和很多想像空间。

冷冻精液和冷冻胚胎已经获得了广泛的应用，在良种培育乃至人类的生殖过程中，可以先将精液分装冷冻保存在液氮中远距离运输。在有合适的卵细胞时，将其复苏受精，受精成功率相当高，精液使用量也很少。冷冻精液和人工受精对家畜品种改良起到了革命性的作用，再也不用牵着种畜进行交配了。全世界建立了许多精子银行，可以提供各种优良的精液，包括人的精液。只要办理适当的手续就可以获得，这为某些不育症患者带来了福音。但由此也可能产生更多的单亲家庭，冲击传统的生育结构，而引发文化、伦理方面的问题。

近年，科学家们已经在低温保存哺乳动物早期胚胎方面取得了突破。他们将牛、羊、家兔和大鼠的早期胚胎保存在 -196℃ 的超低温下，使用时将其复苏，植入代理母亲的子宫内，用这种方法贮藏小鼠的胚胎已达 5 年之久。冷冻胚胎比冷冻精液更进了一步，它在畜牧业方面的意义显而易见。有性杂交生物的子代的品质取决于精子和卵子的基因组合，使用优良精液对子代贡献仅为 1/2，后代会发生分离，如果同时使用优良的卵子，就可以保持其优良的性状。品种好坏对商品的质量、产量有很大的影响，商品价值相差几倍或者几十倍。在世界范围内良种分布是很不平衡的，发展中国家良种率很低，制约了经济发展。常规的品种改良要花相当长的时间，冷冻胚胎为快速改良品种提供了可能。应用卵母细胞的体外培养和受精技术，可以在发展中国家实现良种化。

目前，人类还不能使哺乳动物完整的器官低温冷冻后再复苏。因为生物不同部位的细胞内含水是不同的，所以要确定最适宜的冷冻速度是非常困难的事。如何避免各种细胞器的损伤，目前也还没有很好的方法，但是，低温生物学的技术障碍正在不断地被克服。1987 年，美国加利福尼亚大学的生理学家哈尔·斯顿伯格成功地使一只 3 岁小狗冷冻 9 个月以后复苏，此事极大地鼓舞了一些从事低温生物技术研究的工作者。目前世界上已有上千个志愿者被冻存，他们大多是身患绝症的人，在当时的医疗条件下无法救治，他们及其家人选择了冷冻休眠的办法，希望等到有治疗办法之后，再使其完全复苏，这是一种大胆的尝试。低温生物技术凝集着人类的巨大兴趣和期望。生理学、医学专家甚至大胆地预测，到 21 世纪中叶，人类有可能对冷冻保存的人体施行解冻复苏手术。如果实现,那么人就突破了他的生活历程和寿命的连续性,也就是说,人在出生之后,可以选择他生活的时代,当然这也将带来一系列社会的变化。

10.3　数字化生物时代

由于数字学、物理学、化学等基础学科的发展及其向生命科学的渗透和结合,特别是计算机技术的发展,人类对于生命的认识,已经从现象逐渐深入到本质。生物中心法则使人们确信决定生命结构和过程的是基因,基因的活动决定生物体的活动和演变。DNA 序列、蛋白质结构、生物体的形态结构和功能都可以用数字来表述。生物数据库和应用软件使生命科学进入了数字化时代。

10.3.1　生物数据库

世界上数以万计的生命科学研究者,在原子、分子、细胞、组织、器官、系统、个体、种群、群落、生态系统、生物圈、宇宙生物学等不同层次上进行研究,分析生物的结构和变化,积累了大量的数据。这些数据通过杂志、会议、通讯、网络进行交流。随着研究手段的自动化,数据积累之快达到了爆炸的程度。以 DNA 测序为例,1990 年起执行的人类基因组计划在开始的 8 年内只测定了 30 亿个碱基序列中的 5%,但在 1998 年后的不到 3 年时间内,就提前完成了人类基因组框架图。现在一台测序仪,2 小时就可以测得 96 条序列,每条序列为 500～1 000 个碱基。目前,大肠杆菌、酵母、人、小鼠、斑马鱼和水稻的全基因序列都已经基本测定。此外,蛋白质的氨基酸顺序、三维结构、理化特性等数据也大量涌现,面对这样排山倒海而来的数据,产生了生物信息科学,建立了超大容量的生物信息数据库。它以核酸、蛋白质等生物大分子数据库及其相关的图书、文献、资料为主要对象,以数学、信息学、计算机科学为主要手段,对浩如烟海的原始数据和原始资料进行存贮、管理、注释、加工,使之成为具有明确生物学意义的生物信息,并通过对生物信息的查询、搜索、比较、分析,从中获取基因的编码、调控、遗传、突变等知识。如果说过去生物学是一门典型的实验性科学,科学家主要是进行实验操作,那么现代生物学则是在向理论生物学发展，现在的实验工作者约有一半时间在计算机前使用数据库进行比对。生物信息学正在成为基因发现和基因功能确定以及整个生命科学研究的强有力的工具。

国际上著名的生物类公共数据库有 GenBank、EMBL、DDBJ、Swiss-Port、PIR、PDB 等。其中，EMBL、GenBank 和 DDBJ 是国际上三大主要核酸序列数据库。EMBL 是由欧洲分子生物学实验室(European Molecular Biology Laboratory)于 1982 年创建的，其名称也由此而来，目前由欧洲生物信息学研究所负责管理。美国国家卫生研究院(National Institute of Health，简称 NIH) 也于 80 年代初委托洛斯阿拉莫斯(Los Alamos)国家实验室建立了 GenBank，后移交给国家生物技术信息中心 NCBI，隶属于 NIH 下设的国家医学图书馆(National Library of Medicine，简称 NLM)。DDBJ 是 DNA Data Base of Japan 的简称，创建于 1986 年，由日本国家遗传学研究所负责管理。1988 年，EMBL、GenBank 与 DDBJ 共同成立了国际核酸序列联合数据库中心，建立了合作关系。根据协议，这三个数据中心各自搜集世界各国有关实验室和测序机构所发布的序列数据，并通过计算机网络每天都将新发现或更新过的数据进行交换，以保证这三个数据库序列信息的完整性。世界主要生物数据库网址如下：

GDB	http://www.gdb.org/ http://gdb.pku.edu.cn/
AceDB	http://www.acedb.org/
GenBank	http://ww.ncbi.nlm.nih.gov/Web/Genbank/
EMBL	http://www.ebi.ac.uk/embl/
DDBJ	http://www.ddbj.nig.ac.jp/
Swiss-Prot	http://www.expasy.ch/sprot/ http://expasy.pku.edu.cn/sprot/
PIR	http://pir.georgetown.edu/
PDB	http://www.rcsb.org/pdb/
SCOP	http://scop.mrc-lmb.cam.ac.uk/scop/
CATH	http://www.biochem.ucl.ac.uk/bsm/cath/
PDBreport	http://swift.embl-heidelberg.de/pdbreport/
PDBsum	http://www.biochem.ucl.ac.uk/bsm/pdbsum/

我们可以点击网站，进入到这些数据库中，进行查找，将待测的或已测得的基因序列和已有序列比对，确定是否是新的基因。如果库里没有，就可以登录并冠以自己的名字，通过基因序列比对，可以了解这些序列的可能功能。在确定其功能之后，申报专利。CBI 是北京大学生物信息中心的 FTP 服务器，

开始为国内外用户免费提供数据库下载服务，其中部分已经做到与国际数据中心同步更新。它专门为中国的生物学家提供生物信息数据。我们可以点击 www.cbi.pku.edu.cn 进入该网站，点击 blast，进入序列比对查询，在 Program 一栏中，选择 blastn 进行核苷酸的序列对比，也可以选择 blastp 进行蛋白质序列的比对。同时，在 Patabase 处，还可以选择要查的模式生物，如 hum 代表人，mus 代表老鼠。然后，在 sequence 空格中输入你的序列，就可以查询到和你的序列最接近的已经测定的序列了。计算机会给出结果，并告知该序列是属于哪里的。由此，就可以知道测出的序列的功能了。

生物数据库不但给现代生物学研究提供了极大的便利，而且改变了传统的研究路线。传统生物学主要是从性状出发，研究生理，从生化的关键物质蛋白质、酶的结构去获取它们的基因，再将此基因重组，通过表达来验证其功能。这是一条复杂的道路，特别是在一些关键性的酶含量非常低的时候进行分离、纯化是非常困难的。现在可以从核酸入手，通过 mRNA 逆转成 cDNA 获得基因，通过基因的序列分析，基因的表达和敲除来确定其功能和生理反应，这就是所谓反向生物学的研究方法，即从基因入手了解蛋白质的功能，这是一种快速有效的研究方法。

10.3.2　虚拟生物与设计生命

在生物仿真系统中，早已有人研制了电子娃娃和虚拟小狗。电子娃娃会哭笑、拉尿、吃饭、换衣、洗澡等拟人活动，美国社会用它来提醒那些可能早孕的中学生，带一个孩子是多么辛苦，需要各方面的准备，因而不能早育，收到了良好的效果。虚拟小狗摇头摆尾，也使无数孤独者平添无穷乐趣。其实“侏罗纪公园”里栩栩如生的恐龙，卡通片里的许多幽默人物，它们的三维形象是那么逼真，它们的行为、情感与人类是那么相似，我们接受它们毫无困难，久而久之也就成为了我们生活的一部分。电脑病毒也有生物子概念具有传播性、会复制、善隐藏、善破坏，就像爱滋病毒、感冒病毒一样使人类烦恼。

随着对生物体研究的深入，生物特征的归纳也日益准确。计算机仿真技术的发展，使蛋白质构建的生物体与物理信息构建的虚拟生物之间的边界越来越模糊。因为作为以蛋白质构建的人体，生活中与同类交往及与其他生物共处所感知的并不都是蛋白质特征，也可能是光、色等物理信号，就连嗅觉和味觉也能利用物理信号模拟。当人类技术先进到模拟的信号精度超过了人类感觉器官的分辨精度，一切以假乱真的虚拟生物浪潮就会袭来。这种虚拟技术的完美使我们有时分辨不出这是否是人类真正的需要。在网络中，三维的各种虚拟人物已经频频出现，为我们的生活带来了新的色彩。这些虚拟生物引发了人类正确的视觉、听觉、触觉、嗅觉，乃至味觉，和人类有情感交流，并可以成为情感寄托的对象，融入人类的生活。虚拟生物的出现，引发了人们对生命的深层思考。

虚拟生物的另一个形式便是机器人。机器人是精密机器的延伸，最初人们设计一些自动化机器人用来代替人完成一些危险、繁重、枯燥的工作。随着其外形制造的完善，由一般逻辑程序上升到情感逻辑程序，运行速度的加快，互动间隔的消失，新一代的机器人真正开始走入我们的生活。特别是当这些人造的“人”，使用了更为精确、灵敏的生物传感器、生物芯片，甚至在它们的结构材料上运用了骨骼、肌肉、皮肤等可再生材料后，那么除了能量来源和生殖等行为仍与人类不同，在其他方面会与人类非常接近。

随着生命科学理论和技术的进步，在充分认识基因结构与基因表达的基础上，人们知道，生物的许多特性是由 DNA 编码的，DNA 很容易设计合成。这种设计将为我们打开一个全新的生命纪元，还是打开一个潘多拉盒子，现在很难预料。但这一切已经具备了可能，或者说这一切已经在开始，那么驾御这一切的智慧的载体是否会转移呢？当然，现阶段这只是一种想像，人难以超越人，脑难以超越脑。

10.3.3　多维的生物

虚拟生物和真实生物是不同的。真实的生物体由蛋白质组成，蛋白质由 20 多种氨基酸排列折叠而成，它有无数复杂的空间结构和神奇的活性，它的结构是那么的精确细微，在不同的介质环境中，又在变化，不断地更新。它不仅是一个三维的物质结构，而且由三维蛋白构成的整个生物体还在随时间变化。以人体来说，自卵细胞受精，就开始了有规律的变化。胚胎、幼儿发育、衰老，生物体的每一秒钟都在变化。从这个意义上讲，生物体显然是四维的，不停地在时间坐标上移动。如果再考虑人的回忆和想像，生育以及克隆，应该可以说生物体是多维的，而决定生物多维性的物质基础和变化规律我们至今并不清楚，但人类已经在尝试突破自身的有限，希望延长自己的寿命，尝试用数字来界定自己、重塑自己。虽然人类现今的认识水平还是在很低层次，人们所做的也只是局部模拟生命。生命是自然界至少经过几十亿年塑造出来的体系，要彻底了解这种体系，需要漫长的时间，需要在一个更大的空间范围内思考，正是这种思考使我们感到以 DNA 为本质的生命的延续逐渐在转移到以脑为中心的体系。脑体现了生物结构的高峰，体现了智慧，体现了多维，因而体现未来，而只有了解了生命才有可能更好地把握生命。

10.4　生物技术的特点

现代生物技术以基因理论和基因技术为基础，通过操作基因来获得蛋白质(酶)，通过酶来改变世界，是一种全新高效的生产方式，具有效率高、耗能少、污染低、不依赖基础工业、能再生等优点，在工、农、医、环境等领域中有广泛的应用，是新技术革命的支柱。同时，生物技术也有技术更新快、投入大、竞争激烈、因而风险大等特点，它是新技术革命的制高点。谁占有生物技术的优势，谁就能在 21 世纪占有主动权。

10.4.1　生物技术的统一性

综观生命科学发展过程，其间出现了两次大的统一，第一次是 1839 年细胞学说的建立，它揭示了无论是动物还是植物都是由细胞组成的。我们可以在细胞水平上来认识生命的结构和生命的活动。第二次是 20 世纪 60 年代，基因理论的建立。基因理论揭示所有的生命，无论是大象还是细菌，乃至非细胞结构的病毒，都使用同一套遗传密码，都遵循同一个中心法则。通过操作 DNA，可以构建蛋白质，通过蛋白质(酶)可以组成各种生物体或催化各种物质反应，也可以改变生物体的结构，培育优良的品种。基因克隆、细胞培养与重组、DNA 合成和测序、生物芯片分析等技术的建立，使人们可以很方便地操作基因。因而自 70 年代之后，遗传学、细胞学、动植物学、微生物学、生理学乃至生态学、农学、医学、药学等各学科的研究人员都应用最新的生物技术在分子水平上进行研究，都试图从 DNA 和蛋白质水平来揭示生命活动的规律。由于生物技术理论和技术的高度统一，无论是运用生物技术来解决农业、医学、食品化工，还是环境问题都使用同样的仪器和设备，运用同样的理论和技术，聘用几乎相同知识背景的人员，这些人员可以在不同的实验室之间流动，转移他们的技术和方法，区别仅在于研究目的和对象各不相同。生物技术的统一性，以及应用的多领域、多层面特征，使它与信息、材料科学共同成为第四次产业革命的支柱。

10.4.2　生物技术的高效性

生物技术具有典型的高技术特征。它的技术难度大，一般只有少数高学历的技术人员能理解和掌握其研发原理和生产技术；这些技术凭借高级的仪器设备，技术有相当的独占性，它的生产效率比传统方法有明显的提高，因而有非常高的投资回报。比如 1 升工程菌发酵液可提取的白细胞干扰素相当于 1 200 升人血中的含量，一个 60 升的发酵罐一个晚上生产的 Taq 酶价值 700 万美元。因此，在生物技术产业领域中，只要你选择正确，又能率先开发产品成功，其经济回报之高是难以想像的。因此生物技术产业竞争异常激烈。生物技术产品常常有专利和市场准入许可证(如药品)，如果开发落后，就会前功尽弃，因此风险也是很大的。

通常生物技术产品活性高，用量极微，因此常常只要小型设备，甚至是实验室规模就可以实现产品化。生物技术企业自动化程度高，一般一个年产值上亿元的企业，只有 100 个人，其中的大部分是销售管理人员，管理研发人员、生产人员较少，其产品是国际性的。

生物技术产品的研发是成本颇高，新技术来源也是全球性的，生物技术更新非常快，只要是能节约成本、节省时间、节省人力的新技术，就会有很好的市场。生物技术领域有许多小公司，这些专业小公司，非常有活力，它们不断推动着技术进步，一旦技术突破，或研制出好的产品，立即能使公司市值提高几十倍上市，或被大公司收购，这也是高新技术发展的道路。

生物技术的另一个很大的特点是它的核心技术非常容易转移，或者说已经完全数字化了。10 年前，人们为了某个目的要获取一段基因，常要跨洋或邮寄。现在只要敲击键盘，瞬间完成在网上的传递。传递的数字信号可以直接连接 DNA 合成等设备，许多工作都可以用机器进行。生物技术高度数字化带来的技术转移方便的特点是发展中国家实现跨越式发展的机会。在这里必须着重强调知识产权，许多新技术、功能基因、菌种、细胞都可能是有专利的，或者使用是有限制的，我们必须严格遵守法律，诚信为本。有序地应用和发展生物技术，是实现世界普遍繁荣的重要条件。

10.4.3 第四次浪潮

2001年12月,美国未来学家阿尔文·托夫勒博士来华报告,他认为科学技术发展的第四次浪潮是生物技术。第一次浪潮是蒸汽机发明带来的动力革命,第二次是电发明带来的电器化革命,第三次是由电脑网络发明引发的信息革命。生物技术的广泛使用将引发第四次浪潮。第四次浪潮的特点是分子的精确设计和制造,制造的工具是酶,制造的方法是数学,制造的过程全自动,加工的对象是世界的全体,可以是无机物、有机物和生物,甚至是人本身,这种对于主客观的同时加工将引发生产力的爆发或提升,引起社会组织和社会生活的深刻变化。

21世纪,一半的食品将会是基因食品,化学工业中传统的高温、高压、高污染的工业很大程度上将被常温、低耗能、少污染的酶法生产所取代。药用生物技术,细胞与基因治疗将更为普及,生物传感器、生物计算机会改变现在的微制造技术,并能与生物体兼容,有的还有修复功能。生物技术对农业的贡献将大大超过绿色革命,或者从根本上使农业和工业的区别消失,机械制造业与生物制造融合,生命和非生命逐步统一。生命的生殖过程将变得精确可控,第四次浪潮对人类将产生更为深刻的影响。

第 11 章　生命科学与人类文明

在 38 亿年的地球生命历史中,人出现仅 400 万年,而我们所知道的人类文明,只有 8000 年。假设地球全部生物的历史为 100 年,那么整个人类历史大约是 1 个月,人类文明的历史只相当于 1 个多小时。人类文明史是如此短暂,然而文明发展的阶梯又是如此明晰,从新石器时代、青铜时代到铁器时代,从蒸汽机、电力到核能,由于新材料的使用,工具的更新,新能源的开发,人类改造物质世界的能力不断增强,人类物质生活水平不断提高,社会财富大量积累。另一方面,从语言到文字,从书籍到艺术,从广播网到数据库,经济全球化和文化全球化大大促进了人类文明的发展。

人类文明由物质文明和精神文明两部分组成。物质文明是以财富积累为基础的创新,精神文明则反映人类思想的趋同和精神创新,在不同的发展阶段各有不同的标准。从自然经济到资本经济,从技术经济到知识经济,文明的表现形式发生了巨大的变化。

人类从对自然的完全依赖发展到对自然环境的认识、改造和保护,与此同时,也在不断认识和改造人类本身。人与自然更和谐、更紧密地融为一体。生命科学与人类文明互为促进,共同发展。

11.1　世界面临改变

由于社会财富的快速积累和人类头脑的深度开发,社会物质文明和精神文明进入了高速发展阶段,并迅速改变着世界的面貌。现代化交通使地球变小了;互联网使“头脑”变大了;过量使用碳能源,大气层二氧化碳浓度增加,全球变暖了;农业和医药的发展,寿命长了,人口多了。随着生活水平的提高,世界人口平均受教育的程度明显提高,社会进入了信息化、自动化、知识化的后工业时代,正在经历着深刻的变化。一方面社会在趋同,逐渐使用同一种语言和文字,共享同一个网络,执行同一种文明标准;另一方面,每一个个人又充分显示个性化，享受自由。与 400 万年前相比，人类已完全脱胎换骨；与 400 年前近代技术开创之初相比，人类已经进入了一个新纪元；和 400 天前相比，我们也正在追求着更高、更好的生活质量。推动人类历史发展的自然欲望，正在让位于人类的理性思考。人类社会早已告别穴居山野、茹毛饮血的状态，摒弃了角斗中的“愚昧公正”，也不会为宗教而远征，资源战争已让位于人才争夺，拜金主义也在被智力投资所取代。伴随着各种新兴技术手段层出不穷，世界变化的节奏加快，人们追求的目标也在提升。这些变化是人力所为，它既表现出人类的智慧，又反映出智慧的缺陷。

11.1.1　世界面临的问题

人类社会正在以瞬息万变的速度向前发展，然而现有的社会结构和个人素质不能适应这种迅速的变化。几百个民族，不同文化背景和地理差别，使地球文明发展时常表现出不平衡，有时甚至到了失控的边缘，表现出诸多的问题。首先是人口问题，人口增长到了爆炸的程度。现在，每 8 年地球人口就增加 10 亿。如果不节制生育，我们这一代就会进入人口数量超过地球资源承受能力的困境，现有巨大的人口数量已经完全不是生物生存竞争所必需的。并且由于人口过剩引发了一系列的问题。比如土地、森林、矿产资源被浪费和过度开采；温室效应、海平面上升、臭氧层损失；生物多样性减少和有害生物的大量繁殖；水资源严重匮乏，土地荒漠化越来越严重，沙尘暴袭击人类等，以及由人口老龄化产生的社会负担加重，细胞与基因治疗带来的伦理问题。由科学技术发展的不平衡、滥用科技引发的技术竞争和技术危害问题，如核能、化学武器和生物武器问题。由生活竞争、生活节奏加快、生活压力加大引起的不良睡眠、焦虑和亚健康问题，甚至引发精神健康问题和极端行为问题。因为防范恶性事件而强化的社会监控系统，使得社会变得异常透明，个人隐私在很大程度上已经失去；由网络化生存方式导致人际交往的淡化和对网络依赖性的问题；虚拟世界与真实世界的交融、冲突和客观标准的问题；电脑病毒和电脑黑客对网络系统的破坏导致全球灾难的发生等问题。

目前阶段人类对于自然控制力的增强远远快于人类本身的发展，因此在地球村中，只要一个民族或一小部分人的失误，就会造成全球的灾难。人类基因组已经揭密，其他生物的基因组有的也已经清楚。再过若干年与人类密切相关的生物的基因组都将清楚，人类控制生命的能力会大大加强，技术上已经有可能设计生命或者改造生命。由于人类受生存空间限制,竞争、冲突、反理性主义将频频出现。人改造自然的能力越强,环境对人的筛选作用就越弱。本质上世界面临的问题是从人受自然的制约演变成人开始制约自然,而后受自然的反制约;由人与自然的矛盾逐步演变成人与人之间的矛盾、人的长远要求与短期行为之间的矛盾。

人类发展的欲望与行动产生了问题。只有调整社会结构和人的欲望才能消除问题,使人类社会更为有序。寻找有序发展的平衡点是对人类智慧的考验。

11.1.2　网络化世界

1969 年 9 月 3 日在美国加州大学洛杉矶分校雷纳德·克兰罗克的实验室中,实现了两台计算机的对接,从此开创了网络时代。今天,我们的工作、学习、娱乐、购物等等活动似乎都已经离不开互联网了,不久,网络经济和网络文化将左右人类。如果说,网络是多个人际之间的联系方式的话,那么人类社会本身就是一个网络,一个由种族繁衍演化形成的亲缘关系的网络,是一个由国家机构组成的行政关系网。自从人类学会使用语言之后,语言成为联系人群的纽带,从方言、国语,到世界通用的英语,形成了各种语言网络,进行经验和知识的交流。伴随着汽车、轮船和飞机的发明,我们又建立了一个星罗棋布的交通网。邮递、电报、电话和可视电话构成了邮电网,以后又有卫星通讯网、有线电视网,网网相连,网络成为个人走向社会生活的基础、小群体形成大群体的基础,特别是互联网的出现克服了人类联系之间的时空障碍,成为现代社会的结构特征。我们几乎可以从各种网络渠道中了解到所有的信息,网络化的世界将在很大程度上改变我们的生活方式。

语言的发明使个人经验可以传递和交流,在一个小群体内共享,因而增强了人类与自然的互动能力。书籍的发明实现了脑外信息贮存,可以压缩历史,几千年前人类经验及人类对自然的记录可以准确传递给后人,《诗经》、《孙子兵法》、《本草纲目》等,至今我们还津津乐道,给我们启迪。书籍可以在数以百万计的读者群中分享,并提升人类的抽象表达和理解能力,大大加快了科学技术的发展。互联网的建立实际上完成了几千万个大脑的实时连接和无限多知识数据的存取,实现网上检索、网上聊天、网上购物、网上授课、网上看病等,它将以多快的速度推进社会行进的步伐,我们还无法估计。由于电脑的存贮容量很大，具有方便、准确等优点，可极大地补充人脑记忆的功能，甚至会改变人脑的功能。现在很多人在网络上的时间已经多于与人面对面沟通的时间，一些人对网络的痴迷程度和对网络的依赖，已经使人们觉得长期下去人对屏幕这个物理界面会形成一种适应性，将来也许会出现人类行为的数字化和机器的拟人化互为回归的局面。最终，到底电脑是人脑的外设，还是人脑是电脑的终端，会成为一个新问题。无疑，网络的无限延伸正在改变世界，改变社会结构、人的思维习惯乃至人类的生活方式。

11.1.3 知识经济

人类的生活与感受以物质为基础，物质基础由经济发展水平决定，因而现阶段世界各国均以经济发展为主要追求目标。在人类社会发展的各个阶段有其相应的社会经济结构。经济结构以经济贡献的主体领域来界定，可以分为自然经济、农业经济、工业经济等。其中以资源为经济发展的主要因素的称为资源经济，以资本为经济发展的主要力量的称为资本经济，以技术创新为经济发展的主要推动力的称为技术经济。21 世纪人类社会开始进入知识经济时代，知识经济的主要特征是知识作为生产力要素。知识或知识产品作为可流通的体系，可以被评价，参与经济的管理和决策，参与股权结构。如果说 Inter 公司的芯片制造是技术经济的代表，那么比尔·盖茨领导的微软公司则是知识经济的代表。在软件业中，智力已是其产品和生产过程的主要成分，这种现象在许多领域内正大量出现，在经济发展中的地位也越来越重要。

当社会与文明的发展使人们的需求不再仅仅停留在物质产品上时，服务就成为重要的需求。以知识为基础的行业将发挥越来越重要的作用，如医生、律师、教师、导游、经济分析师等等。这些行业都是智力行业，从这个意义上讲，知识经济的发展也是经过了漫长的准备时期。在产品的自然资源成分减少，社会资本积累完成，资源和资本不再是生产力发展的限制因素，先进制造业快速发展，生产能力普遍过剩，借助互联网等通信交通工具，知识产业由为个体服务发展成为为社会大群体服务时，知识经济就脱颖而出了，并迅速在很大程度上参与社会经济活动，成为经济发展的主要原动力。

生命科学是一种高智力活动，它结合了技术经济和知识经济的共同特点。知识经济的载体是人，知识是由人学习、创造和积累的，也是由人来使用和表现的。而生命科学最主要的研究对象和改造对象是人，从这个意义上讲生命科学与知识经济有着密切的关系。

在知识经济时代，企业创办成功的决定因素不再是资本，而是知识和技术。企业的竞争优势，将主要体现在通过智力资本实现的资源最佳配置以及人力资源上。创新、服务以及网络型管理将替代传统的金字塔型管理。知识经济时代需要专业人士，更需要复合型人才，高知识劳动者成为企业发展最重要的因素，受到高新技术企业的青睐。

在知识经济时代，高等教育不仅是提高社会文化素质的义务，还是一种产业。教育投入实际上已经成为一种投资，一种社会发展投资和个人发展投资。随着知识经济崛起，这种投资会产生丰厚的回报，并可以由借贷方式完成。继续教育和终生教育将成为其重要的组成部分。教学方式也在发生变化，不再是以书本、黑板和以教师言传身教为中心的形式，而是大量应用多媒体教学、网络教学，由名师授课，大信息量，快速更新教学内容，使学生在单位时间内获取更多的知识。教师的职能也由因材施教、授业解惑，逐渐发展到师生互动，以学生为主体、以辅导为主。大量增加实践性教学和研究性、创新教学，目的是由传授知识转变为传授方法、培养创造力。由"应试教育"走向素质教育，更为重视培养创新思维、尊重创新精神和激发创新热情。这一切对生命科学而言，也就是开发头脑。

知识经济的兴起，对我们现有的生产方式、生活方式、思维方式，包括教育、经营管理乃至领导决策都将产生重大影响。创新精神的培养，已成为世界经济竞争力、科技竞争力的原动力。创新已经成为新的创业准则，新的分配准则。

社会知识积累的迅速增加和更新，教育方法和方式的改变，知识经济的快节奏使竞争加剧，教育的社会化和终生化，都将对现代人产生巨大的影响。如何适应这样的时代特征，实现稳定的人类文明演进将成为生命科学的重大任务。

11.1.4　数字化文明

1946 年，美国研制成功了第一台用于军事作战的 ENIAC 计算机，仅仅是替代人的运算或加快运算速度。计算机的发展在半个世纪中，经历了晶体管、集成电路到大规模集成电路几个阶段。1981 年，IBM 公司推出了个人电脑，电脑步入个人生活的领域，把一切都改变了。人们用电脑做功课、炒股、看新闻、创作设计等等。电脑作为一种便捷的工具，不仅取代了各种繁琐的记录、运算和分析，而且在集中人的智慧，参与决策只要轻轻按动几个键钮，所有的答案都能显示在荧光屏上，人们将离不开电脑。

尼葛洛庞帝的《数字化生存》引起了人们的广泛思考。数字这个极端抽象的符号全面进入了我们的生活，并成为这个时代的文明象征。现实生活的要素不断分解，抽象成为 0 和 1，再由 0 和 1 组成无穷的数字，参与我们的生活。数字科技在为我们的生活、工作、教育和娱乐带来了各种冲击的同时，也带来了很多值得深思的问题。数字化几乎把我们生活中的所有信号，都以 0 和 1 的形式转换，利用高集成度的芯片来存贮，并实现快速传递。当人们实现了语言、声音、图像的数字化转换，当人们将思维、表述过程也实现数字化转换时，就可以实现再现和虚拟，数字作为媒介就能部分取代真实。

数字的产生使人类学会了抽象，于是就开始了科学。在社会生活的很多方面，我们已经实现了数字化，如数控机床、数码相机、数字电视、电子出版物等等。虽然人的许多功能，如情感、想像等的本质并不清楚，目前还不能完全用数字来模拟，但数字化的三维图像、虚拟人物已经惟妙惟肖，到了几乎可以乱真的地步。也有人认为数字化文明是人脑创造的，它不可能超越人脑的功能等等。总之，数字化文明已经像洪水一样，涌进了我们的生活。数字化文明的时代，既光怪陆离，又异常简单，在其发展过程中一定会在数字控制与人本管理之间发生撞击。

11.2　生的追求

人与其他高级动物一样，具有强烈的生存本能。生存是人的自然属性，求生的欲望和能力是人类得以延续的前提。人又是一种有思维的高级动物，经过了八千年文明的奠基，人类对于生的认识、生的追求和死的选择已经得到了提炼和升华。人通过劳动来满足生的需要，同时实现自身的心灵净化。人与人之间的互助合作，给人以快乐。生命是至高无上的，人的生存权是平等的，我们要尊重生命，善待生命。死亡是必然的，我们应以自然的观点对待死亡。

11.2.1　生存权利

“物竞天择，适者生存”是用来描述生物种群间、个体间的生存竞争，弱肉强食是自然的现象。生的追求是生物的本性，是最基本也是最有力量的欲望。有时这种力量表现得十分自私和贪婪，甚至带有破坏性。与动物不同，人类的生是建立在人类群体在自然界中获取自由的能力的基础上，它不是建立在别人的痛苦和社会的负担基础上。人类在与自然的斗争中，发展了互助友爱、共同奋斗的协作精神，发展了助人为乐、救死扶伤的精神，发展了为集体、为他人献身的崇高精神，这是人比其他生物更为进化的原因之一。

随着文明的进步，人们越来越珍爱生命。无论是残疾人，还是精神病患者，都有生的权力，工作的权力，接受治疗的权力。人类社会是一个大家庭，在人类的相互关爱中，人人平等享有人的权力。生命存在的价值在于创造、和谐、情感、尊重、进步等等。从这个层面上考虑生命，才能建立积极的人生观。有意义的生命，才是我们真正追求生存的目的。

在现代文明社会里，生存是人的基本权利，任何人只要来到这个世界，他就有获得食物、水分、空气、温度、生育和睡眠等基本生存条件的权利。儿童、老人有被照顾的权利，年轻人有工作的权利，人人都有追求幸福的权利。一般来说，人生只有百年，转瞬即逝，如何使人的一生过得有意义、有价值，有不同的标准，但至少应该珍爱生命。人的一生中，难免会遇到各种复杂的社会矛盾，委屈、失意、灾难等，有时心情会十分低落，甚至产生悲观厌世的情绪。在情感危机、生存困难时，我们要有乐观的精神和良好的心态，泰然处之。同时，在从事有危险的运动或探险等活动中也不能忽略生命，生命只有一次，属于你，也属于亲友和社会。

当然，生命的神圣性是需要具体分析的，见义勇为的献身、重罪后被剥夺生命、康复无望的病人停止治疗等等，有其特定的条件和意义。人类对生的欲望和追求有许多复杂的因素，生存追求需要确定好边界、把握好度。死人可以通过遗嘱等方法来延续生前的权利。但是，像法西斯式大规模的杀戮或恐怖主义的草菅人命等罪恶行径都应遭到全人类的反对和唾弃，这是生命神圣道德观的巨大力量和作用。

11.2.2　快乐的生活

实现基本生存条件是人类生活的低级阶段，处于马斯洛的五层次需要中生理需要和安全需要的阶段。当人类满足了生存需要后，自然会提出更高层次的生活需求，我们把马斯洛的后三个层次需要概括为对快乐的追求。一般来说满足和和谐是快乐的体验，兴奋和愉悦是快乐的表现。积极的人生态度，愉悦的心情，是个人的体验，可以独享，也可以表现、转换，形成氛围和家人、朋友分享，并感化他人。

对于快乐这个词的含义，不同的时代，不同的人有其不同的理解。不同的人生阶段有不同的标准，童年的玩耍，青年的拼搏，老年的静养。感官刺激，物质享受等是快乐，助人为乐更是快乐；驰骋战场和拼搏商场实现自我价值是快乐；寒江独钓、采菊东篱也是快乐；当我们拥有"亲情、友情、爱情"的时候，我们觉得快乐；当我们被关心、被理解和被信任时，也觉得快乐，我们在尊重和被尊重中找到快乐。我们在追求成功，追求个人价值的实现，追求社会认同中获得成功是快乐的。随着精神的深化，现代人更多认为生命是一种过程、一种体验。诚然，"无限风光在险峰"，登顶者有一种征服的喜悦，但那些并没有能登达顶峰的攀登者，也可以很快乐，一种参与的快乐，存在的快乐。这种为了实现理想而追求的奋斗历程本身给人以快乐，一种力争上游、积极进取的快乐，有时候这种感受要高于成功所带来的喜悦。

本质上快乐是心的和谐的体验。快乐的满足可以分为生理和心理两方面。物质享受、感官刺激无疑都是属于第一个层面上的快乐，它们更接近人的自然属性。心理的需要，包括阅读书籍、获得知识、和人交流、追求自由、被人尊重、实现自我价值、无私奉献等等，这些能给我们一种更深层次的满足感，这是一种社会属性的追求，也是人与动物的区别。人在追求快乐之中，不断提升物质文明和精神文明，人类历史在不断推进中创造灿烂的文明。

快乐有个人标准和社会标准，因此需要道德规范的约束，任何快乐不应以牺牲他人利益为前提，不能寄托在别人的痛苦之上。由献血、志愿服务等奉献带来的心灵深处的感受，常常是无比美妙和永久伴随的，也是快乐的最高境界。人类社会作为一个整体，快乐是在集体中获得的，你给予社会和他人快乐，社会和他人会将这种快乐加倍地施还于你。

快乐是建立在一定的生存质量基础上的。生存质量最基本的是健康的身体和健全的头脑，享受和能享受、体验和能体验，这是人类社会一直在追求的目标，要尽可能地提高人们的体力和智力。

11.2.3　死的选择

死亡是生命的必然结果，有生就有死这是自然规律，正是这种生与死的交替组成了生命的洪流。我国古代就有红白喜事之说，这是一个文明民族对死的积极态度。死亡现象似乎是人所共知的，然而它的界定却经历了漫长的科学认识过程。经典死亡是指心跳停止，血液循环停止和随之而来的呼吸、脉搏等机体生命功能的停止。1968 年，医学界又提出了全脑死亡的定义。其理论依据是人之所以为人，是因为他是一个有自我意识的实体。当这种意识持久地不可逆地消失时，即意识的载体——脑死亡时，本质上人就是死了。国际医学组织判定脑死亡的标准是：

1. 大脑无反应性，昏迷；
2. 无自发及诱导性动作；
3. 无自主呼吸(需用人工呼吸)；
4. 头部及四肢腱反射消失；
5. 脑电图呈电静息；
6. 上述表现至少持续 24 小时以上。

脑死亡的标准被各国接受，是一种进步的表现。从强调人类生物学生命的定义转向了强调人的社会学生命的定义。一个全脑死亡的人体只能发挥生物学功能而不能支撑精神生命。一个人的死亡，标志着能够做出承诺和形成道德主张的实体的消失。

死亡是每一个人都必须面临的最后经历。大致可以分为两种，一种是死亡在瞬间代替了生命，另一种是在到达死亡时刻的生命有一个临终期。当一个人在睡眠中死去，或因暴病、车祸等意外事故，突然间离开了人世，那么痛苦仅仅是留给了仍然活在世上的悲伤者。然而对于多数在脑死亡之前有一段临终期的病人，常常需要忍受长期的痛苦，其实他们生命必备的条件已经丧失殆尽，死亡对于他们已经是一场苦难的终结。在许多人眼中，没有价值的生命就等于没有生命，继续活下去，违背了作为人的尊严，无益地消耗着人类的资源。于是有人开始选择一种方式来结束自己的生命，使自己得到解脱。

美国国会于 1990 年通过了“患者自愿决定法”，该法案规定，医院必须在患者一入院时就告知患者及其家属，他们有权通过所谓"事前嘱咐"来拒绝接受各种维持生命的治疗技术和方法。两种最常见的事前嘱咐是"生时意愿"和有关的授权文件。前者规定了个人对维持生命的治疗所作的选择，后者则授权配偶、亲戚或其他代理人在患者陷于精神无能力状态时代他作这类决定，以减少无用的治疗来降低医疗保健费用。据估计，美国的所有死亡中有将近40%发生于停止维持生命的治疗之后，常常是患者家属及医生经过长时间的令人痛苦不堪的犹豫不决之后，才对服了镇静剂或处于昏迷状态的病人停止治疗。"患者自愿决定法"旨在给予患者自己掌握自己命运的权利，从而减少他人的犹豫不决。

2000 年 4 月 10 日，荷兰议会通过了"安乐死"法案，据此，医生可以帮助病人"安然死亡"。所谓的安乐死是指那些患不治之症的病人在垂危濒死状态下，由于精神和躯体的极度痛苦，在病人和其亲友的要求下，经医生的认可，用人为的方法使病人在无痛苦状态下度过死亡阶段而终结生命的过程。无论是谁，只要身在荷兰，就可以按照安乐死的法案来执行。

死亡是不可避免的，但死亡的方式可以选择。让濒临死亡的人得到安乐，那是再好不过的事情。当一个人病入膏肓的时候，是活命，还是死亡，谁都没有确切的答案——连病人本人也不知道确切的答案！但决定总是要做的，如果拒绝做出决定，那么拖延的本身，可能就是一个错误的决定。基督徒说人们追求的是幸福，而不是活命。当活命成为痛苦，当病人深信局势已经不可救药时，结束生命就是追求幸福的最后选择。"安乐死"法案的核心，就是扫除病人追求幸福的障碍，允许医生帮助病人实施生与死的决定。

安乐死有被动安乐死和主动安乐死之分，被动安乐死即是在认定治疗不再有效的情况下，停止使用延续生命的器械或维持生命的治疗措施，听任病人自然死亡。主动安乐死是指以直接干预的方式终止生命。赞成安乐死的人认为：个人的同意权、允许权居于道德的重要位置，每个人都具有主宰自己身体的权利，都有不经本人允许不得触及自己身体的权利，那么他也就有了拒绝治疗的权利。患不治之症、垂危濒死或精神和躯体都处于极端痛苦状态的人，他的社会价值实际上已经趋于消失，如果使用医疗器械人为地延长几乎毫无意义的生命，无异是延伸了患者的痛苦，同时也给患者的亲属带来了精神上的痛苦和经济上的压力。

然而，人们也一直担心安乐死会滑向谋杀。借助安乐死的名义，导致谋杀事件在国内外已有多次报道。因此，我们必须通过立法来对待这个十分严肃的问题。

同时,我们也必须注意到“安乐死”与自杀不同。在英美法律中,传统上是禁止自杀的。在我国的法律中,也是禁止自杀的。很多寻求自杀的人都是因为精神障碍造成的,他们应该得到精神病治疗而不是自杀。在寻求自杀的有行为能力的人中还有一部分人是基于误解或某些不良的状况造成的,他们可以通过其他人的好意或同情而得到矫正,这些人应该得到和平的劝导而被阻止自杀。

从自暴自弃、有病不医,到寻求“安乐死”,甚至自杀,都是“如何消费生命”的问题。如何消费生命,取决于个人对自己生命的预期,有些人总在蓄势待发,有些人则喜欢匆匆透支。对于这个问题,其他人都应当尊重个人的抉择。抉择总有错误的时候,死亡选择的错误是无法补救的。这一点必须在理智和可被劝告的情况下,以多种方式反复地告之,使其最终做出正确的选择。

11.3　生命的伦理

当我们放眼人类社会时,不难发现人类历史在家庭、婚姻、两性关系、生和死等重大问题上,都受到了不断发展的生物学、医学新观念的影响。不同历史时期的人生观、家庭观总是强烈地受到社会制度、意识形态、宗教信仰、历史背景、文化传统和伦理道德等社会因素的制约。当现代生命科学将人作为其主要的研究对象时,人们感受到更强烈的高科技冲击,引发出很多伦理道德问题。人们必须重新审视,寻求共识,通过各种立法、决议等,来规范人类的行为,建立新的理论体系来适应科技发展,保持社会的理性和有序。

11.3.1　克隆

“克隆”(clone)是指无性繁殖,或经无性繁殖获得的个体,通过无性繁殖方式产生的个体基因型与亲本基因型是完全相同的。无性繁殖是生物的一种重要的生殖方式,如酵母的裂殖生殖、水螅的出芽生殖、柳树的扦插、海棠的叶片繁殖等等。植物组织培养技术建立后,已有 100 多种重要的花卉、中药材、林木、果蔬用克隆的方法进行生产。在动物方面,60 年代两栖动物、70 年代鱼类、80 年代哺乳动物都是克隆技术成功的典型例子。

真正使世界震惊的是刊登在 1997 年 2 月 27 日出版的英国《Nature》杂志上的一篇文章，它报道了英国罗斯林研究所胚胎学家维尔穆特(Willmut)博士领导的研究组，应用克隆技术成功地复制出了一头雌性芬兰多赛特绵羊“多莉”。“多莉”的制作过程是取一头 6 岁的成年绵羊的乳腺细胞，将其细胞核通过电流刺激融入另一头母羊提供的去核卵细胞内，进行短期培养后，再将其移入一头同步发情的代孕母羊子宫内，数月后，正常分娩产生“多莉”，如图 11.1 所示。“多莉”诞生的重大理论意义在于，它第一次证明了一个已经完全分化的成熟的哺乳动物体细胞，其细胞核具有的遗传信息能够指导产生新的个体。由于遗传基因来自同一个体，所以“多莉”和提供乳腺细胞核的那个 6 岁芬兰

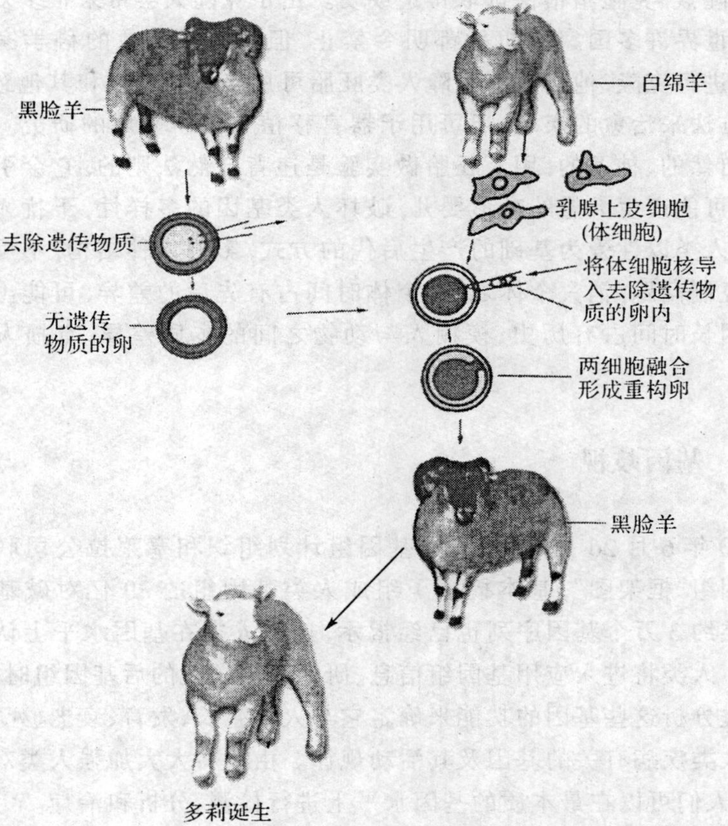

图 11.1　多莉诞生的过程

多赛特母羊在形态上是一模一样的，是它的体细胞克隆，是一个完完全全的复制品。

克隆技术和基因工程结合可实现人类对家畜品种改良的愿望，利用克隆技术可以培养一些优质、速生、抗病的品种。形成活的可繁殖的生物反应器生产珍贵的药物和工业产品。克隆技术有可能解决器官移植中器官资源严重不足的问题，克隆技术也给濒危物种的保存和繁殖带来了希望。然而，克隆羊震惊世界的最大原因在于这项技术显示了克隆人的可能性，这就引发了严重的伦理问题。人类与绵羊同为哺乳动物，它们的生殖过程和胚胎发育过程十分相近。克隆羊的成功，说明克隆人在理论上已无技术障碍。事实上，继克隆羊之后，克隆猴、克隆猪很快都取得了成功。由于克隆人会带来很多复杂的伦理学问题，世界许多国家和机构都明令禁止，但仍有极少数的科学家赞成克隆人，并在进行克隆，他们认为克隆人类胚胎可用来治疗癌症和其他致命的不能用常规方法来治愈的疾病，还可用于器官移植等医学领域的研究。反对者认为人是自然的、神圣的，用人胚胎做实验是违背自然法则的，它会引发很多问题，也有可能产生大量的畸形婴儿，破坏人类基因的多样性，干扰人类进化历程，破坏人类以性爱为基础的产生后代的方式，影响人种结构，不可避免地出现被动复制问题，消失个体之间、个体时间占有先后的差异，可能出现同一个人的基因长时间占有历史；模糊人与动物之间的本质差异，有损人类尊严等等。

11.3.2　基因歧视

2000 年 6 月 26 日，国际人类基因组计划组织和塞莱拉公司联合宣布了人类基因组“框架图”，基本搞清了组成人类基因组的 30 亿对碱基的排列顺序。人类约 3 万个基因序列也已经揭示，这是人类在基因水平上认识自我的里程碑。人类将进入应用基因组信息、研究基因功能的后基因组时代，即人类可以通过分析这些基因的功能来确定它与人类生长、发育、衰老、死亡的关系，确定与人类疾病有关的基因及其活动规律。由此将大大加强人类对自己的把握程度，人们可以在最本质的基因水平上进行检测、分析和治疗。

基因芯片技术的突破，为实现这一目标增加了可能性。基因芯片技术简单地说，是将人类数万个基因点阵排列于几平方厘米的玻璃或塑料片上，提取被测对象的基因组 DNA，经过扩增与芯片上的基因杂交，再用激光读取，其精度可以达到单个碱基的差异，其规模可以一次分析几万个基因。基因芯片技术的建立为进行个体基因分析提供了可能，个人的基因资料是重要的健康资料。

然而科学是把双刃剑，基因技术也可能带来负面作用。我们已经知道基因结构在很大程度上决定人的一生，如肿瘤、心血管等疾病的发生，嗜烟酒、低智商、性格和生理缺陷等，都可以在基因上找到依据。这些实际上是个人的最大隐私。如果在分析过程或记录过程中被泄密，或者被某些机构作为档案一样索要，那么人真的是无隐私可言了，而且会引起基因歧视。基因歧视是指遗传信息公开后，对某些携带“不利基因”或“缺陷基因”的人，可能在就业、提升、人寿保险和其他选择上遭到拒绝；在爱情、婚姻和社交方面遇到无法克服的障碍。使我们周围出现新的弱势群体。这种歧视可以是针对一个人、一个家族或一个种族。然而目前基因分析水平还不精确和全面，其结果只能说是有某种倾向，在机体发育过程中也许终生不表现，因而，在社会活动中受到不利影响和歧视就是不公正的。

另一方面如果我们对基因的认识和应用发生偏离，如果允许利用基因工程方法生育子女，即根据人体基因图谱制作一个“标准的”人体基因模型，设计出“十全十美”的后代，那么就有可能抹杀人类社会在种族、肤色、智商等方面的多样性。此外，人体基因研究成果还可能被少数别有用心的人用以宣扬“种族优越论”，诋毁其他民族，甚至借口发动侵略战争，推行种族灭绝政策，甚至利用人类基因研究成果制造基因武器，即根据某一民族的基因特征，研制出专门对付他们的转基因细菌或病毒，这种生物武器是致命的，又是难以侦测和抵御的，其威胁可能大大超过核武器。

基因研究的突破还有可能制造出一批长寿不老族，带来地球人满为患的危险，产生世代之间的对立。出现一个青年人必须与上一辈的人竞争工作和生活空间的现象。由于“基因经济”需要资金和技术的支撑，那些发达国家很可能会凭借其资金优势拉大与其他国家的距离，甚至产生“基因掠夺”和“基因殖民”。总之，“基因隐私”、“基因歧视”等都会在一定时期内形成对人类文明的考验。

11.3.3　一些伦理问题

知情同意　病人在接受治疗的过程中常常要作出一些抉择。病人有效的自由选择的能力依赖于他们在多大程度上知道正在考虑的治疗的可能好处和风险，以及可能的其他替代性治疗方法。病人将依赖于医生或其他专业保健人员向他们提供的信息种类和提供这些信息的方式而倾向于拒绝或接受治疗。病人要求知情不仅是为了更好地和医生合作，而且是为了他们能自己进行选择，即使这种选择有损于医生所认为的最好的或最有效的治疗方法。这已成为由法律规定的病人的权力，即病人有权知道真实情况和作出选择。如果院方不提供真实情况将被视为违法。

误有生命 生殖是生命过程的连接。有的生物为了繁衍，把一生的积累都用于了繁殖，以致有人认为生命就是为了繁衍后代。但人口的过度增加，已开始造成了地球和人类之间的不平衡。于是，人类开始通过了各种措施，来控制生育，竭力去维持这种平衡。避孕或在妇女怀孕后堕胎便成为了最有效的补救方法。可是由于避孕失败或强奸等导致的误有生命和出生就是残疾的孩子，我们该如何对待，一直是伦理学上争论的焦点。从道德角度来说，在决定要将孩子生下来后，人们就有义务不要损害他可成为人的权利。对于生命，目前存在不同的标准，有的认为在受精后，有的认为在胚胎到胎儿的转变期，有的则认为出生才是标准。只要来到这个世界，每个人都享有生存的权利，都应受到尊重，但也有风俗赞成堕胎，甚至杀婴。从某种意义上说，这些生命是不等价的。我们应当如何把握生命的公平原则与社会家庭之间的关系呢？

试管婴儿 1978 年世界第一例试管婴儿在英国诞生。1990 年北京医科大学成功地培育出了国内首例试管婴儿。所谓试管婴儿是指卵细胞和精子在体外受精，然后植入母体子宫发育分娩。试管受精的精子和卵子可以来自一个家庭的夫妻双方，他们因为生殖障碍而不能正常受孕，也可以来自与怀孕母亲没有社会法定关系的个体。试管婴儿的诞生，在社会上曾经引起一时的忧虑，担心试管婴儿是否会扰乱人们的伦理观念，以及缺少生殖行为是否会有正常的父母与子女之间的亲情等等。近 20 年试管婴儿的操作在许多国家都已经发展起来，实践结果表明这项技术确实为无数有生育困难的家庭带来了福音。但试管婴儿可能涉及的人胚实验，试管出生者寻找生父、生母的行为和体外受精可能造成的人伦关系的混乱等问题，始终在伦理学的思考范围之内。人类已经相应建立了较为完备的法律条文和程序，使这项技术在为人类社会服务的同时，仍能保持人类社会的稳定性。

器官移植 器官移植是近代医学上的一大进步。角膜移植使许多人重见光明，肾脏、肝脏、心脏移植挽救了许多人的生命，但是器官移植也涉及到社会

伦理的问题。首先，器官的来源是一个大问题。目前，很大一部分移植用器官来源于自愿捐献者的生前遗嘱，由家属协同执行。从技术上看，器官移植的成功率的高低取决于器官的质量和配型、摘取时间、运输迅速安全。器官移植常常面临可提供的器官少，而需要移植的病人多，医院在决定谁能获得器官时，实际上就是选择谁生存的问题。应该是重病者优先、侧重于近期效果，还是最有希望恢复健康者优先、侧重于远期效果，是注重移植器官的应用效率，还是全面衡量人际关系，甚至金钱关系？有时这些问题会变得很严峻。随着生物医学研究的深入，头颅移植已在猴子身上取得成功，在人身上试验就技术而言，也有可能。那么，经过头颅移植救活的病人，肯定会面临个体判定等伦理困境。器官移植尽管问题很多，其研究和应用还是发展得非常快，一些伦理学难题只有在发展过程中逐渐认识解决。

动物保护　在医学研究和药学试验中，常要用一定数量的动物做实验，有时甚至要在人身上做一些实验。随着人类文明程度的提高，人们认识到动物是与我们共同生活在地球上的有血、有肉、有感觉的生物，我们应该尽可能与之和谐相处。在人类与动物共处之中，预设了一种道德立场，即对人应当尊重又应当行善，而对动物我们应该行善。人是道德主体，是可以被正当称赞和责备的。对动物的仁慈和考虑动物的一些规则和实践有助于对人尊重的道德实践。动物是受行善道德保护的，我们应该认识到直接关注动物的疼痛和痛苦的义务，从高级的灵长类到单细胞生物，动物承受痛苦或获得快乐和满足的能力差异很大，因而对它们的行善要求也有显著的不同。动物的感受能力越强，经受苦难的敏感性越大，对它类的情感越深，人们对它们的行善关怀就越有价值。具体表现在做某些实验之前，先要将其处死而不能让其活受痛苦，在处死时要用麻醉等方法，不能残忍地施以暴力。在人身上做试验更要经过严格的审批。此外，不得猎杀保护动物，违者将受到严厉的法律制裁。总之，动物保护的要求越来越被人们接受。

11.4　人类的理性

人类与动物的本质区别之一在于人类是有理性的，理性表现在人有判断外界复杂因素影响的能力，确定这种影响是否是长远的，对自己和对地球的影响程度如何等等。人有为总体利益、长远利益而克制自己、规范自己的能力。

人类的理性是不断发展的，在某个时期的某些地区会出现大群体的理性偏移，但人类社会有其凝聚力和生命力，从总体上使人类社会沿着更为平和的道路前进。

11.4.1　社会进步的思考

如同生物进化，人类社会进步的轨迹也十分明显。早期人类以采撷为生，受限于大自然的恩赐。原始社会人类和自然是平衡的，人类数量的消长是由自然决定的；奴隶社会人作为创造性劳动者的地位被确认，奴隶主占有奴隶的全部；封建社会，皇权之下人治与法治共存；资本主义社会以资本利益为主体，在自由、平等、博爱的旗帜下，逐渐体现公众意志；社会主义由代表广大无产阶级利益发展到代表最广大人民群众的根本利益，代表先进文化的前进方向，代表先进生产力的发展方向。社会组织形态随生产力水平发展而逐渐演进。人类社会之初，社会组织结构是十分松散的，靠亲情和生存压力来聚合，人与人相对是平等的。有了剩余价值，有了财富积累之后，就产生了占有，并通过国家机器将各种占有形式固定下来。马匹、车船、通讯的发展，使人的活动范围不断扩大，以种族、文化、历史为基础的人类集合不断扩大，出现了疆域广大的国家、殖民地和经济共同体等形式，社会制度体现人与人的关系。社会财富不断积累，文明不断发展。

随着社会经济的发展，人类不断面临新的问题。在找到热能、电能之后又面临劳动力的失业；在解决温饱问题之后，又面临人口过度增加；在利用煤炭、石油后出现了温室效应；发明制造新化合物时会增加环境污染；发现核能后则进入了热核军备竞争；建立基因重组技术后，出现了生物武器；有了克隆技术会失去生物多样性等等。

现代人类前进步伐已经加快到如同进入了一辆加速行驶的磁悬浮列车。人类为这种扑面而来的新景象振奋不已，同时也为其变幻莫测感到忧虑和恐惧。人类在向哪里走？不断的加速是否会冲出进化轨道。科学技术的发展、生物技术的发展、人脑的深度开发、人类对自然支配能力的增加，会破坏人与地球间的和谐、生物类群间的和谐吗？任何一种平衡的失控，都会改变人类的走向，将人类引向困惑或灾难。人类社会是否可能平缓地前行，如何来实现平缓的行驶呢？这是关系到人类本性的非常深奥的问题。人总是在追求尽善尽美，在追求新奇，在追求享乐，特别是当人类的大脑通过互联网连成一体之后，人类知识积累呈几何级增加，攫取地球资源变得轻而易举时，我们有理由担心种种危险。但是，我们始终相信，人是有理智的，人类会理智地把握前进的方向，保持生命的有序。

11.4.2　自我规范

在社会稳定的发展中，随着社会分工越精细、社会群体中人际关系越紧密，个人因素的互相依赖性越大，必然对社会的约定、道德准则、法律规定等要求更详细完善。个人在社会职能机构的不同层次、社会生产研发机构的不同岗位中的权利和作用更大。一个人的观察或决策失误、一小群人或一个地区之间的利益冲突就可以引发一场大的灾难，比如冰海沉船、核电站泄漏、化学有害物的大面积污染、战争等等。

社会是由人组成的，人类社会进步就要提倡个性与社会的统一，不断地加强自我规范。人类自我规范有两个层面，一是个体的规范，从自然人弱肉强食、崇尚力量、崇拜金钱到理性把握欲望、服务替代占有、利己变为利他。人类在个人生存要素得到满足后，道德修养成为主导因素。二是社会规范，原始社会的公约制，奴隶社会、封建社会的皇权和现行社会普遍采用更为完善的法律制度等，来规范社会团体及个人的行为。例如不能私闯个人领地，不能私自携带枪支弹药，有的国家还规定不参与战争等，以实现世界的和平发展。随着世界一体化进程，法律规定与人类活动的根本利益关系越来越密切，规定得越来越具体，适用面也越来越大，如联合国防核条约、环境公约、人权宣言等等。与此同时，联合国、欧盟等一些国际性的组织发挥的作用也越来越大。

今天，人类比任何时期更需要以人类社会持续进步为目标，自我规范，只有这样才能使地球生命的乐章永远美妙。

11.4.3　生命的有序

社会的发展不是一帆风顺的，也有起伏波浪。有时会因为愚昧出现历史大倒退，历史上曾多次发生大规模的战争和杀戮，中断或阻止了文明的进程。至今人们仍旧在担心核战争使地球无法居住，担心化学武器和生物武器的威胁。在社会生活中，我们既要拯救癌症、艾滋病等疾病患者的生命，又要防止人类老龄化或人类生命期无限延长带来的问题；既要尊重个人选择，又不能同意克隆人打破生态平衡;既要加快科学发展,又要防止科学的报复,提防人类的失误。在一定的历史阶段和认识水平,这种担心是有理由的,但从整个社会发展来看,人类社会是有生命力的,社会在变得更为有序。

人类社会的发展是由内因和外因两个方面决定的。追求真善美是人类的本性,人作为生物体是一个有序的结构。社会作为最高级的组织形式,也是一个有序结构。人类知道其生存和发展离不开良好的地球环境,也知道人类的生存和发展需要有良好的社会组织形态。人有对他人、对民族、对其他生物、非生物的宽容性,有自我改造、自我适应的能力,这既是基因决定的,又是基因在长期与环境共同作用的演化过程中形成的。

人的组织结构是有序的,人的思维是有序的,人的社会组织也是有序的。因此,虽然在不同历史阶段,人类都会偏离发展轨迹,出现一些无序的现象,如战争、砍伐森林和破坏生态平衡,但总是被人类自身纠正,回归到有序的发展轨迹。历史地看,人类在进步,争斗在减少,人类的地球家园正变得比过去更美好,人类的社会组织比过去更健全,人与人的关系、人与动植物的关系比过去更和谐,其根本的原因在于生命是有序的。

参考书目

[1] Gerald Karp. Cell and molecular biology: concepts and experiment. New York: JOHN WILEY & SONS INC, 1996 年

[2] Cecie Starr, Ralph Taggart. Biology: the unity and diversity of life. America: Wadsworth Publishing Company, 1995 年

[3] Robert A. Wallace, Jack L. King, Gerald P. Sanders. Biology-the science of life. Scoft, Foresman and Company

[4] 陈阅增主编.普通生物学——生命科学通论.北京:高等教育出版社,1997 年

[5] 张惟杰主编.生命科学导论(公共课·工科).北京:高等教育出版社,1999 年

[6] 王谷岩著.生命科学的明天.南宁:广西教育出版社,1999 年

[7] 陈蓉霞著.破译生命的密码——诺贝尔奖与遗传学.武汉:武汉出版社,2000 年

[8] 李浚明编译.植物组织培养教程.北京:中国农业大学出版社,1992 年

[9] 利昂·格拉斯,迈克儿·C·麦基著.潘涛,曾婉贞,潘泓等译.从摆钟到混沌——生命的节律.上海:上海远东出版社,1994 年

[10] 张树义.万玉玲编著.动物行为的奥秘.北京:科学技术文献出版社,1999 年

[11] 胡志昂,张亚平主编.中国动植物的遗传多样性.杭州:浙江科学技术出版社,1997 年

[12] 张光权,范江主编.艾滋病毒感染与艾滋病.北京:人民卫生出版社,1999 年

[13] 贺林主编.解码生命——人类基因组计划和后基因组计划.北京:科学出版社,2000 年

[14] 孙儒泳,李博,诸葛阳等编.普通生态学.北京:高等教育出版社,1993 年

[15] 翟中和主编.细胞生物学.北京:高等教育出版社,1998 年

[16] 毕爱华主编,龚非力副主编.医学免疫学.北京:人民军医出版社,1995 年

[17] 刘曼西主编.生命科学导论.北京:中国电力出版社,2000 年

[18] 杨雄里主编.脑的奥秘——脑功能极其细胞和分子基础.长沙:湖南科

学技术出版社.
[19] 沈同,王镜岩主编.生物化学.北京:高等教育出版社,1991 年
[20] 恩格尔哈特著,范瑞平译.生命伦理学的基础.长沙:湖南科学技术出版社.
[21] 贺锡廉编著.从生到死.上海:上海三联出版社.
[22] 王亚馥,戴灼华主编.遗传学.北京:高等教育出版社,1999 年
[23] 贾兰坡,张树政等著.生命的历程.桂林:广西师范大学出版社,2000 年
[24] 周德庆.微生物学教程.北京:高等教育出版社,2000 年
[25] 高崇明,张爱琴编著.生物伦理学.北京:北京大学出版社,1999 年

图书在版编目（CIP）数据

生命科学与人类文明／张铭编著．—杭州：浙江大学出版社，2002.5
（科学与人类文明）
ISBN 7-308-03005-9

Ⅰ.生... Ⅱ.张... Ⅲ.生命－科学－高等学校－教材 Ⅳ.Q1-0

中国版本图书馆 CIP 数据核字（2002）第 031091 号

责任编辑 严少洁
封面设计 宋纪浔
出版发行 浙江大学出版社
（杭州浙大路 38 号 邮政编码 310027）
（E-mail:zupress@mail.hz.zj.cn）
（网址:http://www.zjupress.com）
排　　版 浙江大学出版社电脑排版中心
印　　刷 杭州杭新印务有限公司
开　　本 730mm×980mm 1/16
印　　张 15.5
字　　数 262 千
版 印 次 2002 年 5 月第 1 版 2006 年 7 月第 3 次印刷
印　　数 7001—9000
书　　号 ISBN 7-308-03005-9/Q·025
定　　价 18.00 元